Perthes GeographieKompakt

Thomas Littmann
Jürgen Steinrücke
Monika Bürger

Elemente des Klimas

Klett-Perthes Verlag

Gotha und Stuttgart

Bibliografische Information der Deutschen Bibliothek

Die Deutsche Bibliothek verzeichnet diese Publikation in der Deutschen Nationalbibliothek; detaillierte bibliografische Daten sind im Internet über http://dnb.ddb.de abrufbar.

Anschriften der Autoren:
Thomas Littmann, Leibnizstraße 33, 58256 Ennepetal
Jürgen Steinrücke, Windmühlenstraße 3, 58332 Schwelm
Monika Bürger, Windmühlenstraße 3, 58332 Schwelm

ISBN 3-623-00858-3
1. Auflage 2004

Druck und buchbinderische Verarbeitung: Jütte-Messedruck Leipzig GmbH, Leipzig
Einbandgestaltung: Klett-Perthes Verlag GmbH, Gotha

http://www.klett-verlag.de/klett-perthes

Inhalt

Vorbemerkung

Der Ursprung dieses Buches lag in einer klimatologischen Formelsammlung, die von den Autoren im Rahmen von Übungen zur Einführungsvorlesung in die Klimatologie an der Ruhr-Universität Bochum verwendet wurde. Daraus entstand ein kleineres Text- und Übungsbuch, das in allen drei Auflagen bis zum Jahr 1996 rasch vergriffen war. Wir haben dies sowie das positive Echo aus Kreisen von Kollegen und Studierenden ebenso wie konstruktive und kritische Rezensionen als Ansporn dazu empfunden, mit völlig neuem Konzept und neuen Inhalten ein Kompendium der Klimaelemente zu erarbeiten, das sich an die Studierenden der Physischen Geographie, der Geo- und Biowissenschaften und benachbarter Disziplinen ebenso wendet wie an den Praktiker in Forschung, Lehre und anderweitiger Berufspraxis, soweit klimatologische Thematiken berührt werden.

Wir haben in unseren eigenen Lehrveranstaltungen an verschiedenen Universitäten immer wieder feststellen müssen, dass klimatologische Lehrinhalte innerhalb der Physischen Geographie weitgehend deskriptiv vermittelt und rezipiert werden. Ohne das Verständnis der diesen Lehrinhalten zugrunde liegenden, zumeist physikalischen Zusammenhängen und deren Umsetzung in anwendbare Modellvorstellungen sind aber die weiterführenden klimatologischen Inhalte nicht nachzuvollziehen. Grundsätzlich sind solche, vom Studienanfänger wie vom Praktiker geforderten Grundlagenkenntnisse der Naturwissenschaften nicht zwingend Gegenstand eines universitären Fachstudiums, sondern Bestandteil der Allgemeinen Hochschulreife. Gleichzeitig steigen aber im Zeitalter der Bildungs- und Berufsglobalisierung die Anforderungen an eine berufsqualifizierende Hochschulausbildung, ohne dass der universitäre Ausbildungsbetrieb in allen Fällen Defizite der schulischen Vorbildung ausgleichen kann. Hier ist jeder Einzelne gefordert: begleitendes Selbststudium und kritische Selbstüberprüfung werden ein unverzichtbarer Bestandteil eines Studiums sein müssen.

Vor diesem Hintergrund ist dieses Buch als veranstaltungsbegleitende Lektüre konzipiert worden, die gleichermaßen zum Selbststudium einladen soll. Aber auch der Praktiker wird erfahrungsgemäß gern auf ein Kompendium zurückgreifen, in dem manche wichtige Berechnungsgrundlage schnell aufzufinden ist und im Zusammenhang leicht zugänglich erläutert wird. Wir versuchen, diesen Ansprüchen durch umfangreiche Anwendungsbeispiele, Erweiterungen der Grundlagenthemen sowie durch einen möglichst detaillierten Index Rechnung zu tragen.

Wir danken der Klett-Perthes Verlag GmbH für die Aufnahme des Buches in die Reihe „GeographieKompakt“ sowie Frau E. Schröter (Halle) für die Reinzeichnung der Abbildungen der Kapitel 4, 5 und 9.

Halle/Saale und Bochum im Frühjahr 2004

Thomas Littmann (Kap.1, 4, 5, 9)
Jürgen Steinrücke (Kap. 2, 3, 4, 6, 7)
Monika Bürger (Kap. 6, 8)

1 Einführung

Dieses Buch ist kein Lehrbuch der Klimatologie im herkömmlichen Sinn. Traditionelle Lehrbücher zeichnen sich in der Regel dadurch aus, dass sie die Breite der Teildisziplin Klimatologie von meteorologischer oder geographischer Seite mehr oder weniger umfangreich abdecken, wobei viele Inhalte deskriptiv mit einer Fülle von Informationen abgehandelt werden. Andere Lehrbücher beschäftigen sich mit speziellen Klimatologien, etwa dem Gelände- oder Stadtklima.

Das Konzept des vorliegenden Buches rückt das Basiswissen über die wesentlichen klimatologischen Prozesse und Strukturen für Studierende der Geographie und benachbarter Fachrichtungen sowie für den Anwender aus der Forschungs- und Lehrpraxis oder der anderweitigen Berufspraxis in den Mittelpunkt. In diesem Sinne versteht es sich als Lehr- und Arbeitsbuch, aber auch in seiner beabsichtigten Kompaktheit als Kompendium zum Nachschlagen. In jedem Kapitel werden zunächst die physikalisch-naturwissenschaftlichen Grundlagen, die zum Verständnis des jeweiligen Klimaelements notwendig sind, abgehandelt. Es folgt eine Darstellung der für das jeweilige Thema wichtigsten Inhalte. Diese Darstellung wird bewusst kompakt abgehandelt, da wir uns auf die zum Verständnis der klimatologischen Zusammenhänge wesentlichen Inhalte beschränken und nicht die exemplarische Fülle breiter angelegter Lehrbücher ersetzen wollen. Andererseits sind die allgemeineren Grundlagen bewusst ergänzt um einige, mehr praxisbezogene Themenkomplexe, z. B. die Berechnung von Solar- und Windenergie oder die Darstellung der gebräuchlichsten Berechnungsmethoden zur Bestimmung der Verdunstung. Ebenfalls neuartig am Konzept dieses Buches ist der jeweils letzte Abschnitt eines Kapitels, die Anwendungen. Hier kann sich der Leser die Grundlagen und zuvor diskutierten Inhalte durch umfangreichere Beispiele zu ihrer praktischen Anwendung verdeutlichen. Es ergeben sich für den Studierenden wie für den Praktiker hier gleichermaßen Anregungen für die Auseinandersetzung mit der vorgestellten Thematik.

Das Buch deckt wesentliche Bereiche der allgemeinen Klimatologie ab, speziell der separativen Klimatologie. Die für die synoptische Klimatologie wichtigen Bereiche werden nur insoweit abgehandelt, als sie sich aus den physikalischen Grundlagen ableiten, nicht aber weiterführende Themen wie etwa das Wettergeschehen oder die Wettervorhersage. Aus den bisherigen Ausführungen geht bereits hervor, dass unser Konzept besonderen Wert auf die physikalischen Grundlagen klimatologischer Prozesse legt, sei es eines Klimaelementes oder der prinzipiellen Strukturen der Zirkulation. Ein solcher Ansatz ist in der Meteorologie selbstverständlich, findet in der geographischen Klimatologie jedoch nur selten Eingang. Gleichzeitig ergibt sich auf diese Weise aber auch der Charakter eines Kompendiums, das als Handbuch zum Nachschlagen einlädt und das einfache Auffinden von Gleichungen und Berechnungsgrundlagen in der täglichen Praxis leicht machen soll.

Das Untersuchungsobjekt der Klimatologie, das Klima, ergibt sich aus der Synergetik von Kräften, Energieübertragung und Strömungsprozessen in den unteren Schichten eines die Erde umhüllenden Gasgemisches, das wir „Atmosphäre“ nennen. Grundsätzlich unterscheiden sich in neueren Definitionen die Begriffe Wetter, Witterung und Klima nur nach der zeitlichen Betrachtung der beteiligten Phänomene. Während das *Wetter* den momentanen Zustand der Atmosphäre über einem Ort oder einem eng begrenzten Ausschnitt der Erdoberfläche bezeichnet, d. h. das Zusammenwirken von atmosphärischen Zustandsgrößen (den Klimaelementen) wie Strahlung, Temperatur, Luftdruck, Luftfeuchte, Niederschlag etc., beschreibt der Begriff *Witterung* bereits einen mittleren Zustand des Wetters (in der Regel zusammengefasst in Form von Wetterlagen) über einen Zeitraum von Wochen, Monaten bzw. einer Jahreszeit. Entgegen der umgangssprachlichen Vermischung dieser zeitlichen Dimensionen kann sich das Wetter innerhalb von Tagen, sogar innerhalb eines Tages ändern. Zur Definition des *Klimas* eines Standortes oder einer Region sind schließlich raum-zeitliche Mittelungen aller momentanen Zustände erforderlich. Nach einer Definition der WMO (*W*orld *M*eteorological *O*rganization) ist ein Synthesezeitraum notwendig, der die wesentlichen statistischen Eigenschaften des Wetters eines Raumes beschreibbar macht. Normalerweise (und wenn hinreichend lange Zeitreihen der Messungen vorliegen) sind dies 30 Jahre, so etwa der z. Z. geltende Referenzzeitraum von 1961 bis 1990. Die Definition des Klimas ist somit im Gegensatz zum Wetter eine mehr oder weniger statistische, die Aussagen über mittlere Zustände, aber auch über die Variabilität der zugrunde gelegten Parameter erlaubt. Trotz allem sind es jedoch immer die gleichen Parameter, nämlich die Klimaelemente mit ihren physikalisch-meteorologischen Prozessen und raum-zeitlichen Strukturen, die jeder klimatologischen Betrachtung zugrunde liegen. Aus diesem Grund bilden diese den Schwerpunkt des vorliegenden Buches, denn ohne die Kenntnis eines Prozesses wird man auch nicht dessen Konsequenzen verstehen können.

Bevor die Klimaelemente diskutiert werden, beschäftigen wir uns zunächst mit einigen allgemeineren Grundlagen, dem Umgang mit physikalischen Größen, planetarischen Grundlagen und den Komponenten des Klimasystems. Es folgt eine Darstellung der Strahlung und des Energiehaushaltes der Erde, der Wärme und Temperatur, des Luftdrucks, des Windes und des Wassers in der Atmosphäre. Auf der Basis dieser Darstellungen, Beispiele und Anwendungen sollte es dem Leser möglich sein, sich weitere, spezialisierte oder thematisch wie regional vertiefende Inhalte der Klimatologie in der weiteren Fachliteratur zu erschließen.

2 Der Umgang mit physikalischen Größen in der Klimatologie

Während sich die Wahrnehmung des Wetters durch die Menschen in Beschreibungen wie schlecht, gut, warm, kalt, windig, nass, trocken und vielem anderen mehr äußert, Klimate als mild, rau oder gemäßigt u. s. w. beschrieben werden, verwendet die physikalisch ausgerichtete Klimatologie physikalische Größen zur Quantifizierung der einzelnen Klimaelemente. Dabei sind es im Wesentlichen zwei Medien, deren Zustände das Wetter und langfristig betrachtet das Klima ausmachen: die trockene Luft als ein Gasgemisch mit den Hauptkomponenten Stickstoff und Sauerstoff und vielen weiteren Gasen sowie das Wasser in der Atmosphäre in allen drei Aggregatzuständen (gasförmig, flüssig und fest).

Die Maßeinheiten einzelner physikalischer Größen haben sich im Laufe der Geschichte oft verändert. Längen- und Gewichtsmaße wurden z. T. nur für das Territorium kleinster Staaten definiert. Mit der Industrialisierung, der Entstehung weltweiter Märkte, aber auch durch die Schaffung einer internationalen Meteorologie wurde eine Vereinheitlichung notwendig.

Das geltende internationale Maßsystem ist das Système International d'Unités (*SI-System*). 1948 beauftragte die 9. Generalkonferenz für Maß und Gewicht CGPM ein Internationales Komitee, „die Schaffung einer vollständigen Neuordnung der Einheiten im Messwesen zu prüfen". 1960 wurde auf der 11. CGPM das SI-System als Einheitensystem angenommen. Gleichwohl, im angelsächsischen Sprachraum halten sich auch in Meteorologie und Klimatologie hartnäckig die Einheiten inch, feet und Fahrenheit.

2.1 Basisgrößen und Ableitungen

Basisgrößen im SI-System (gesetzliche Einheiten): Sechs Größen bilden die Basis im SI-System. Alle weiteren leiten sich davon ab.

- Länge: s [m] (Meter)
- Masse: m [kg] (Kilogramm)
- Zeit: t [s] (Sekunde)
- Temperatur: T [K] (Kelvin); 273,16 K = 0°C
- Lichtstärke: [cd] (Candela)
- Stoffmenge: n [mol] (Mol)

Eine gewisse Ausnahme vom SI-System besteht bei der Temperatur. Während sich die Einheit im SI-System (Kelvin [K]) auf den absoluten Nullpunkt bezieht, wird in Meteorologie und Klimatologie in der Regel Grad Celsius [°C] verwendet. Für Temperaturdifferenzen sollte der Klarheit wegen nur Kelvin Verwendung finden.

Erste Ableitungen aus den Basisgrößen:

1. *Geschwindigkeit u:* Weg pro Zeit

$$u = \frac{s}{t}\frac{[\mathrm{m}]}{[\mathrm{s}]} = \frac{s}{t}\left[\mathrm{ms}^{-1}\right] \tag{2.1}$$

1 $m s^{-1}$ ist die Geschwindigkeit eines sich gleichförmig und gradlinig bewegenden Körpers, der während der Zeit 1 Sekunde [s] die Strecke 1 Meter [m] zurücklegt.

2. *Beschleunigung a:* Geschwindigkeitsveränderung pro Zeit

$$a = \frac{u}{t} = \frac{s}{t \cdot t} \frac{[\mathrm{m}]}{[\mathrm{s}^2]} = \frac{u}{t} \left[\mathrm{m\ s}^{-2}\right] \tag{2.2}$$

1 $m s^{-2}$ ist die Beschleunigung eines sich gradlinig bewegenden Körpers, dessen Geschwindigkeit sich pro Sekunde um 1 $m s^{-1}$ ändert.

3. *Kraft F:* Masse mal Beschleunigung

$$F = m \cdot a \frac{[\mathrm{kg\ m}]}{[\mathrm{s}^2]} = m \cdot a \left[\mathrm{kg\ m\ s}^{-2}\right] = m \cdot a\,[\mathrm{N}]\ \text{(Newton)} \tag{2.3}$$

1 Newton [N] ist die Kraft, die einen Körper der Masse 1 Kilogramm [kg] um 1 $m s^{-2}$ beschleunigt.

4. *Impuls* $\vec{p}$: Masse mal Geschwindigkeit

$$\vec{p} = m \cdot u \frac{[\mathrm{kg\ m}]}{[\mathrm{s}]} = m \cdot u \left[\mathrm{kg\ m\ s}^{-1}\right] = m \cdot u\,[\mathrm{N\ s}]\ \text{(Newtonsekunde)} \tag{2.4}$$

1 Newtonsekunde ist der Impuls, der entsteht, wenn die Kraft 1 Newton [N] 1 Sekunde [s] lang auf einen Körper einwirkt.

5. *Dichte* ρ*:* Masse durch Volumen

$$\rho = \frac{m}{V} \frac{[\mathrm{kg}]}{[\mathrm{m}^3]} = \frac{m}{V} \left[\mathrm{kg\ m}^{-3}\right] \tag{2.5}$$

1 $kg m^{-3}$ ist die Dichte eines homogenen Körpers mit der Masse 1 kg, der ein Volumen von 1 m^3 einnimmt.

6. *Arbeit* bzw. *Energie W:* Kraft mal Weg

$$W = F \cdot s\,[\mathrm{N\ m}] = F \cdot s \frac{[\mathrm{kg\ m\ m}]}{[\mathrm{s}^2]} = F \cdot s \left[\mathrm{kg\ m}^2\ \mathrm{s}^{-2}\right] = F \cdot s\,[\mathrm{J}]\ \text{(Joule)} \tag{2.6}$$

1 Joule [J] ist die Arbeit, die geleistet wird, wenn der Angriffspunkt der Kraft 1 Newton [N] in Richtung der Kraft um 1 Meter [m] verschoben wird.

Eine gebräuchliche abgeleitete Maßeinheit für die Energie ist die Kilowattstunde [kWh].

$$1\text{kWh} = 1000\text{W} \cdot 1\text{h} = 1000\text{W} \cdot 3600\text{s} = 3{,}6 \cdot 10^6[\text{Ws}] = 3{,}6 \cdot 10^6[\text{Jss}^{-1}] = 3{,}6 \cdot 10^6[\text{J}]$$

7. *Leistung P:* Arbeit pro Zeit

$$P = \frac{W}{t} = \frac{F \cdot s}{t} \frac{[\text{J}]}{[\text{s}]} = P\left[\text{Js}^{-1}\right] = P\frac{\left[\text{kg m}^2\right]}{\left[\text{s}^2\ \text{s}\right]} = P\left[\text{kg m}^2\ \text{s}^{-3}\right] = P\left[\text{W}\right]\ (\text{Watt}) \tag{2.7}$$

1 Watt ist die Leistung, die der Umsetzung von einer Energie (Arbeit) von 1 Joule [J] in der Zeit 1 Sekunde [s] entspricht.

Ein Energiefluss (Leistung, also etwa der Sonnenstrahlung) pro Zeit auf eine Fläche wird in Watt pro Quadratmeter angegeben:

1 W m^{-2} = 1 $\text{J m}^{-2}\text{s}^{-1}$ (Energie pro Zeit und pro Fläche)

8. *Druck* (Luftdruck) *p:* Kraft pro Fläche

$$p = \frac{F}{A} = \frac{m \cdot a}{A} \frac{[\text{N}]}{\left[\text{m}^2\right]} = p\frac{[\text{kg m}]}{\left[\text{s}^2\ \text{m}^2\right]} = p\left[\text{kg m}^{-1}\ \text{s}^{-2}\right] = p\ [\text{Pa}]\ (\text{Pascal}) \tag{2.8}$$

1 Pascal [Pa] ist der Druck, der der senkrechten Einwirkung einer Kraft von 1 Newton [N] auf eine Fläche von 1 m^2 entspricht.

1 hPa = 100 Pa
1 bar = 1000 hPa = 105 Pa = 1000 mbar

Umrechnungen anderer Einheiten:

Temperatur
Fahrenheit

$$T\,[\text{F}] = \frac{9}{5}\ T\,[^\circ\text{C}] + 32 \tag{2.9}$$

° Reaumur

$$T\,[^\circ R] = \frac{4}{5}\ T\,[^\circ C] \tag{2.10}$$

Zehnerpotenz	Vorsatz	Symbol	Zehnerpotenz	Vorsatz	Symbol
10^{-1}	Dezi	d	10	Deka	da
10^{-2}	Zenti	c	10^{2}	Hekto	h
10^{-3}	Milli	m	10^{3}	Kilo	k
10^{-6}	Mikro	µ	10^{6}	Mega	M
10^{-9}	Nano	n	10^{9}	Giga	G
10^{-12}	Piko	p	10^{12}	Tera	T
10^{-15}	Femto	f			

Tab. 2.1: Dezimale Teile oder Vielfache

Länge
1 inch = 2,54 cm (2.11) 1 foot = 0,3048 m (2.12)

Druck
1 Pa = 7,501 · 10^{-3} mm Hg 1 mm Hg = 133,3 Pa (2.13)

Energie
1 J = 0,2390 cal 1 cal = 4,184 J (2.14)

Verwendung von Variablen mit Indizes:
Variablen sind in diesem Buch grundsätzlich kursiv gesetzt, um sie von den physikalischen Einheiten zu unterscheiden. Der Index 0 (Null; z. B. z_0) wird immer dann verwendet, wenn ein „Grundzustand" gemeint ist. Eine zweite gleichartige Variable, deren Zustand vom Grundzustand abweicht, hat keinen Index. Werden zwei oder mehr Variablen verwendet, von denen keine einen besonderen „Grundzustand" hat, so werden diese durchgezählt (z. B. $z_1, z_2, \ldots z_n$). Andere Indizes kennzeichnen besondere Bedingungen, unter denen die Variable betrachtet wird. Sie sind gesondert angegeben.

2.2 Anwendung: Rechnen mit Einheiten

Die *Schubspannung* τ (vgl. Kap. 8, Wind) ist definiert als Produkt aus der dynamischen Viskosität η und der vertikalen Geschwindigkeitsscherung der Strömung. Die Einheit der Schubspannung lässt sich berechnen, wenn (grundsätzlich) mit Basiseinheiten gearbeitet wird:

Dynamische Viskosität η = [Pa s] (Pascalsekunde)
1 Pa s = 1 N m^{-2} s = 1 kg $m^{-1}s^{-1}$

$$\frac{\mathrm{d}u}{\mathrm{d}z}\left[\frac{\mathrm{m\,s^{-1}}}{\mathrm{m}}\right]$$

$$\tau = \eta \cdot \frac{du}{dz}$$

$$\tau = \frac{[\mathrm{kg\,m}]}{[\mathrm{m\,s\,s\,m}]} = \mathrm{kg\,m^{-1}s^{-2}} = \mathrm{Pa} \tag{2.15}$$

Die Schubspannung erhält damit die Einheit Pascal [Pa], also diejenige des Druckes.

Der *Luftdruck* p wird in der Einheit Hektopascal [hPa] gemessen. Die Einheit des Drucks ist aber das Pascal [Pa], eine abgeleitete Größe aus der Beziehung $p = F/A$. Ausgehend von den Basisgrößen des SI-Systems stellt sich die abgeleitete Einheit Pascal wie folgt dar:

$$p = \frac{F}{A} = \frac{[\mathrm{N}]}{\left[\mathrm{m}^2\right]} = \frac{m \cdot a}{A} = \frac{[\mathrm{kg\,m}]}{\left[\mathrm{s}^2\,\mathrm{m}^2\right]} = \left[\mathrm{kg\,m^{-1}\,s^{-2}}\right] = [\mathrm{Pa}] \tag{2.16}$$

Andererseits ergibt sich der Luftdruck *p* (oder der Druck im Allgemeinen) nach der hydrostatischen Grundgleichung (vgl. Kap. 7) auch aus dem Produkt von Weg (*s*) mal Dichte (ρ) mal Beschleunigung (*a*):

$$s \cdot \rho \cdot a = \frac{[\mathrm{m\ kg\ m}]}{[\mathrm{m}^3\ \mathrm{s}^2]} = \frac{[\mathrm{kg}]}{[\mathrm{m\ s}^2]} = [\mathrm{kg\ m}^{-1}\ \mathrm{s}^{-2}] = p\ [\mathrm{Pa}] \tag{2.17}$$

3 Planetarische Grundlagen

3.1 Die Bewegung der Erde

Bestimmende Größe für die Ausprägung des Klimas, der Klimate auf der Erde mit all ihrer Vielfalt ist die Drehung der Erde um die Sonne (Erdrevolution) und um sich selbst (Erdrotation). Die Umlaufbahn der Erde um die Sonne erfolgt auf einer elliptischen Planetenbahn mit der Sonne im Brennpunkt (*1. KEPLER'sches Gesetz*). Der kleine Ellipsenradius beträgt $147 \cdot 10^6$ km (*Perihel* = Erdposition im Nordwinter, Erdnähe der Sonne), der große $152 \cdot 10^6$ km (*Aphel* = Erdposition im Nordsommer, Erdferne der Sonne). Diese Tatsache führt dazu, dass im Nordwinter wegen der geringeren Entfernung zur Sonne die Erde mehr Strahlung empfängt als im Südwinter. Die Frühjahrs- und Herbstpunkte werden *Äquinoktien* genannt (Abb. 3.1).

Die Rotationsbewegung der Erde (wie auch jedes anderen um eine Drehachse rotierenden Körpers bzw. strömenden Mediums) kann mit einigen mechanischen Grundregeln beschrieben werden.

Die *Winkelgeschwindigkeit* (ω) ist ein Vektor, der den Drehwinkel eines Körpers pro Zeiteinheit angibt und in Richtung der Drehachse zeigt:

$$\vec{\omega} = \frac{\Delta\varphi}{\Delta t} \qquad (3.1)$$

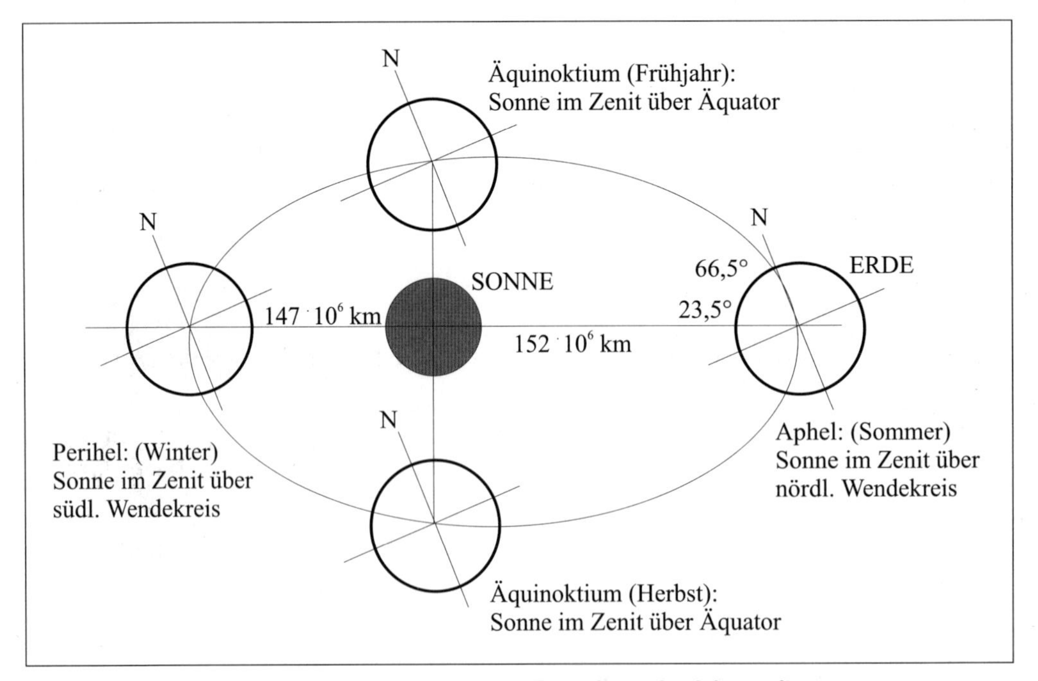

Abb. 3.1: Bewegung der Erde um die Sonne und die Entstehung der Jahreszeiten

Δ	„Änderung“
φ	Drehwinkel [rad]
t	Zeitintervall [s]
ω	Winkelgeschwindigkeit [rad s^{-1}]

Da die Erde sich in 24 h (= 86 400 s) einmal um ihre Rotationsachse dreht, errechnet sich ihre Winkelgeschwindigkeit aus:

$$\vec{\omega} = \frac{2\pi \cdot \text{rad}}{86400\,\text{s}} = 7{,}27 \cdot 10^{-5}\,\text{rad s}^{-1} \qquad (3.2)$$

Entsprechend ist die mittlere *Winkelbeschleunigung* (α) definiert als Änderung der Winkelgeschwindigkeit pro Zeiteinheit:

$$\alpha = \frac{\Delta\omega}{\Delta t}\,[\text{rad s}^{-2}] \qquad (3.3)$$

Wird ein Teilchen (z.B. ein Luftpaket) auf einer kreisförmigen Bahn um eine Drehachse bewegt, so hat es eine *Bahngeschwindigkeit* ($\vec{u}$). Diese ergibt sich als Vektorprodukt (Kreuzprodukt) aus Winkelgeschwindigkeit und dem Radius der Kreisbahn:

$$\vec{u} = \vec{\omega} \times \vec{r} \qquad (3.4)$$

$\vec{u}$	Bahngeschwindigkeit [m s^{-1}]
$\vec{\omega}$	Winkelgeschwindigkeit [rad s^{-1}]
$\vec{r}$	senkrechter Abstand zum Kreismittelpunkt [m]

Dabei zeigt der Vektor der Winkelgeschwindigkeit in Richtung der Drehachse, der Vektor des Radius zeigt vom Kreismittelpunkt zum Ort des betrachteten Teilchens, und der Vektor der Bahngeschwindigkeit steht senkrecht auf dem Radiusvektor: Die Bedeutung des Kreuzproduktes veranschaulicht die „Rechte-Hand-Regel“ – Der Daumen entspricht $\vec{\omega}$, der Zeigefinger $\vec{r}$ und der Mittelfinger $\vec{u}$ (Abb. 3.2).

Planet	Abstand zur Sonne (Mio. km)	Umlaufzeit (Erdjahre)	Durchmesser (km)	Rotationszeit
Merkur	57,9	0,2	4 850	59 d
Venus	108,2	0,6	12 400	243 d
Erde	149,6	1,0	12 756	23h 56min
Mars	227,9	1,9	6 800	24h 37min
Jupiter	778,0	11,9	142 800	9h 50min
Saturn	1 427,0	29,4	120 800	10h 40min
Uranus	2 870,0	84,0	47 600	10h 49min
Neptun	4 496,0	164,8	44 600	15h 40min
Pluto	5 946,0	247,7	5 850	?

Tab. 3.1: Einige Angaben zu unserem Planetensystem

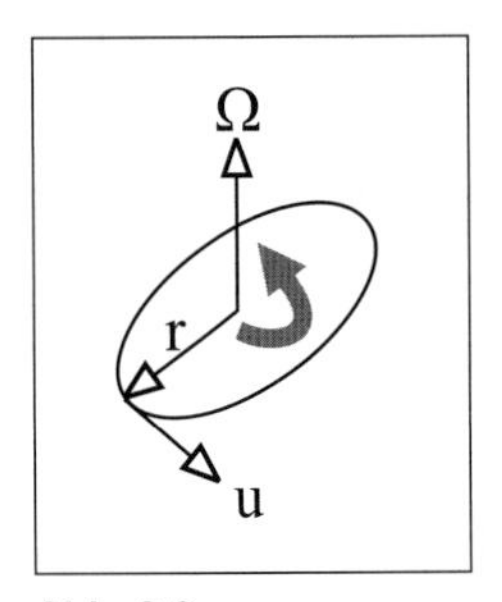

Abb. 3.2: Rechte-Hand-Regel

Indem man den Radius der Erde am Äquator mit 6 380 km zugrunde legt, kann der Betrag des Vektors der Bahngeschwindigkeit errechnet werden (Gl. 3.5):

$$u = \omega \cdot r = \frac{2\pi \cdot \mathrm{rad}}{24\,\mathrm{h}} \cdot 6380\,\mathrm{km} = 1670\,\mathrm{km\,h^{-1}} = 464\,\mathrm{m\,s^{-1}}$$

Das heißt, ein Luftpaket erhält am Äquator bei einer beliebigen Bewegung eine tangentiale Komponente *u* von 1 670 $\mathrm{km\,h^{-1}}$. Diese Bahngeschwindigkeit nimmt allerdings in Richtung der Pole ab (Abb. 3.3), weil sich der Abstand zur Drehachse mit zunehmender geographischer Breite φ verringert (u_φ):

$$u_\varphi = 1670\,\mathrm{km\,h^{-1}} \cdot \cos\varphi \tag{3.6}$$

Die Umlaufzeit der Erde um die Sonne beträgt 365,25 Tage (dadurch alle 4 Jahre ein Schaltjahr mit 366 Tagen). Die Umlaufbahn um die Sonne wird *Ekliptik* genannt. Die Rotationsachse der Erde ist gegenüber der Ekliptik z. Zt. um 66,5° geneigt, bleibt aber in ihrer Raumlage während des gesamten Umlaufs konstant. Der Effekt sind ungleiche Einstrahlungsgeometrien (der Einfall der Sonnenstrahlung ist im Perihel senkrecht auf 23,5° südlicher Breite, im Aphel auf 23,5° nördlicher Breite, also den Wendekreisen), die zur Entstehung der Jahreszeiten führen.

Die Umlaufgeschwindigkeit der Erde beträgt im Mittel 30 $\mathrm{km\,s^{-1}}$, ist aber variabel im Verhältnis zum Abstand zur Sonne (*2. Kepler'sches Gesetz*): Ein von der Sonne zu einem Planeten gezogener Leitstrahl überschreitet in gleichen Zeiten gleichgroße Flächen. Damit ist die Umlaufgeschwindigkeit der Erde umso größer, je näher sich Sonne und Erde sind, was im Nordwinter um die Zeit des Perihels der Fall ist (Abb. 3.4).

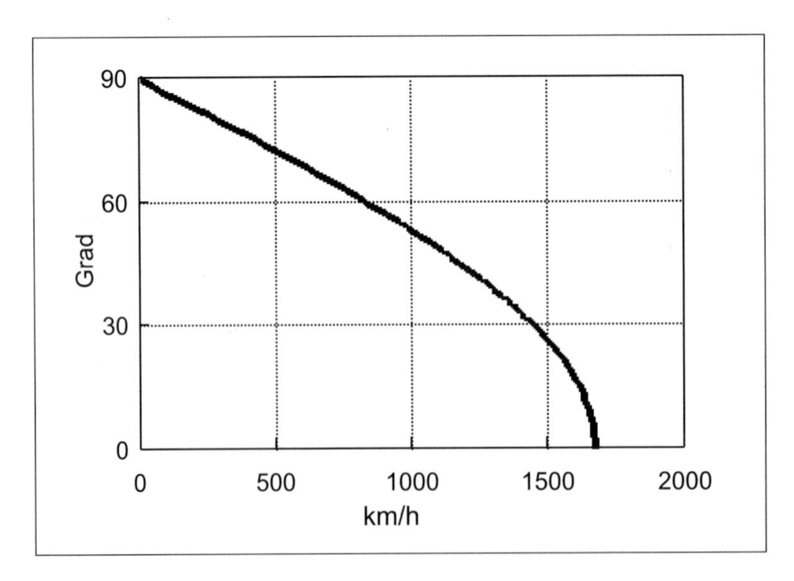

Abb. 3.3: Bahngeschwindigkeit auf der Erde in Abhängigkeit von der geographischen Breite

Die Höhe des Sonnenstandes über dem Horizont (*Sonnenhöhe*) hängt demnach von der jahreszeitlichen Position der Erde auf ihrer Umlaufbahn (der *Deklination* der Sonne, d.h ihr relativer Einfallswinkel im Abstand zum Äquator), von der geographischen Breite und der Tageszeit (dem Stundenwinkel der Sonne) ab.

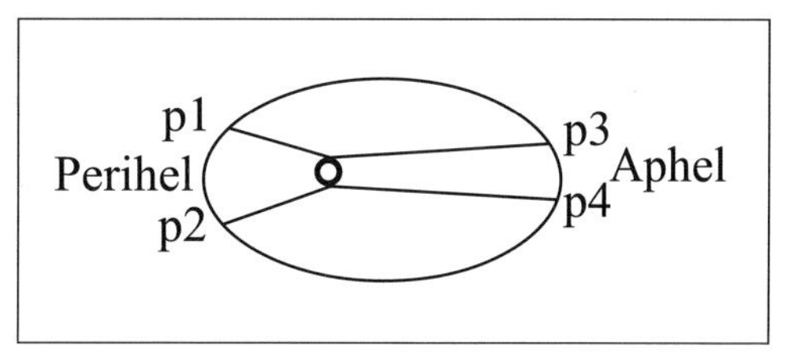

Abb. 3.4: 2. KEPLER'sches Gesetz

3.2 Die Zeit

Um Berechnungen des Sonnenstandes am Horizont durchzuführen, ist es notwendig, neben der uns gebräuchlichen Mitteleuropäischen Zeit (MEZ) die Mittlere Ortszeit (MOZ), die Wahre Ortszeit (WOZ), die Zeitgleichung (Z) und den Stundenwinkel der Sonne (t°_Θ) einzuführen. MEZ ist eine Zonenzeit (ZZ), in ihrem Fall bezogen auf 15° östlicher Länge. Sie berechnet sich nach:

$$ZZ = \text{Zonenzeit} = \text{MOZ} - \frac{\lambda - \lambda_Z}{15^\circ}[h] \tag{3.7}$$

λ Längengrad des betreffenden Ortes

λ_Z Längengrad für die Zonenzeit, z. B. 15° E für MEZ.

Für Bochum (geographische Lage 7°12'52" E, 51°29'22" N) macht dieser Unterschied 31 Minuten aus. Zwischen der MOZ und einer astronomisch gemessenen Zeit (z. B. mit einer Sonnenuhr) besteht allerdings immer noch eine Zeitdifferenz von bis zu ±15 Minuten. Diese Differenz, die aus der elliptischen Bahn der Erde um die Sonne resultiert, wird durch die *Zeitgleichung* (*Z*) beschrieben (Gl. 3.8):

$$Z = 0{,}1644\,h \cdot \sin\{2 \cdot [L_\Theta + 1{,}92^\circ \cdot \sin(L_\Theta + 77{,}3^\circ)]\} - 0{,}1277\,h \cdot \sin(L_\Theta + 77{,}3^\circ)$$

wobei L_Θ die geozentrische scheinbare mittlere Länge ist, bezogen auf das mittlere Äquinoktium des Datums in dezimalen Grad

$$L_\Theta = 279{,}3^\circ + 0{,}9856\,N \tag{3.9}$$

N Tag im Jahr

Die *Zeitgleichung* (Z) gibt den Unterschied zwischen der wahren Sonnenzeit (wahren Ortszeit WOZ) und der mittleren Sonnenzeit (*mittleren Ortszeit MOZ*) eines Ortes wieder (Abb. 3.5). Die astronomische Zeitmessung ergibt die wahre Ortszeit, von der die Zeitgleichung abgezogen werden muss, um die mittlere Ortszeit (MOZ) zu erhalten. Die Wahre Ortszeit (WOZ) ist dann die Mittlere Ortszeit (MOZ) plus die Zeitgleichung (*Z*).

Eine der Zeit äquivalente Größe ist der *Stundenwinkel der Sonne* t°_Θ in Grad [°]. 1 Stunde entspricht dabei 15°, bei 12:00 Uhr WOZ beträgt der Stundenwinkel definitionsgemäß 0°, am Nachmittag ist $t^\circ_\Theta > 0$, am Vormittag ist $t^\circ_\Theta < 0$.

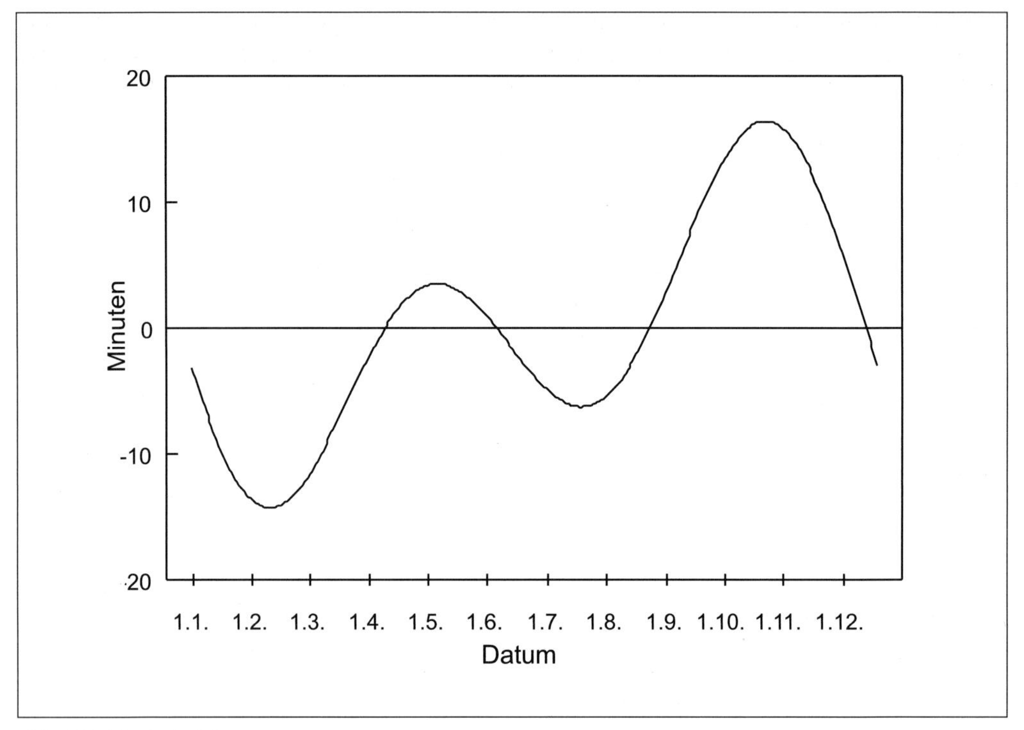

Abb. 3.5: Die Zeitgleichung

$$\overset{\circ}{t}_{\Theta} = 15° \, h^{-1} \cdot (\mathrm{MOZ} + \mathrm{Z} - 12\mathrm{h}) \tag{3.10}$$

3.2.1 Tempus fugit – Die Berechnung der Zeit

Einfache Sonnenuhren zeigen meistens nur die Mittlere Ortszeit MOZ an und lassen die Zeitgleichung unberücksichtigt. Dies führt zu Fehlern bei der Anzeige. An einem 1. August beträgt diese Abweichung:

$$L_{\Theta} = 279{,}3° + 0{,}9856 \cdot 213 = 489{,}2328° \tag{3.11}$$

$$Z = 0{,}1644\ h \cdot \sin\{2 \cdot [489{,}2328° + 1{,}92° \cdot \sin(489{,}2328° + 77{,}3°)]\}$$
$$- 0{,}1277\ h \cdot \sin(489{,}2328° + 77{,}3°) = -0{,}1030h = -6^{\min}10^{\sec} \tag{3.12}$$

Um vergleichbare Messergebnisse bei Klimastationen an unterschiedlichen Standorten zu bekommen, ist es notwendig, für die Ablesezeiten die Mittlere Ortszeit heranzuziehen. Die so genannten Terminwerte für die Ablesung von Klimamessgeräten (auch Mannheimer Stunden genannt, nach der frühen Festlegung im 18. Jahrhundert solcher Terminwerte durch die Pfälzische Meteorologische Gesellschaft Societas Meteorologica Palatina) sind 7:00 Uhr, 14:00 Uhr und 21:00 MOZ. In Bochum bedeutet das für den Beobachter, dass er im Sommer (Mitteleuropäische Sommerzeit = MESZ) zu den folgenden Terminen zum Messfeld muss:

$$\begin{aligned} \text{MESZ} &= \text{MEZ} + 1 \text{ Stunde} = \text{MOZ} + 1 \text{ h} - \frac{7{,}25°-15°}{15°\, h^{-1}} \\ &= \text{MOZ} + 1 \text{ h} + 0{,}516 \text{ h} = \text{MOZ} + 1 \text{ h} + 31 \text{ min} \end{aligned} \tag{3.13}$$

Terminwerte Bochum im Sommer: 8:31 Uhr, 15:31 Uhr und 22:31 Uhr MESZ.

8^h31^{min} MESZ, ausgedrückt als Stundenwinkel der Sonne am 1. August, ist:

$$\begin{aligned} t_\Theta^h &= 7 \text{ h MOZ} + \left(-6^{min}10^{sec}\right) - 12 \text{ h} = -5{,}1 \text{ h} \\ t_\Theta^\circ &= 15° \text{ h}^{-1} \cdot t_\Theta^h = -76{,}5° \end{aligned} \tag{3.14}$$

$$\text{WOZ} = \text{MOZ} + Z = 7^h + (-\,6^{min}10^{sec}) = 6^h54^{min} \tag{3.15}$$

Die Wahre Ortszeit um 8^h31^{min} MESZ ist 6^h54^{min} WOZ.

3.3 Der Stand der Sonne am Himmel

Nach der Berechnung dieser Zeitgrößen ist es möglich, für einen bestimmten Zeitpunkt und einen bestimmten Ort auf der Erde den *Azimut* a_Θ und die Höhe der Sonne h, also ihren Stand am Himmel, zu berechnen. Mit Kenntnis von Exposition und Hangneigung einer Fläche sowie der sie betreffenden Horizontüberhöhung (Beschattung) lässt sich dann der direkte Strahlungsinput I berechnen. Diese Größe spielt als Teilkomponente der Strahlungsbilanzgleichung bei ökologischen, wie auch bio- und stadtklimatischen Fragestellungen, aber auch z. B. bei der Solarenergiegewinnung eine große Rolle (vgl. Kap. 5.8.4). Notwendige Größe für diese Berechnungen ist die *Deklination* der Sonne δ_Θ, der in der Ebene des Deklinationskreises gemessene Winkelabstand vom Äquator (nördlich des Äquators positive, südlich negative Werte).

$$\delta_\Theta = \arcsin\left[\sin 23°40' \cdot \sin \lambda_\Theta\right] \tag{3.16}$$

Dabei ist λ_Θ die *geozentrische scheinbare ekliptische Länge der Sonne* bezogen auf das mittlere Äquinoktium in dezimalen Grad (± 30'), welche sich nach

$$\lambda_\Theta = 279{,}3° + 0{,}9856N + 1{,}92° \cdot \sin\left(356{,}6° + 0{,}9856N\right) \tag{3.17}$$

N Tag im Jahr

berechnet.

Der oder das *Azimut* der Sonne a_Θ – aus dem arabischen (da'ira) as-sumut (= Richtungskreis) – ist der Winkel auf dem Horizontkreis zwischen *Meridian* und Höhenkreis eines Himmelskörpers (z. B. der Sonne), von Süden aus gezählt. Der *Meridian* – lat. circulus meridianus (= Mittagskreis) – ist der größte Kreis am Himmel durch Zenit und Pol, in dessen Ebene der Ort des irdischen Beobachters liegt. Er steht auf dem Horizont senkrecht und schneidet diesen am Nord- oder Mitternachtspunkt sowie im Süd- oder Mittagspunkt. Beide sind durch die Mittagslinie miteinander verbunden. Beim Durchgang durch den Meridian haben für den Beobachter die Gestirne ihre größte *Höhe h* oder, 12 Stunden später, ihre niedrigste Höhe.

$$h = \arcsin\left(\sin\delta_\Theta \cdot \sin\varphi + \cos\delta_\Theta \cdot \cos\varphi \cdot \cos t_\Theta^\circ\right)[\text{dezimale Grad}] \quad (3.18)$$

φ geographische Breite

$$a_\Theta = \arcsin\left(\frac{-\cos\delta_\Theta \cdot \sin t_\Theta^\circ}{\cos h}\right)[\text{dezimale Grad}] \quad (3.19)$$

oder

$$a_\Theta = \arccos\left(\frac{\sin\delta_\Theta - \sin\varphi \cdot \sin h}{\cos\varphi \cdot \cos h}\right)[\text{dezimale Grad}], \quad (3.20)$$

wobei a_Θ im Fall der ersten Gleichung vormittags positive und am Nachmittag negative Werte hat, die jeweils von Süden aus gezählt werden (180°– a_Θ), bei der zweiten möglichen Gleichung wird von Norden gerechnet (360° – a_Θ).

Mit Hilfe der Deklination können *Sonnenaufgang* und *Sonnenuntergang* sowie die astronomisch maximal mögliche Sonnenscheindauer berechnet werden (Abb. 3.6).

$t_{s,max}$ = astronomisch maximale Sonnenscheindauer am Tag (± 2 min):

$$t_{s,\max} = \frac{1}{7,5} \cdot \arccos\left[\frac{\sin(-50')}{\cos\varphi \cdot \cos\delta_\Theta} - \tan\varphi \cdot \tan\delta_\Theta\right] \quad (3.21)$$

$$t_{s,max} = t_U - t_A \quad (3.22)$$

$$t_A = \text{Sonnenaufgang in Zonenzeit} = 12^h - \frac{t_{s,\max}}{2} - Z - \frac{\lambda - \lambda_Z}{15^\circ h^{-1}} \quad (3.23)$$

$$t_U = \text{Sonnenuntergang in Zonenzeit} = 12^h + \frac{t_{s,\max}}{2} - Z - \frac{\lambda - \lambda_Z}{15^\circ h^{-1}} \quad (3.24)$$

Dabei berücksichtigt der Term $\frac{\sin(-50')}{\cos\varphi \cdot \cos\delta_\Theta}$ die Refraktion (atmosphärische Strahlenbrechung) bei Sonnenauf- und -untergang und bezieht sich auf die Oberkante der Sonne. Der Wert 50' ist in dezimalen Grad (0,8333°) einzusetzen.

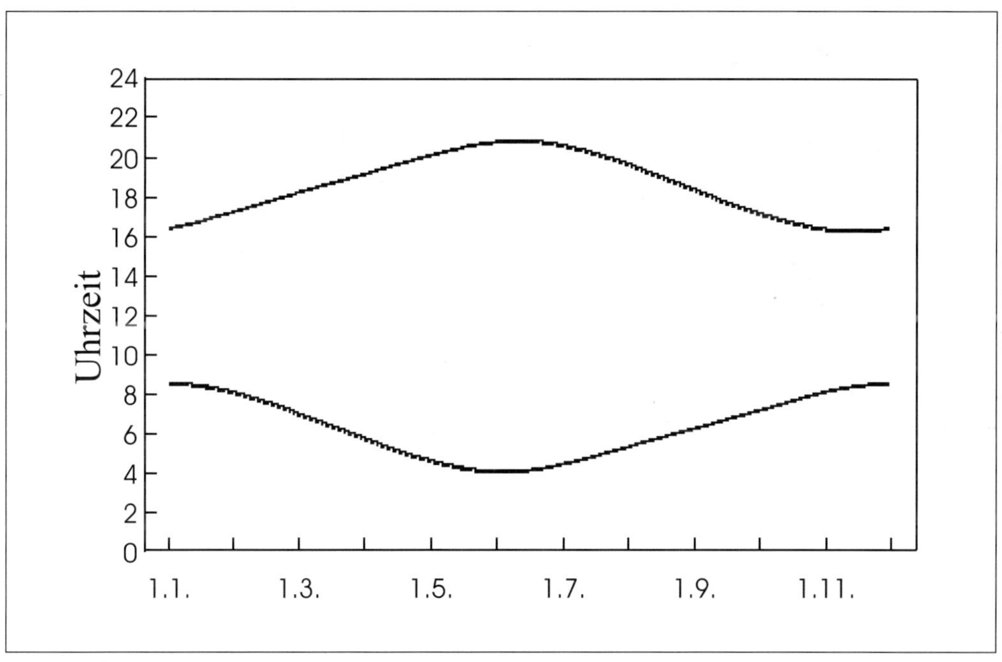

Abb. 3.6: Sonnenauf- und -untergangszeiten in Bochum in MEZ

3.3.1 Rund um die Sonnenuhr: Beispielhafte Berechnungen

Wenn nicht genaue Kalender zur Verfügung stehen, die Sonnenauf- und -untergangszeiten angeben, oder man in der Regel nicht dem frühmorgendlichen Landfunk lauscht, lassen sich diese Termine auch mit den angegeben Formeln leicht berechnen. Beispielhaft ist hier die Berechnung der astronomisch maximal möglichen Sonnenscheindauer und des Sonnenunterganges in Berlin-Dahlem am 15. November 1993 wiedergegeben. Notwendige Ausgangsgrößen sind geographische Breite und Länge und die Zahl des Tages im Jahr:

$\varphi = 52°25' = 52{,}42°$
$\lambda = 13°16' = 13{,}27°$
$N = 319$
$L_\Theta = 279{,}3° + 0{,}9856 \cdot 319 = 593{,}7064°$

$$Z = 0{,}1644\ \text{h} \cdot \sin\{2 \cdot [593{,}7064° + 1{,}92° \cdot \sin(593{,}7064° + 77{,}3°)]\} - 0{,}1277\ \text{h} \cdot \sin(593{,}7064° + 77{,}3°) = +0{,}2555\ \text{h}$$

$$\lambda_\Theta = 279{,}3° + 0{,}9856 \cdot 319 + 1{,}92° \cdot \sin(356{,}6° + 0{,}9856 \cdot 319) = 592{,}26°$$

$$\delta_\Theta = \arcsin[\sin 23°40' \cdot \sin 592{,}26°] = -18{,}33°$$

$$t_{s,\max} = \frac{1}{7,5} \cdot \arccos\left[\frac{\sin(-0,8\bar{3}°)}{\cos 52,42° \cdot \cos(-18,33°)} - \tan 52,42° \cdot \tan(-18,33°)\right] = 8,81^{h} = 8^{h}48'$$

$$t_U = \text{Sonnenuntergang} = 12^{h} + \frac{8,81h}{2} - 0,2555h - \frac{13,27°-15°}{15°\,h^{-1}} = 16,29^{h} = 16^{h}18^{min}$$

Die Tageslänge beträgt also 8 Stunden und 48 Minuten und der Sonnenuntergang ist um 16:18 Uhr MEZ.

In einem weiteren Beispiel sollen Deklination, Azimut und Höhe der Sonne am 1. August 1994 um 8:31 Uhr Mitteleuropäischer Sommerzeit (MESZ) für Bochum ($\varphi = 51,5°$) berechnet werden.

Am 1. August 1994 hatte die Deklination folgenden Wert:

N (01.08.1994) = 213

$$\lambda_{\Theta} = 279°,3 + 0,9856 \cdot 213 + 1°,92 \cdot \sin(356°,6 + 0,9856 \cdot 213)$$
$$= 444,37$$

$$\delta_{\Theta} = \arcsin[\sin 23°40' \cdot \sin \lambda_{\Theta}] = \arcsin[\sin 23°40' \cdot \sin 444,37] = 18,34°$$
$$= 18°20'$$

Für $8^{h}31^{min}$ MESZ an diesem Tag (s. o.) berechnen sich Höhe h der Sonne und Azimut a_{Θ}:

$$\overset{\circ}{t}_{\Theta} = -76,5°$$

$$h = \text{Höhe der Sonne}$$
$$= \arcsin(\sin 18,34° \cdot \sin 51,5° + \cos 18,34° \cdot \cos 51,5° \cdot \cos -76,5°$$
$$= 22,59° = 22°36'$$

$$a_{\Theta} = \arcsin\left(\frac{-\cos 18,34° \cdot \sin -76,5°}{\cos 22,59°}\right) = 88,5°$$

Die Sonne steht an diesem Tag und zu diesem Zeitpunkt also, von Süden aus gezählt, bei 180° – 88,5° = 91,46° = 91°28’ im Osten.

Auch für Weltreisende und Out-door-Spezialisten können die Formeln zur Berechnung der Zeit und des Sonnenstandes von großer Bedeutung sein, wenn das Globale Positionierungs-System GPS einmal seinen Geist aufgegeben hat. Man denke sich folgende Situation: Der Weltreisende ist mit einem Segelschiff an einer einsamen Insel gestrandet und nur noch der mechanische Chronometer am sonnengebräunten Handgelenk des Kapitän tut seinen Dienst. Da er sich auf eine längere Zeit einrichtet, bis er von einem vorbeifahrenden Schiff gerettet wird, stellt er einen Fahnenmast auf der Insel auf – auch um seinen Standort zu bestimmen.

Dieser Fahnenmast ist 12,30 m hoch und sein Schatten liegt zu einer Zeit im Jahr zur Mittagszeit maximal 10 m in nördlicher Richtung (Winter), zu einer anderen Zeit im Jahr maximal 1,7 m in südlicher Richtung (Sommer). Weiterhin stellte er fest, dass sein Chronometer (den er auf GMT eingestellt hatte) bei einer Sonnenfinsternis, die um 12:00 Uhr Inselzeit stattfand, 16:04 GMT anzeigte.

Folgende Berechnungen sind anzustellen: die Höhe der Sonne h beträgt im Fall 1 (Winter):

Schatten 1,7 m nach Süd, $h = 82{,}1°$
$\sin 82{,}1° = \sin \varphi \cdot \sin 23{,}5° + \cos \varphi \cdot \cos 23{,}5° \cdot \cos 0°$
$0{,}9905 = \cos (\varphi - 23{,}5°)$ Arcuscosinus
$\pm 7{,}9° = \varphi - 23{,}5°$
$\varphi = 15{,}59°$ n oder $31{,}4°$ n

Im Fall 2 (Sommer):

Schatten 10 m nach Nord, $h = 50{,}89°$
$\sin 50{,}89° = \sin \varphi \cdot \sin (-23{,}5°) + \cos \varphi \cdot \cos (-23{,}5°) \cdot \cos 0°$
$0{,}7759 = \cos (\varphi - (-23{,}5°))$ Arcuscosinus
$\pm 39{,}11° = \varphi + 23{,}5°$
$\varphi = 15{,}59°$ n oder $-62{,}61°$ s

Der Unterschied zwischen GMT und Inselzeit beträgt –4 Stunden und 4 Minuten, damit befindet sich die Insel auf 15,59° N und 61° W (Marie Galante südlich Guadeloupe).

4 Das Klima: System, Elemente, Faktoren und Variabilität

Das Klima der Erde ist ein komplexes Prozessgefüge, das zwar räumlich die Atmosphäre (und zwar insbesondere die untere Atmosphäre) umfasst, aber ebenfalls in enger Wechselwirkung andere Subsysteme wie die Hydrosphäre, Kryosphäre und Biosphäre beeinflusst und von diesen bedingt wird, und zwar in sehr unterschiedlichen zeitlichen und räumlichen Dimensionen (Scales). Vor diesem Hintergrund soll dieser Abschnitt einen kurzgefassten Überblick über einige wesentliche Zusammenhänge und Begrifflichkeiten geben, die der Einordnung der darauf folgenden Kapitel in einen übergeordneten Zusammenhang dienlich sind.

4.1 Aufbau und Zusammensetzung der Atmosphäre

Die Atmosphäre ist ein Gasgemisch, das durch die Gravitationskraft der Erde angezogen wird und die Erde als Gashülle umgibt. Da bei einer gesamten Atmosphärenhöhe von etwa 500 km aber bereits rund 99 % ihrer Gesamtmasse in den untersten 30 km konzentriert sind, ergibt sich ein mehrschichtiger Aufbau (Abb. 4.1). Die *Troposphäre* ist das unterste und vergleichsweise hauchdünne Stockwerk, auf das allerdings bereits 75 % der gesamten Gasmasse entfallen und in dem sich das eigentliche Wetter- und Klimageschehen mit seinen großen Massen- und Energietransporten auf der Erde abspielt. Bis zu ihrer Obergrenze, der *Tropopause,* ist für die Troposphäre eine deutliche vertikale Temperaturabnahme charakteristisch. Allerdings ist die Höhenlage der Tropopause recht unterschiedlich und zeigt Sprünge sowie jahreszeitliche Veränderungen. So liegt sie im Mittel in den äquatorialen Breiten mit ihren hochreichenden, thermisch bedingten Vertikalbewegungen bei 17–18 km und zeigt die tiefsten Temperaturen (–70 °C bis –80 °C). In den Mittelbreiten liegt sie bei etwa 12 km Höhe (–50 °C) und an den Polen in 8–10 km (–40 °C). In diesem Sinne spiegelt die Tropopausenhöhe bereits die wesentlichen energetischen und thermischen Gegensätze in der unteren Erdatmosphäre wider. Eine innere Untergliederung der Troposphäre ergibt sich durch die Beeinflussung der Strömungsprozesse von der Erdoberfläche her. Die durch die Oberfläche beeinflusste Schicht, die mehrere km mächtig sein kann, wird *atmosphärische Grenzschicht* genannt. In ihr wird die Windrichtung sehr stark durch Reibungseffekte der Erdoberfläche bestimmt und unterscheidet sich entsprechend stark von den Verhältnissen der darüber liegenden freien Atmosphäre. Innerhalb der Grenzschicht liegt der Oberfläche eine nur wenige Dekameter mächtige Schicht des turbulenten Austausches von Eigenschaften (Masse, Wärme, Wasserdampf, Impuls) auf, die *PRANDTL-Schicht*, während der obere Teil der Grenzschicht, in der sich die Windscherung spiralförmig der freien Atmosphäre angleicht, als *EKMAN-Schicht* bezeichnet wird.

Oberhalb der Tropopause treten die Vertikalbewegungen, die für die Troposphäre so charakteristisch sind, weitgehend zurück und es herrschen starke horizontale Winde vor. Hier, in der *Stratosphäre,* tritt zwischen 30 km und 50 km Höhe eine starke Temperaturzunahme mit der Höhe bis auf etwa 0 °C auf. In ihrem unteren Bereich (15–25 km Höhe) findet sich die maximale Ozonkonzentration in der Atmosphäre (Ozonschicht), in der insbesondere die Ultraviolettstrahlung effektiv absorbiert wird. Troposphäre und Stratosphäre sind zwar durch ihre Zirkulationsformen recht deutlich voneinander getrennt, jedoch liegen Interaktionen vor, wie etwa die *stratosphärische Kompensation,* ein Abkühlen in der Stratosphäre über einem tropo-

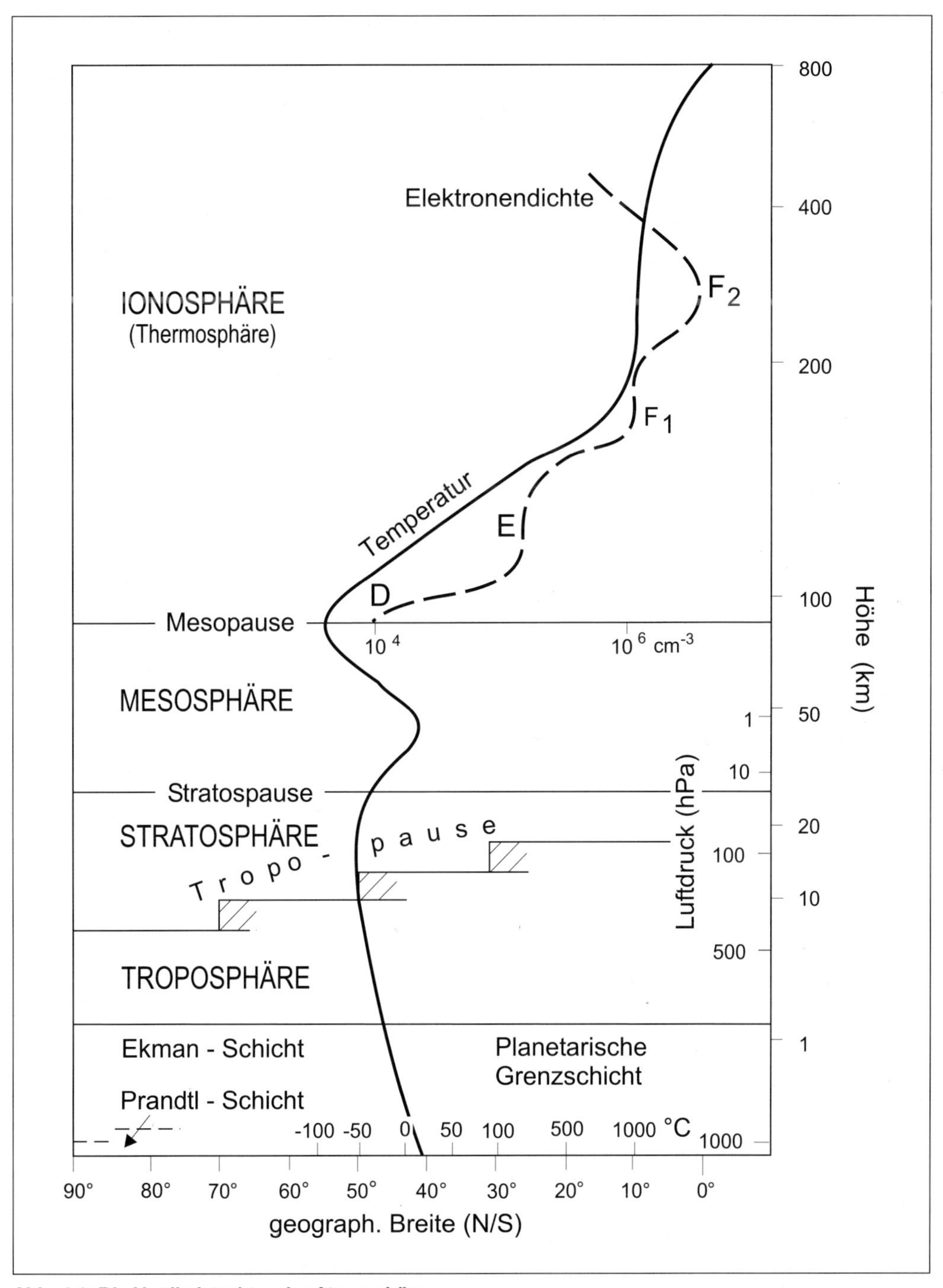

Abb. 4.1: Die Vertikalstruktur der Atmosphäre
nach verschiedenen Quellen

Komponente	Vol.-%	Gruppe
N_2 O_2 Ar	78,09 20,95 0,93	Hauptgase
H_2O Ne He Kr CO_2 CH_4 N_2O	0–4,0 $1{,}8 \cdot 10^{-3}$ $5{,}2 \cdot 10^{-4}$ $1{,}0 \cdot 10^{-4}$ 0,036 1, 75 ppm 0,32 ppm	Spurengase

Tab. 4.1: Hauptbestandteile der Luft

sphärischen Erwärmungsgebiet und umgekehrt (HUPFER/KUTTLER 1998) sowie die *quasibiennial oscillation* (QBO). Darunter versteht man das Phänomen, dass sich in der unteren Stratosphäre (20–25 km Höhe) mit einer Periode von etwa 26 Monaten West- und Ostwindphasen einander abwechseln können, was sich wiederum auf die Troposphäre durchpaust (HUPFER 1996). So finden wir Oszillationen in vielen klimatologischen Zeitreihen in Bodennähe, die ebenfalls die QBO als signifikantes Signal aufweisen.

Oberhalb der *Stratopause* in etwa 50 km Höhe nimmt in der *Mesosphäre* die Temperatur in 80–85 km Höhe wieder stark bis auf –75 °C bis –90 °C ab und es liegen wiederum deutliche vertikale Zirkulationsprozesse vor. Bis zur *Mesopause* in etwa 100 km Höhe kann aber noch bei natürlich bereits sehr geringer Dichte und Druck die gleiche Luftzusammensetzung wie in Bodennähe angetroffen werden, weshalb Troposphäre, Stratosphäre und Mesosphäre auch als *Homosphäre* bezeichnet werden.

Erst darüber ist der Einfluss der solaren Kurzwellenstrahlung so stark, dass es zur Dissoziation von Sauerstoffmolekülen und zur Ionisation der Luft kommt. In diesem Plasmazustand zeigt die *Ionosphäre* eine sehr starke Temperaturzunahme (400 °C–2 000 °C; weshalb auch der Begriff *Thermosphäre* verwendet wird) und die Ausprägung verschiedener ionisierter Schichten, die nachts zusammenlaufen und zur Reflexion von Radiowellen benutzt werden. Man unterscheidet eine untere D-Schicht, die nachts verschwindet, in 90–140 km Höhe eine E-Schicht (KENNELLY-HEAVISIDE-Schicht), die auch tagsüber vorhanden ist, sowie in 160–400 km Höhe eine F-Schicht (APPLETON-Schicht), die durch Korpuskularstrahlung tagsüber doppelt ausgeprägt ist (F1, F2) und nachts zusammenläuft. Etwa ab 500–900 km Höhe ist die Plasmadichte bereits so gering, dass die Gravitationskraft der Erde nicht mehr auf die Moleküle wirkt und diese in der *Exosphäre* bereits in den Weltraum übertreten können. Wenn in diesen Höhen aufgrund der fast nicht mehr existenten Gasdichte die Obergrenze der Atmosphäre angesetzt werden muss, liegt der äußerste Bereich zum Weltraum im *VAN ALLEN-Gürtel* des Erdmagnetfeldes in etwa 2 000 km Höhe.

Die *Luft* der Homosphäre (Troposphäre bis Mesosphäre), d. h. in den atmosphärischen Schichten, in denen eine homogene Luftzusammensetzung vorliegt, ist ein Gasgemisch, das einige beständige Haupt- und Spurengase sowie einige nichtbeständige Spurengase enthält (Tab. 4.1). Es wird deutlich, dass allein die beiden ersten Hauptgase, Stickstoff und Sauerstoff, bereits über 99 % der Volumenprozente einnehmen. Das Edelgas Argon wird mit in die Gruppe der Hauptgase aufgenommen, da es in der Konzentration von 0,93 Volumenprozenten beständig vorkommt. Das Spurengas, welches in den höchsten Konzentrationen in der Troposphäre vorkommt, allerdings mit hoher raum-zeitlicher Variabilität, ist der Wasserdampf (vgl. Kap. 9). Von weiterer Bedeutung sind das Kohlendioxid, Methan und Distickstoffoxid (Lachgas), die zwar in äußerst geringen Konzentrationen auftreten, besondere Bedeutung aber im Zusammenhang des natürlichen atmosphärischen und zusätzlichen anthropogenen Treibhauseffektes erlangen. Mit höheren Konzentrationen treten verschiedene Edelgase (Neon, Krypton und Helium) auf, die aber ebenso wie das Argon chemisch inert sind. Zu weiteren Details der Bedeutung der verschiedenen Spurengase der Luft vgl. HUPFER 1996, HUPFER/KUTTLER 1998 und ROEDEL 1992.

4.2 Das Klimasystem

Im Sinne eines systemtheoretischen Regelkreises versteht man das Klima als Teil eines komplex vernetzten Geosystems, das als Komponenten die Atmosphäre, die Hydrosphäre (Wasser in der Atmosphäre, Meerwasser, Oberflächenwasser, Boden- und Grundwasser), die Kryosphäre (Gletscher, Inlandeis, Meereis), die Lithosphäre (das Relief und der oberflächennahe Untergrund) sowie die Biosphäre (Vegetation, Phytoplankton, Tiere, aber auch der Mensch) enthält. Das Klimasystem umfasst somit unter Einbeziehung extraterrestrischer Komponenten alle Subsysteme, die für das Entstehen, für die Ausprägung und Modifikation auf verschiedenen Skalen, aber auch die Variabilität des Klimas von besonderer Bedeutung sind (Abb. 4.2). Energetisch ist das System offen, da eine Wechselwirkung mit dem Weltraum vorliegt. Stofflich ist es hingegen ein geschlossenes System, da nach dem Erhaltungssatz der Masse keine stoffliche Komponente hinzugefügt oder vernichtet werden kann, was etwa durch die Teilkreisläufe des Wassers (vgl. Kap. 9) oder anderer Elemente (z. B. Kohlenstoff- oder Stickstoffkreislauf) verdeutlicht wird.

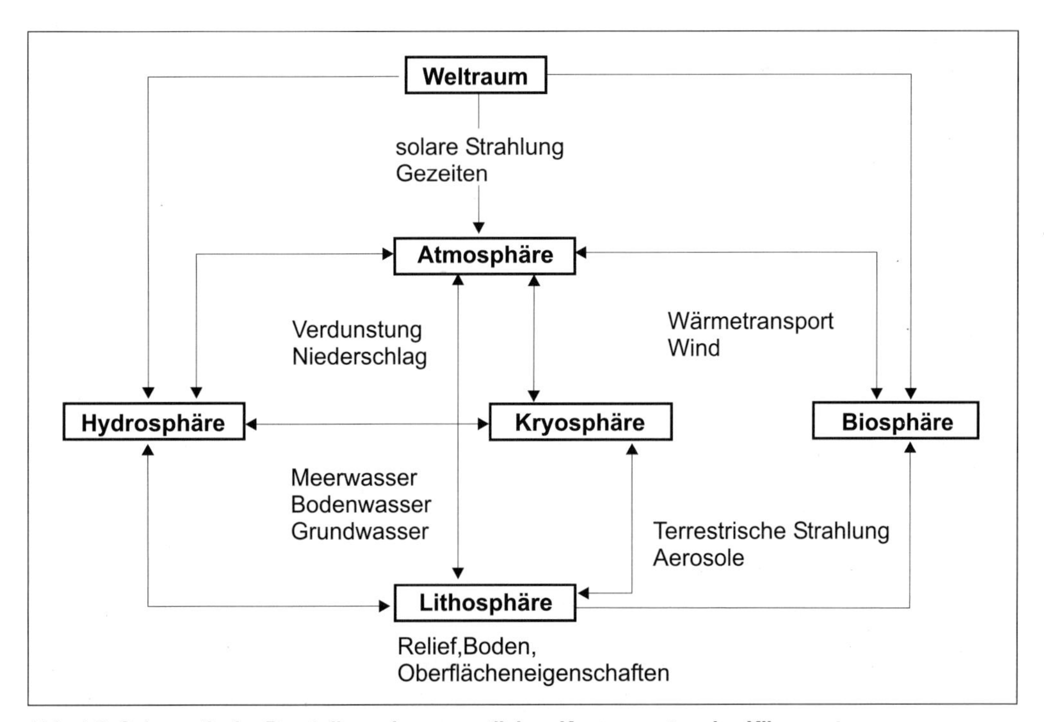

Abb. 4.2: Schematische Darstellung der wesentlichen Komponenten des Klimasystems

Die Wechselwirkungen der Atmosphäre (als Subsystem des Klimas im engeren Sinne) mit den anderen Subsystemen sind aufgrund ihrer Eigenschaft als System von Massen-, Energie- und Impulsflüssen immer komplex und oft nicht-linear. Der Grad der Komplexität wird durch die sehr unterschiedliche Trägheit der Subsysteme hinsichtlich Störungen vielfach zu einem Skalenproblem. Betrachtet man die Zeitskala von Wochen bis Monaten, so kann die Atmosphäre allein untersucht werden; bei Prozessen mit längeren Zeitskalen sind andere Subsysteme explizit miteinzubeziehen (HUPFER 1996). Nehmen wir z. B. die Situation während einer Kaltzeit an, in der sich die Schnee- und Eisfläche auf der Erde erheblich vergrößert (eine Interaktion mit der Kryo- und Hydrosphäre), so erhöht sich damit die planetare Albedo (vgl. Kap. 5) derart, dass weniger solare Energie vom Klimasystem aufgenommen wird. Die Rückkopplung ist positiv und selbstverstärkend und der Trend zur Abkühlung setzt sich fort. Andererseits kann bei einer globalen Erwärmung die Atmosphäre mehr Wasserdampf aufnehmen, was wiederum den natürlichen Treibhauseffekt verstärkt (HUPFER/KUTTLER 1998), obwohl mehr Wasserdampf in der Atmosphäre auch mehr Wolkenkondensation und schließlich eine Erhöhung der planetaren Albedo und eine Reduktion der Einstrahlung bewirken kann. Die Rückkopplung kann somit sowohl positiv (verstärkend) als auch negativ (abschwächend, selbstregulierend) ausfallen.

Wie in Abbildung 4.2 angedeutet, nimmt die Atmosphäre über verschiedene Prozesse am Klimageschehen teil. Der durch die Verdunstung von Meeres- und Landoberflächen aufgenommene Wasserdampf stellt gleichzeitig einen Transport und Umsatz großer Wärmeenergiemengen dar, während der Niederschlag die entsprechende Rückkopplung mit der Hydro- und Kryosphäre ausmacht. Auch der Wind stellt für die Hydrosphäre (Meeresoberflächen) und Lithosphäre (Erosion, Partikelemission und -deposition) ein wichtiges Agens dar. Weiterhin beeinflusst der Gehalt der Atmosphäre an Wasserdampf, strahlungsaktiven Spurengasen und Aerosolen die Energiebilanz und somit das Temperaturverhalten des Gesamtsystems Atmosphäre–Erdoberfläche (HUPFER 1996). Demgegenüber nehmen im Bereich der Hydrosphäre die Ozeane eine überragende Rolle im Klimasystem ein. Aufgrund der höheren spezifischen Wärmekapazität des Wassers sind die Ozeane bzw. die Meeresoberflächen ein effektiver Wärmeenergiespeicher im Verhältnis zum Festland und gleichen saisonale Temperaturunterschiede weitgehend aus. Wie bereits erwähnt, stellen die Ozeane zudem die größte Wasserdampfquelle auf der Erde dar (insbesondere die tropischen Meere) und initiieren somit erst den globalen Wasserkreislauf, in den die Atmosphäre als erstrangiges Transportmedium eingebunden ist. Meeresströmungen, die durch Windschub oder Dichteunterschiede angetrieben sein können, transportieren noch größere Wärmeenergiemengen von warmen zu kalten Gebieten als die Atmosphäre. Dies trägt ganz wesentlich zum Gleichgewicht des globalen Klimasystems bei (HUPFER/KUTTLER 1998).

Die Lithosphäre (im engeren Sinn die Erdoberfläche mit ihrem Relief, ihren Böden und Oberflächeneigenschaften einschließlich der Vegetation als Hauptkomponente der Biosphäre) steht ebenfalls in enger Wechselwirkung mit der Atmosphäre. Das lokale und regionale Relief führt zu erheblichen Modifikationen der strahlungsenergetischen und strömungsmechanischen Eigenschaften eines Standortes und kann – wie im Fall von Hochgebirgen – sogar direkt in die Zirkulation der Atmosphäre eingreifen, so etwa die Rocky Mountains oder der Himalaya in die außertropische Westwindzone. Die Eigenschaften der Erdoberfläche führen im niederskaligen Bereich zur Ausprägung extrem differenzierter Meso- und Mikroklimate. Dazu zählt die Oberflächenalbedo (das Reflexionsvermögen einer Oberfläche, vgl. Kap. 5) ebenso wie der Bodenwärmestrom, die Rauigkeit der Oberfläche im Hinblick auf den Impulsaustausch und somit die horizontale Windgeschwindigkeit und die Vegetation mit ihrer Transpiration und Quell- und Senkenfunktion in verschiedenen Stoffkreisläufen. Seit historischen Zeiten ist auch das Eingreifen des Menschen ins Klimasystem bedeutsam geworden, sei es durch die Umgestaltung der natürlichen Erdoberfläche durch Landnutzung und Städtebau oder durch die zusätzliche Emission klimarelevanter Spurengase. In diesem Zusammenhang sei auf ausführliche Darstellungen verwiesen (DIEKMANN/SCHÖNWIESE 1988).

Die Kryosphäre stellt auf der anderen Seite eine Regelgröße im Klimasystem dar, die in ständiger Interaktion mit der Atmosphäre steht. Niederschlagserhöhungen und Temperaturabnahmen in den höheren Breiten folgen Zunahmen in der Masse der Inlandeis- und Meereiskörper, die wiederum ein albedogesteuertes Feedback auf die Atmosphäre ausüben. Ebenso sind die Schnee- und Eismassen auf der Erde ein bedeutender Speicher im Wasserhaushalt mit den entsprechenden Auswirkungen auf die Atmosphäre bei Veränderungen in ihrem Massenhaushalt.

Die vorstehende Skizzierung lässt erkennen, dass klimatologische Prozesse und Strukturen, gleich welcher raum-zeitlicher Dimension, zwar in der Atmosphäre als Subsystem des gesamten Klimasystems ablaufen, aber mit allen anderen Subsystemen auf vielfältige Art und Weise interreliert sind, wobei die steuernden Faktoren je nach Skalenniveau mehr oder weniger Relevanz erfahren.

4.3 Klimaelemente und Klimafaktoren

Aus der Definition des Klimabegriffs (Kap. 1) ging bereits hervor, dass der mittlere Zustand der Atmosphäre über einem Ort bzw. einem definierten Ausschnitt der Erdoberfläche durch das Zusammenwirken von meteorologischen Elementen bzw. *Klimaelementen* beschrie-

Klimaelement	Klimafaktor
Strahlung	geographische Breitenlage
Globalstrahlung	Lage zum Meer
Terrestrische Strahlung	Höhenlage
Atmosphärische Gegenstrahlung	Zirkulation
Strahlungsbilanz	Relief/Orographie: Rauigkeit
Wärmefluss	Exposition des Flächenelements
Fluss latenter Wärme	Neigung des Flächenelements
Fluss fühlbarer Wärme	Oberflächenalbedo
Temperatur	Vegetationsbedeckung
Luftdruck	Blattflächenindex
Luftfeuchte	transpirierende Biomasse
Verdunstung	Höhe/Dichte: Rauigkeit
Niederschlag	Bodenwassergehalt
Bewölkung	Bodenwärmeleitfähigkeit
Wind	
Windgeschwindigkeit	
Schubspannung	

Tab. 4.2: Klimaelemente und Klimafaktoren

ben wird. Wir verstehen darunter physikalische Zustandsgrößen, die jeweils ein Merkmal des Zustands des Atmosphärenausschnitts über einem Ort und in der Regel in Bodennähe quantitativ definieren. Tabelle 4.2 gibt einen Überblick über die Klimaelemente, die im Einzelnen in den folgenden Kapiteln Erläuterung finden sollen. Es sei darauf hingewiesen, dass die getrennte Betrachtung der Klimaelemente immer nur aus didaktischen Gründen erfolgen kann, denn real treten natürlich alle Merkmale gleichzeitig auf. Dies führt uns zu den Begriffen der separativen und synoptischen Klimatologie. Während die *separative Klimatologie* die Klimaelemente vor dem Hintergrund ihrer jeweiligen physikalischen Grundlagen betrachtet, bezieht sich die *synoptische Klimatologie* (*Synoptik*) auf die Prozesse des aktuellen Wettergeschehens bzw. auf dessen statistische Charakteristika über einen hinreichend langen Zeitraum. Man kann sich dies am Beispiel eines dynamischen Tiefdruckgebietes (Zyklone) verdeutlichen. Die Zyklone ist durch den Wärmeenergieinhalt ihrer warmen und kalten Luftmassen, durch Luftdruckunterschiede, den Wasserdampf- und Flüssigwassergehalt, Bewölkung, Wind etc. im Verhältnis zu ihrer Umgebung definierbar, aber nur die Summe aller Merkmale macht das Spezifische einer Zyklone aus. Andererseits können die mittleren Häufigkeiten des Auftretens von Zyklonen in einer Region Aufschluss über die dynamisch-klimatologischen Verhältnisse geben, z. B. in Form von Großwetterlagen.

Neben den Klimaelementen gibt es eine Reihe von *Klimafaktoren,* welche die standörtliche bzw. regionale Ausprägung des Klimas und seiner Elemente entscheidend beeinflussen. Hierzu zählen (vgl. Tab. 4.2) die geographische Breitenlage, die das jeweilige Strahlungsklima (vgl. Kap. 5) determiniert, die Lage zum Meer (diese entscheidet über die ozeanische oder kontinentale Ausprägung des Klimas), sowie die Höhenlage, von der die mittleren Temperatur- und Luftdruckverhältnisse abhängen. Sekundär wird das Klima eines Raumes ebenfalls durch die atmosphärische Zirkulation gesteuert, wobei diese aber wiederum von den ursprünglichen Klimafaktoren mitgesteuert wird.

Andere Klimafaktoren wirken sich nur in der kleinräumigen Dimension des Gelände- und Mikroklimas aus. So wird die Strahlungsbilanz eines Standortes durch die Hangneigung und Hangexposition ganz entscheidend modifiziert, während die Oberflächeneigenschaften (Albedo, Vegetationsbedeckung) sowohl auf die Strahlungsbilanz als auch auf die bodennahen Temperatur- und Windverhältnisse zurückwirken. Ähnliches gilt für das Substrat des oberflächennahen Untergrundes, je nachdem, wie seine Wärmeleitfähigkeit und sein Wassergehalt beschaffen sind.

Daraus wird bereits deutlich, dass sich das Klima auf der Erde je nach dem der Betrachtung zugrunde gelegten Skalenniveau sehr unterschiedlich gestalten kann. Betrachten wir einen größeren Raum, etwa eine Klimazone, für die im statistischen Mittel eine gewisse Homogenität der klimatischen Zustände angenommen werden kann (z. B. „das Klima der feuchten Innertropen"), so gilt dies nur in räumlicher und zeitlicher Interpolation, also für alle Gebiete mit denselben Klimamerkmalen und für einen hinreichend langen Zeitraum. Diese raum-zeitliche Skala wird als *Makroklima* bezeichnet, welches räumlich ab etwa 2 000 km bis global und hinsichtlich der assoziierten Phänomene Wochen bis Jahre umfassen kann. In der regionalen bis kleinräumigen Skala (2 000 km bis etwa 2 km) und mit zugeordneten Zeitintervallen von Tagen bis Stunden ist das *Mesoklima* angesiedelt. In der Klimatologie bewegen wir uns hier im Maßstab des *Geländeklimas,* das im Allgemeinen eine räumliche Dimension von wenigen Quadratkilometern nicht überschreitet. Schließlich wird im Skalenniveau des *Mikroklimas* z. B. das Klima eines Pflanzenbestandes, eines Hanges mit bestimmter Neigung und Exposition etc. betrachtet.

4.4 Variabilität des Klimas: Klimaschwankungen

Die Erklärung des Begriffes Klima, die in Kapitel 1 wiedergegeben ist, zeigte schon an, dass sowohl das „Durchschnittliche" als auch das „Veränderliche" Charakteristika des Klimas sind. Eine moderne Definition hat K. BERNHARDT gegeben: „Klima [ist] die statistische Gesamtheit der atmosphärischen Zustände und Prozesse in ihrer raumzeitlichen Verteilung" (BERNHARDT 1991). Nimmt man die verschiedenen Klimaelemente, also Lufttemperatur, Bodentemperaturen, Frosttage, Niederschlag, Luftdruck (*a, b, c, ...*) u. v. m., so variieren diese in Raum und Zeit (*x, y, z, t*).

$$(a, b, c, ...) = f(x, y, z, t) \tag{4.1}$$

Betrachtet man nur die zeitliche Variation, also etwa die Messdaten einer Klimastation oder eines Gebietsmittels, wird vom so genannten *Spot-Klima* gesprochen.

$$(a, b, c, ...) = f(t) \tag{4.2}$$

Zur statistischen Gesamtheit des Klimas zählen zeitliche Variationen unterschiedlichster Zeitdauer und Intensität. Sie werden nach ihrem Charakter unterteilt in zufällige, quasi-periodische (echte periodische Variationen $a_i(t_i) = a_i(t_i+T)$ treten im Klimasystem nicht auf), zyklische und transiente Variationen. Daneben werden abrupte Änderungen, in denen das Klima von einem in einen anderen Zustand fällt, auch als Brüche und Verwerfungen bezeichnet. Alle diese Variationen haben eine charakteristische Zeit $\overline{T}_p$, in der sie auftreten.

STORCH und HASSELMANN (1995) unterscheiden die Begriffe *Klimaschwankung* und *Klimavariation.* Nach ihrer Begriffsdefinition haben Klimavariationen natürliche Ursachen, wohingegen Klimaschwankungen anthropogenen Ursprungs sind. Klimaschwankungen und Klimavariationen können sich in ihren Auswirkungen einander verstärken, abschwächen oder aufheben. Aufgabe der Klimadiagnostik ist es u. a., durch die Analyse der Ursachen beide Prozesse voneinander zu trennen.

Damit Klimaschwankungen erkannt werden können, müssen sie sich in Klimadaten widerspiegeln. Klimadaten liegen in Form von *Zeitreihen* vor, also als diskrete Daten. Von entscheidender Bedeutung für die Auswertung ist die Äquidistanz der Messintervalle (Δt = const.). Daneben bestimmt die Länge der Messreihe, ob und welche Schwankungen erkannt werden können.

Neben der Unterteilung nach dem Charakter von Variationen ist eine Unterteilung in Bezug auf Messintervall und Länge der Zeitreihe sinnvoll: unterschieden werden subskalige (interne) Variationen, beobachtete klimatologische Variationen und supraskalige (externe) Variationen (SCHÖNWIESE 1992). Die charakteristische Zeit von beobachteten klimatologischen Variationen liegt deutlich über dem Messintervall und unter der Länge der Zeitreihe

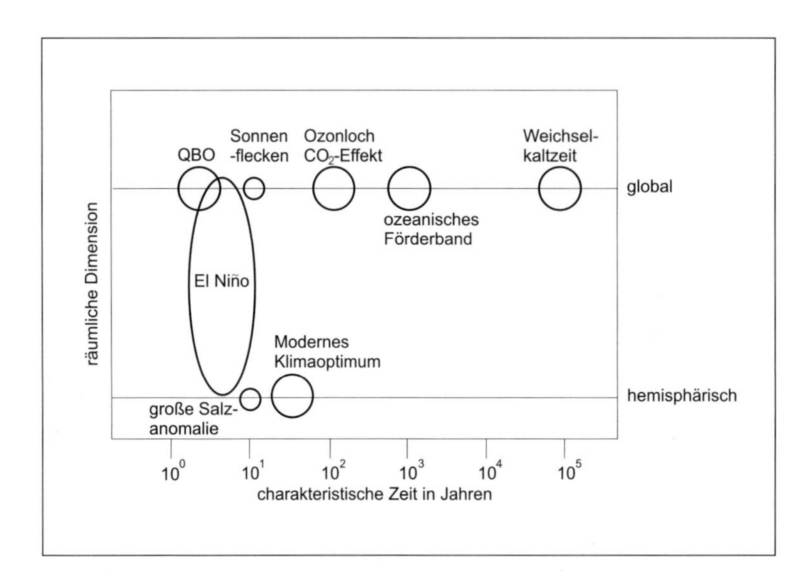

Abb. 4.3: Räumliche und zeitliche Dimensionen von Klimaschwankungen

($\Delta t << \overline{T}_p << n\Delta t$). Subskalige ($\overline{T}_p \leq \Delta t$) und supraskalige Phänomene ($\overline{T}_p \geq n\Delta t$) sind aus den Daten nicht mehr auflösbar, sie können sich aber dennoch bemerkbar machen, indem sie als eine Variation anderen Charakters erscheinen. Hier sind insbesondere positive oder negative Trends zu nennen (also transiente Variationen), bei denen nur ein Teil durch die Messreihe erfasst wird. Transiente Variationen können daher auch als Residuum aus zufälligen, quasiperiodischen und zyklischen Variationen verstanden werden.

Historische und rezent stattfindende Klimavariationen und -schwankungen können bestimmten charakteristischen Zeiten und ihrer räumlichen Ausdehnung zugeordnet werden (Abb. 4.3). Dabei sind die Grenzen sowohl der räumlichen wie auch der zeitlichen Dimension nicht scharf. Vielmehr treten sie unmerklich auf, erreichen ein Optimum und klingen dann wieder ab (Kalt- und Warmzeiten) oder sie treten abrupt auf und klingen über einen gewissen Zeitraum wieder ab (Klimavariationen im Zusammenhang mit Vulkanausbrüchen). Ihre räumliche Ausdehnung kann regional begrenzt sein, sie können sich nur hemisphärisch bemerkbar machen oder global auftreten. Da das Klimasystem aber immer ein globales ist und keine abgeschlossenen Subsysteme existieren, sind über Nah- und Fernwirkungen Klimavariation letztlich immer Variationen des Gesamtsystems, die an den verschiedenen Lokalitäten auf dem Globus nur in unterschiedlicher Ausprägung (von stark bis unmerklich) auftreten.

Wenn in einer Zeitreihe alle statistischen Charakteristika (Mittelwert, Varianz, Autokorrelationskoeffizient, Powerspektrum u.a.) zeitlich invariant sind, d.h. sich auch in Abschnitten der Zeitreihe nicht signifikant verändern, spricht man von *Stationarität.* Dieser Zustand wird auch als Rauschen bezeichnet. Eine Klimaschwankung bzw. eine supraskalige Variation muss sich dann als ein Signal in der Zeitreihe abbilden.

Im einfachsten Fall, in dem ein Trend in einer Zeitreihe vermutet wird, lässt sich dieser durch Bestimmung des *Trend-Rausch-Verhältnisses* untersuchen. Hierzu wird der Trend T in Bezug gesetzt zur Variabilität der Zeitreihe (Standardabweichung σ).

$$T / R = \frac{Tr}{\sigma} \tag{4.3}$$

Bei einem Trend-Rausch-Verhältnis von 2 entspricht dies einer Irrtumswahrscheinlichkeit, dass kein Trend vorliegt, von 0,05. Dieser einfache Test kann allerdings nur Verwendung finden, wenn der Datensatz (Zeitreihe) normalverteilt ist, was bei Klimadaten in der Regel nicht der Fall ist. Daher müssen nicht-parametrische Tests wie der MANN-KENDALL-Test für die Bestimmung der Signifikanz von Trends herangezogen werden (vgl. SCHÖNWIESE 1992).

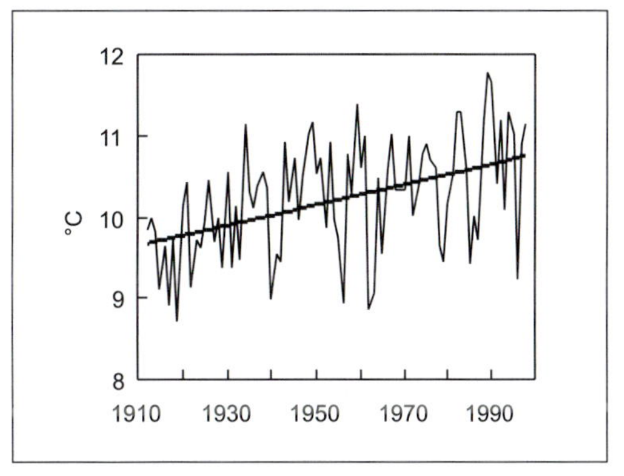

Abb. 4.4: Jahresmittel und linearer Trend der Lufttemperatur in Bochum 1912–1998

Ein positiver Trend zeigt sich z.B. in der Zeitreihe Jahresmitteltemperatur 1912–1998 an der Klimastation Bochum (Abb. 4.4). Das Trend-Rausch-Verhältnis beträgt in dem Fall 1,52, die Irrtumswahrscheinlichkeit für den Trend damit um 0,13. Dieser Trend hat sehr wahrscheinlich mehrere Ursachen und ist im obigen Sinn eine Kombination aus Klimaschwankung und Klimavariation: es spiegelt sich wider der natürliche positive Temperaturtrend, der auf der Nordhemisphäre seit der Kleinen Eiszeit zu verzeichnen ist, ferner ein deutlicher Effekt des Stadtklimas durch das Wachstum der Stadt seit der Jahrhundertwende und der damit verbundenen dichten und hohen Bebauung und der Versiegelung des Bodens (städtische Wärmeinsel) sowie (möglicherweise) eine Erwärmung des Erdklimas durch den anthropogenen Treibhauseffekt.

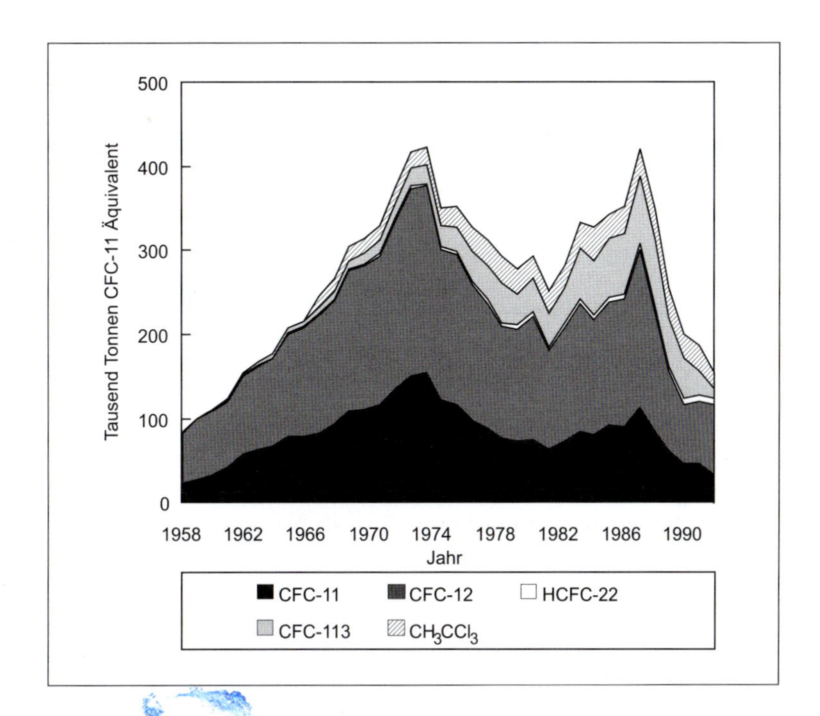

Abb. 4.5: Produktion von ausgewählten ozonabbauenden Chemikalien in den USA in den Jahren 1958–1993
Quelle: USEPA, Stratospheric Protection Division

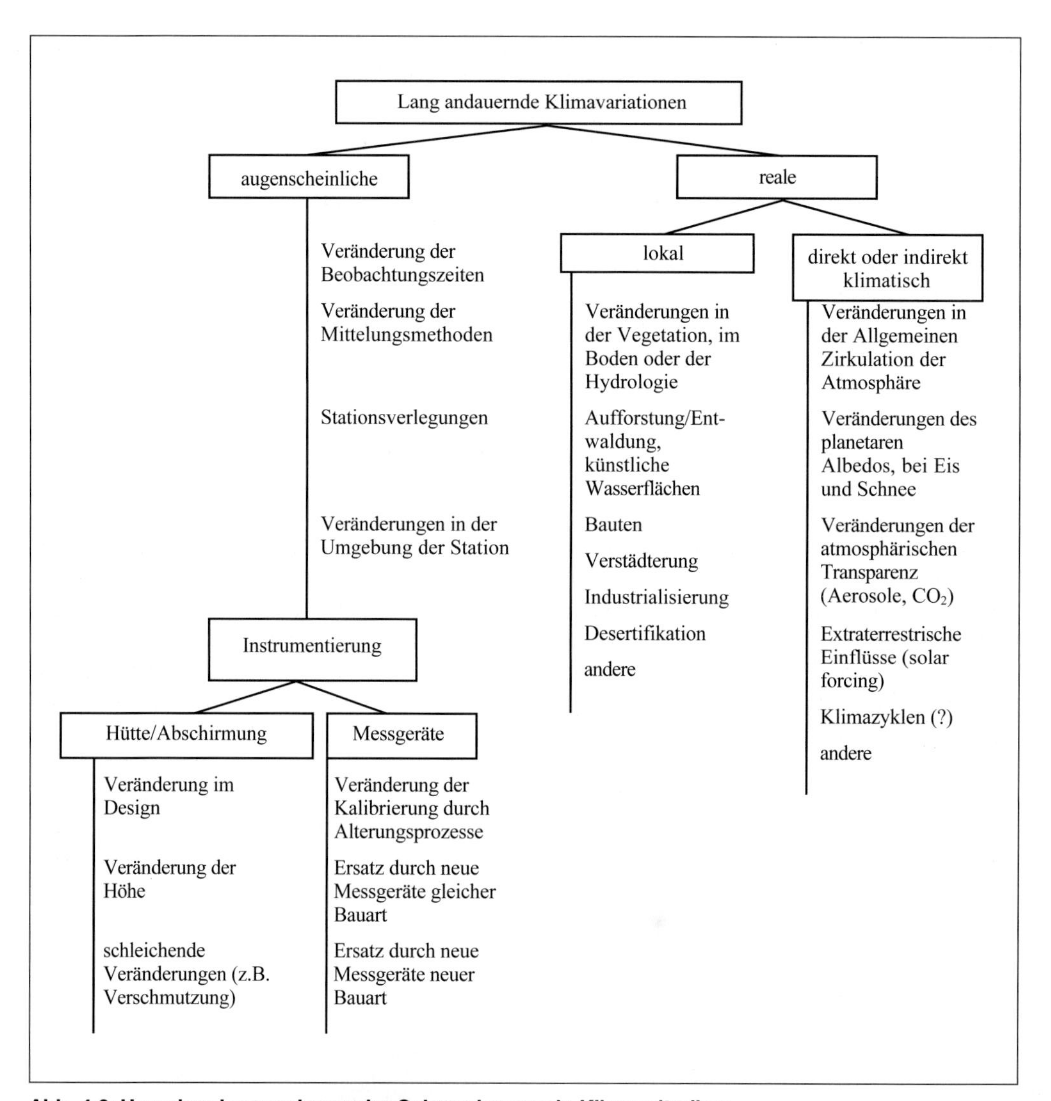

Abb. 4.6: Ursachen lang andauernder Schwankungen in Klimazeitreihen

Oftmals tritt auch der Fall auf, dass innerhalb einer Zeitreihe sich der Trend umkehrt. Über die gesamte Länge der Zeitreihe kann das bedeuten, dass sich gar kein Trend zeigt. Wenn ein derartiger Wechsel von transienten Variationen festgestellt wird, könnte dies auf eine nicht aufgelöste supraskalige zyklische oder quasi-periodische Variation hindeuten. In dem in Abbildung 4.5 wiedergegebenen Beispiel handelt es sich allerdings um einen Prozess, der erstmals in den 1950er Jahren einsetzte, im ersten Zeitabschnitt einen positiven Trend aufweist und dann in den 80er und 90er Jahren (mit einem kleineren Sekundärmaximum) einen negativen Trend hatte, der deutlich gegen Null führt. Dargestellt ist die Produktion von ozonabbauenden Chemikalien in den USA in den Jahren 1958–1993. Es handelt sich hierbei um einen klassischen *proxy-Klimadatensatz,* d.h. nicht-klimatologische Daten lassen Rückschlüsse auf Klimaausprägungen zu. Ozonabbauende Chemikalien – die in vielen Staaten der Welt produziert wurden – sind verantwortlich für das Entstehen der stratosphärischen Ozonlöcher über der Antarktis und jüngst auch über der Arktis. Mit einer deutlichen Zeitverzögerung bildet sich daher die Produktion dieser Substanzen in der Intensität der Ozonlöcher ab. Durch internationale Vereinbarungen wurde erreicht, dass die Verwendung dieser Chemikalien weitestgehend eingestellt wurde, so dass sich in einigen Jahrzehnten die Ozonlöcher wieder schließen werden. Derartige Trendwechsel können mit statistischen Verfahren wie dem SNEYERS-Test, der auf dem MANN-KENDALL-Test beruht, nachgewiesen werden (STEINRÜCKE 1999). Verschiedene Verfahren zur Bestimmung von Variationen und Schwankungen in Klimazeitreihen werden durch Trends (also transiente Variationen) gestört und können daher nicht auf die Rohdaten angewandt werden. In diesem Fall müssen Filterungen der Zeitreihe vorgeschaltet werden.

Ernste Probleme in der Klimadiagnostik stellen *Inhomogenitäten* in Zeitreihen dar. Im klimatologischen Sinne sind dies Fehler in der Zeitreihe, die eine Variation in den Daten hervorrufen, die nicht klimatischen Ursprungs ist. Solche Fehler können aus der Messtechnik resultieren (technische Weiterentwicklung und damit Änderung der Messtechnik, Stationsverlegung, Gerätefehler, Wechsel des Beobachters, bauliche Veränderungen in der Umgebung der Station) oder durch großräumige Veränderungen in der Stationsumgebung (Verstädterung, Aufforstung oder Entwaldung, Anlage von Gewässern). Letztere können als Klimaschwankungen im Mikro- bis Mesoscale aufgefasst werden, bereiten aber erhebliche Probleme, wenn die Daten in größeren Zusammenhängen (regional, hemisphärisch, global) verwendet werden sollen. Eine Zusammenstellung von Faktoren, die sich als Klimaschwankungen in Zeitreihen abbilden können, hat HEINO (1996) zusammengestellt (Abb. 4.6).

Die Klimadiagnostik hat somit die Aufgaben, echte Klimavariationen von Fehlern in den Zeitreihen zu trennen, Zeitreihen nötigenfalls und wenn möglich zu homogenisieren, die auftretenden Variationen statistisch zu beschreiben und zu bewerten und durch Ursachenanalyse natürliche Klimavariationen von anthropogen verursachten Klimaschwankungen zu trennen.

5 Strahlung und Energiehaushalt

5.1 Einführung

Klimatologische Prozesse benötigen wie alle thermodynamischen Vorgänge auf der Erde Energie. Ein Teil dieser Energie ergibt sich aus den mechanischen Eigenschaften der Erde als rotierendes System, etwa die potentielle Energie eines Luftpaketes auf einer Äquipotentialfläche oder die kinetische Energie beschleunigter Luftmassen wie z. B. in der außertropischen Höhenströmung. Abgesehen davon ist aber die Hauptquelle der Energie die solare Strahlung, die nicht nur das Klimasystem in Gang setzt, sondern ebenfalls andere Prozesse, wie etwa die primäre biologische Produktion. In diesem Kapitel wird darauf eingegangen, welchen Gesetzmäßigkeiten die Emission und Absorption von Strahlung unterliegen, wie die Strahlengeometrie der Erde zu großen, energetisch begründeten Makroklimaten führt, wie der Strahlungs- und Energiehaushalt der Erde zusammengesetzt ist und wie die Strahlungsgeometrie im reliefierten und bebauten Gelände zu sehr unterschiedlichen mikroklimatischen Verhältnissen führen kann.

Zuvor sei auf die Begrifflichkeit des Klimaelementes *Strahlung* eingegangen. Jede Art der Strahlung, auch die der Sonne, hat neben strahlengeometrischen und korpuskularen Eigenschaften auch diejenigen elektromagnetischer Wellen. Deswegen lassen sich die klimawirksamen Strahlungskomponenten als relativ eng definierter Abschnitt in das Spektrum elektromagnetischen Wellen einordnen (Tab. 5.1). Dabei gilt der Grundsatz, dass die Strahlung umso energiereicher ist, je kurzwelliger sie auftritt, wie etwa im Bereich der radioaktiven Strahlung. So ist auch die solare Ultraviolettstrahlung wesentlich energiereicher als die Wärmestrahlung im Infrarotbereich.

Wellenlänge (m)	Bezeichnung
10^{-15}–10^{-13}	kosmische Höhenstrahlung
10^{-12}–10^{-10}	radioaktive Gammastrahlung
10^{-9}–10^{-8}	Röntgenstrahlung
klimawirksames Spektrum	
10^{-7}–0,35 µm	utraviolette Strahlung
0,35 µm–0,75 µm	violett
	blau
sichtbares Licht	grün
	gelb
	orange
	rot
0,75 µm–100 µm	Infrarotstrahlung (nahes IR und thermische Strahlung)
10^{-4}–10^{-3}	Hochfrequenzstrahlung
10^{-3}–10^{3}	Radar- und Rundfunkfrequenzen
10^{3}–10^{5}	Telefonie, Telegraphie
10^{6}	Wechselstrom

Tab. 5.1: Die Stellung klimawirksamer Strahlung im Spektrum elektromagnetischer Wellen

5.2 Strahlungsgesetze

Ein wesentliches Prinzip stellt der Umstand dar, dass jedes Kollektiv verbundener Atome und Moleküle, d. h. Materie in jedem Aggregatzustand mit einer Temperatur > 0 K Strahlung im Sinne elektromagnetischer Wellen emittiert. Diese Strahlung ist rein thermisch angeregt und somit nur eine Funktion der absoluten Temperatur des strahlenden Körpers. Diesen Zusammenhang beschreibt das STEFAN-BOLTZMANN-Gesetz:

$$E = \varepsilon \sigma T^4 \tag{5.1}$$

E	Strahlungsflussdichte [$W m^{-2}$]
ε	Emissionskoeffizient (≤ 1)
σ	STEFAN-BOLTZMAN-Konstante [$5{,}67 \cdot 10^{-8}\ W m^{-2} K^{-4}$]
T	Oberflächentemperatur des Körpers [K]

Die Strahlungsflussdichte der von einem Körper (Materie) emittierten radiativen Energie ist somit proportional zur 4. Potenz seiner absoluten Oberflächentemperatur. Bei kugelförmigen Strahlern wie etwa der Sonne, die nach allen Seiten hin gleichmäßig abstrahlen, nimmt man die Kugeloberfläche hinzu:

$$P_E = \varepsilon \sigma T^4 \cdot 4 r^2 \pi \tag{5.2}$$

P_E	Strahlungsemission [W]
r	Kugelradius [m]

Die Gleichungen 5.1 und 5.2 führen den dimensionslosen Emissionskoeffizienten ε ein. Dieser ergibt sich aus der Gesetzmäßigkeit, dass ein Körper im thermischen Gleichgewicht nur soviel Energie emittieren kann, wie er selbst absorbiert. Dies besagt das KIRCHHOFF'sche Gesetz:

$$\frac{\varepsilon}{\alpha} = 1 \tag{5.3}$$

α	Absorptionskoeffizient (≤ 1)

d. h. Emissionsgrad und Absorptionsgrad müssen gleich sein, oder anders ausgedrückt, Materie emittiert in demselben Maße und in denselben Wellenlängenbereichen, wie sie Strahlungsenergie absorbiert. Ausnahmen bilden nur Körper, die nicht im thermischen Gleichgewicht stehen, weil sie selbst eine Energiequelle sind, wie z. B. die Sonne. Ein Strahler mit $\alpha = 1$ und $\varepsilon = 1$ wird als *idealer schwarzer Körper* bezeichnet, denn in diesem Fall wird auch der Wellenlängenbereich des sichtbaren Lichtes absorbiert und man kann einen solchen Körper nicht sehen. Die Sichtbarkeit einer Oberfläche ist schließlich nur dann gegeben, wenn zumindest ein Teil der dort auftreffenden Wellenlängen des sichtbaren Lichtes reflektiert wird.

Materie nimmt demnach Strahlungsenergie über den Vorgang der *Absorption* auf, d. h. die Aufnahme und Umwandlung von Energie in Abhängigkeit von der Wellenlänge der Strahlung. Es ist zu berücksichtigen, dass dieser Prozess nur in den obersten Mikrometern von Oberflächen stattfindet; alle weiteren messbaren Phänomene wie die Wärmeleitung in einem Stoff bzw. an der Erdoberfläche sind bereits stoffspezifische Vorgänge im Zusammenhang ihres thermischen Verhaltens und haben nichts mehr mit der Strahlungsabsorption zu tun. Absorption findet typischerweise aber nur in bestimmten Wellenlängenbereichen eines Stoffes statt, seinen Absorptionsbanden. Neben der Absorption kann ein Stoff auch Strahlung transmittieren (das ungehinderte Durchgehen von Strahlung mit Wellenlängen außerhalb der Absortionsbanden) oder an der Oberfläche reflektieren. Dabei gilt der Satz der Energieerhaltung:

$$\alpha + t + r = 1 \tag{5.4}$$

α	Absorptionskoeffizient (≤ 1)
t	Transmissionskoeffizient (≤ 1)
r	Reflexionskoeffizient (≤ 1)

Die Summe von absorbierter, transmittierter und reflektierter Strahlung ergibt die gesamte Einstrahlungsbilanz einer Oberfläche.

Die Strahlungsemission eines schwarzen Körpers mit einer bestimmten Temperatur in einem bestimmten Wellenlängen- bzw. Frequenzbereich (die Frequenz ν ist mit 1/Periode der Kehrwert der Wellenlänge) wird in Erweiterung des STEFAN-BOLTZMANN-Gesetzes korrekt durch das PLANCK'sche Strahlungsgesetz beschrieben, das oft unter Einbeziehung der Raumwinkeleinheit als Energiedichtespektrum in einem Hohlraum verwendet wird, hier aber mit dem praktischeren Bezug auf die Strahlungsflussdichte angegeben ist:

$$dF_\lambda(T) = \frac{2 \cdot h \cdot c^2}{\lambda^5} \cdot \frac{d\lambda}{\exp\left(\frac{h \cdot c}{\lambda \cdot k \cdot T}\right) - 1} \tag{5.5}$$

$dF_\lambda(T)$	Strahlungsflussdichte bei einer Strahlungstemperatur T [K] im Wellenlängenintervall $d\lambda = \lambda + d\lambda$
λ	Wellenlänge [µm]
h	PLANCK'sche Konstante [$6{,}63 \cdot 10^{-34}$ J s]
c	Lichtgeschwindigkeit [$299{,}792458 \cdot 10^{6}$ m s^{-1}]
k	BOLTZMAN-Konstante [$1{,}38 \cdot 10^{-23}$ J K^{-1}]
T	Strahlungstemperatur [K]

Jeder Wellenlängenbereich des Strahlungsspektrums eines schwarzen Körpers emittiert eine spezifische Strahlungsenergie in Abhängigkeit von der Temperatur des Körpers. Die Integration der PLANCK'schen Exponentialverteilung führt zur Gesamtemission des Strahlers und somit näherungsweise zur mittleren Strahlungsflussdichte nach dem STEFAN-BOLTZMANN-Gesetz. Das PLANCK'sche Strahlungsgesetz basiert auf der quantenmechanischen Vorstellung von Energiequanten der Größe $h\nu$, die jeweils absorbiert und emittiert werden. Mit Hilfe dieses Gesetzes ist in der Emissions- und Absorptionsspektrometrie z. B. die Bestimmung hoher Temperaturen (etwa der Sonne) und von Elementen möglich.

Wenn auch ein schwarzer Körper in allen möglichen Wellenlängenbereichen Strahlung emittiert, so konzentriert sich die abgegebene maximale Strahlungsenergie in einem spezifischen Wellenlängenbereich, der nur abhängig von der absoluten Temperatur des Strahlers ist. Diesen Sachverhalt beschreibt das WIEN'sche Verschiebungsgesetz:

$$\lambda_{max} \cdot T = b = const.$$

$$\lambda_{max} = \frac{b}{T} = \frac{2884\,\mu m\,K}{T} \qquad (5.6)$$

λ_{max} Wellenlänge der maximalen Strahlungsenergie [μm]
b WIEN'sche Konstante [2 884 μm K]

Das Produkt aus der Wellenlänge der maximalen Energieemission und der absoluten Strahlungstemperatur ergibt die WIEN'sche Konstante. Aus diesem Zusammenhang folgt, dass bei steigender Strahlungstemperatur die λ_{max} der Strahlung zu immer kürzeren Wellenlängen (hohen Frequenzen) hin verschoben wird. Dieses Phänomen lässt sich beispielsweise anhand eines regelbaren Lichtschalters (Dimmer) beobachten. Wenn dieser nur wenig Strom zur Glühlampe leitet, leuchtet sie in rötlichen Tönen (die Strahlung ist bei niedriger Temperatur im langwelligen Spektralbereich des Lichtes sichtbar). Bei voller Leistung wird die Glühlampe heißer und leuchtet weiß-bläulich, da nun die kurzwelligen Bereiche des sichtbaren Spektrums hinzukommen. Abbildung 5.1 zeigt diese Zusammenhänge am Beispiel der PLANCK'schen Verteilungsfunktion für die Strahlung der Erdoberfläche im thermischen Gleichgewicht (T = 288 K, t = 15 °C), einer Temperatur von 1 000 °C (T = 1 273 K) und der Strahlungstemperatur der Sonne (5 712 K). Es ist deutlich zu erkennen, wie die Strahlungsflussdichten mit steigender Temperatur exponentiell zunehmen (hier jeweils um den Faktor 103), die Spektralbereiche der Strahlung jedoch immer enger werden und sich die λ_{max} vom extremen Infrarot bei der terrestrischen Strahlung zum blau-grün-Übergang des sichtbaren Lichts bei der solaren Strahlung hin verschiebt. Der letztere Spektralbereich bei 0,505 μm wird im Übrigen als eine der beiden Hauptabsorptionsbanden des Chlorophylls bei der Lichtquantenausbeute grüner Landpflanzen genutzt.

5.3 Extraterrestrische Strahlung und die Strahlungsgeometrie der Erde

Der Energiehaushalt der Erde wird zunächst einmal durch die Eingabegröße der solaren Strahlung, die auf die Obergrenze der Atmosphäre trifft, bestimmt. Diese extraterrestrische Strahlung ist nicht gleichbedeutend mit der Strahlungsflussdichte, die zur Erdoberfläche gelangt (vgl. Kap. 5.4). Sie stellt aber die Ausgangsgröße für den standörtlichen Energiehaushalt ebenso dar wie für die großen, energetisch und strahlengeometrisch bedingten Strahlungsklimate der Erde.

Die Sonne strahlt von ihrer als Kugel angenommenen Oberfläche nach allen Richtungen gleichmäßig in den Weltraum aus. Die Leistung dieser emittierten Strahlung lässt sich nach Gleichung 5.2 bestimmen zu:

$$P_s = 4\,\pi\,r_s^2 \cdot \sigma\,T_s^4 \qquad (5.7)$$

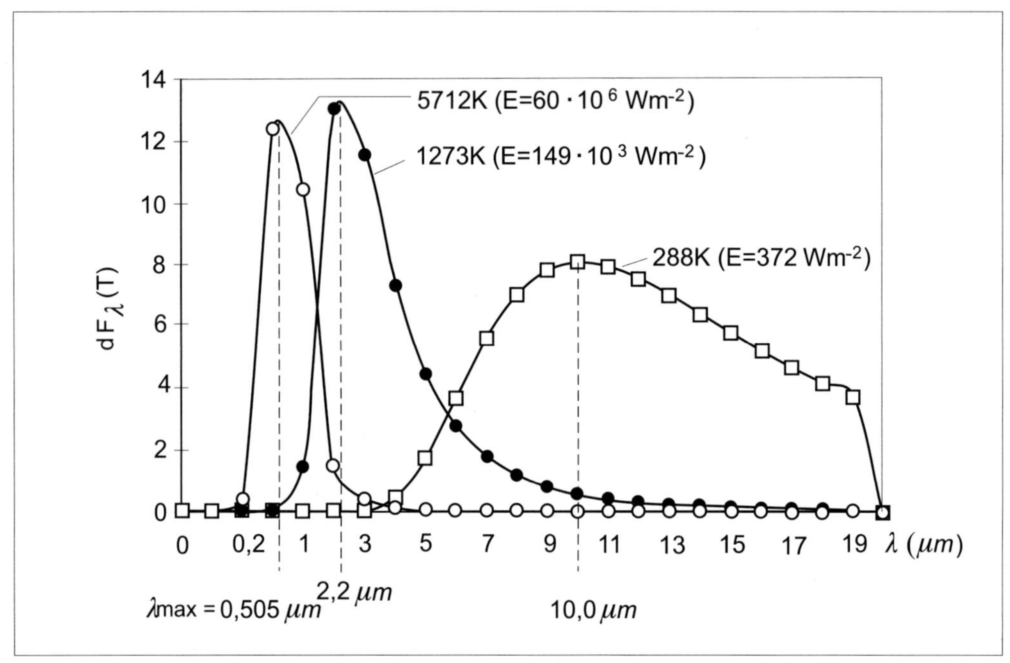

Abb. 5.1: Spektrale Energieflussdichteverteilung von Strahlern mit verschiedener Temperatur nach dem PLANCK'schen Gesetz. Angabe von E nach dem STEFAN-BOLTZMANN-Gesetz, von λ_{max} nach dem WIEN'schen Verschiebungsgesetz

P_S	Strahlungsemission der Sonne [W]
r_S	Radius der Sonne [$7 \cdot 10^5$ km]
T_S	Oberflächentemperatur der Sonne [5 712 K]

Nun verteilt sich diese Strahlungsenergie (Abb. 5.1) im Abstand d_e der Erde von der Sonne (im Mittel $150 \cdot 10^6$ km) auf eine imaginäre Kugeloberfläche im Weltraum mit der Oberfläche $4\pi d_e^2$ (Abb. 5.2). Zur Herleitung der extraterrestrischen Strahlungsenergie $E_{ex(max)}$, die auf die Obergrenze der Atmosphäre trifft, können die Oberflächen der Sonne und der imaginären Strahlungskugel im Weltraum in Beziehung gesetzt werden:

$$E_{ex(\max)} = \frac{4\,\pi\, r_S^{\,2}}{4\,\pi\, d_e^{\,2}} \cdot \sigma\, T_S^{\,4}$$

$$E_{ex(\max)} = \frac{r_S^{\,2}}{d_e^{\,2}} \cdot \sigma\, T_S^{\,4}$$

$$E_{ex(\max)} = \frac{(7 \cdot 10^5\ km)^2}{(150 \cdot 10^6\ km)^2} \cdot \sigma\, T_S^{\,4}$$

$$E_{ex(\max)} = \frac{1}{4{,}5918 \cdot 10^4} \cdot \sigma\, T_S^{\,4} \qquad (5.8)$$

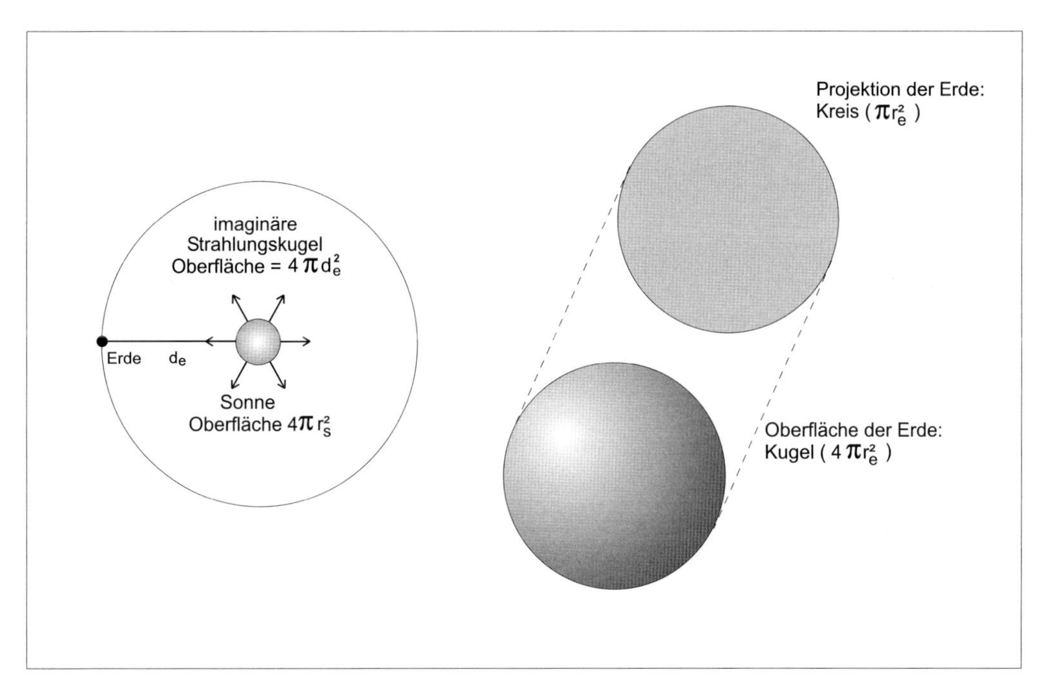

Abb. 5.2: Zur Herleitung der Solarkonstanten

und somit

$$E_{ex(\max)} = 2{,}17779 \cdot 10^{-5} \cdot 5{,}67 \cdot 10^{-8}\, W\, m^{-2}\, K^{-4} \cdot 5712\, K^{4}$$

$$E_{ex(\max)} = 1314{,}48\, W\, m^{-2} \qquad (5.9)$$

Dieser rechnerische Wert mit Bezug auf die gesamte Atmosphärenoberfläche wird als *Solarkonstante* bezeichnet, d.h. die Strahlungsflussdichte, die bei senkrechtem Strahleneinfall (Zenitstand der Sonne) auf die Tagseite der Erde trifft. Messungen der Solarkonstanten ergeben einen besten Näherungswert von 1367 $W m^{-2}$ (ROEDEL 1992). Tatsächlich wird aber nur die jeweilige Tagseite der Erde bestrahlt, d.h. nur die Projektion der Kugeloberfläche der Atmosphäre in die Ebene, und dies ist eine Kreisfläche (Abb. 5.2). Somit reduziert sich durch die Ausblendung der Strahlen im Verhältnis von Kreisfläche zu Kugeloberfläche die globale extraterrestrische Strahlung auf ein Viertel des rechnerischen Wertes der Solarkonstanten:

$$E_{ex} = 1314{,}48\, W\, m^{-2} \cdot \frac{\pi\, r_e^{\,2}}{4\, \pi\, r_e^{\,2}}$$

$$E_{ex} = 1314{,}48\, W\, m^{-2} \cdot \frac{1}{4}$$

$$E_{ex} = 328{,}6\, W\, m^{-2} \qquad (5.10)$$

r_e Radius der Erde

Diesen globalen Mittelwert können wir als *globale mittlere extraterrestrische Strahlungsflussdichte* verstehen. Die gemessenen Werte weichen von diesem theoretisch hergeleiteten Wert ein wenig ab (Perihel im Januar 352 $W m^{-2}$, Aphel im Juli 330 $W m^{-2}$), so dass als globales Mittel 342 $W m^{-2}$ angegeben wird (ROEDEL 1992). Bezogen auf die gesamte Erdoberfläche ($510 \cdot 10^6$ km^2) ergibt sich ein gesamter mittlerer extraterrestrischer Energiefluss von $1{,}74 \cdot 10^{17}$ W.

Da die Erde mit ihrer nahezu kugelförmigen Gestalt im Verlauf ihrer Revolution um die Sonne eine eigene Strahlengeometrie besitzt, stellt sich die tatsächliche extraterrestrische Strahlung für jeden Punkt auf der Erde und jeden Zeitpunkt sehr unterschiedlich dar. Abbildung 5.3 zeigt die Situation für den Zenitstand der Sonne über dem Äquator. Der Einfallswinkel der Sonnenstrahlen steht in diesem Fall senkrecht auf der Horizontebene (eine Tangente, die im Punkt P die Erdoberfläche schneidet) $H_{äq}$ eines Punktes am Äquator, die Sonnenhöhe h beträgt 90°. Für die Horizontebene H_p eines Punktes mit der geographischen Breite φ ergibt sich, bezogen auf den Zenitstand, hingegen ein Winkel zwischen der Horizontebene und der Senkrechten S zur Sonnenhöhe, der $< 90°$ sein muss. Weiterhin gilt für die Verhältnisse in Abbildung 5.3:

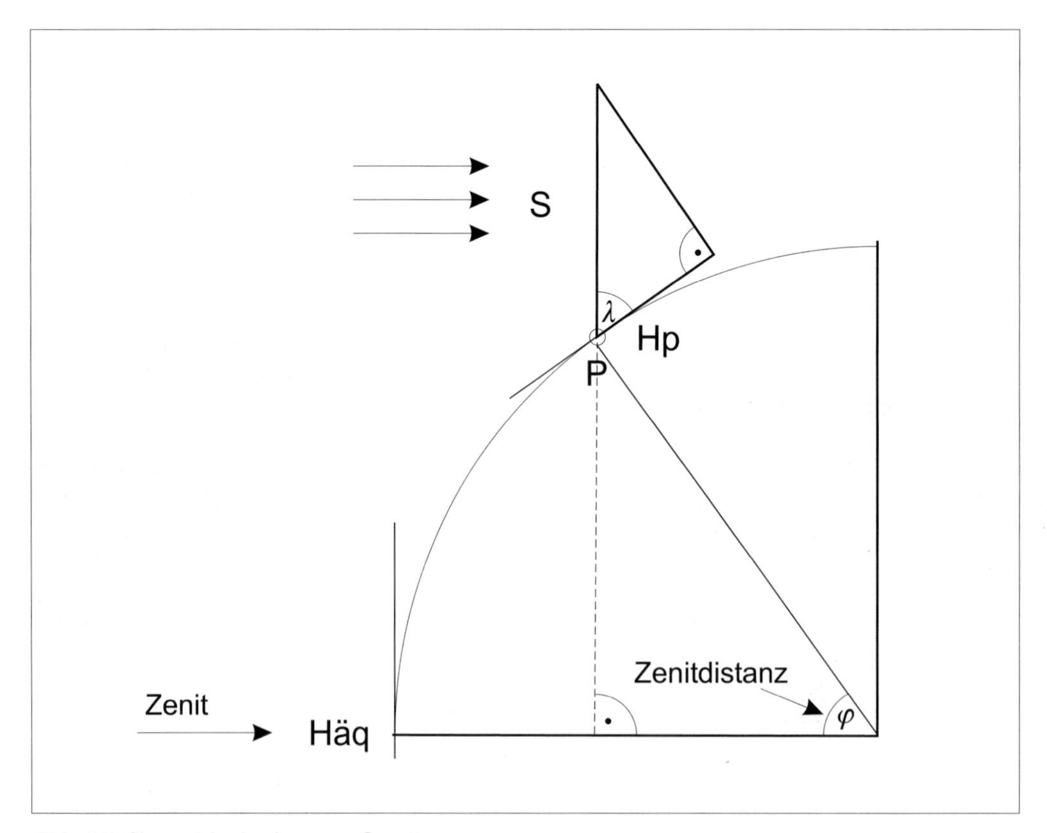

Abb. 5.3: Geometrie des LAMBERT-Gesetzes

$$\frac{H_p}{S} = \cos \lambda \qquad (5.11)$$

und bei Spiegelung des Dreiecks über H_p auf die Äquatorebene auch $\lambda = \varphi$. Dies bedeutet für den vorliegenden Fall des Zenitstandes der Sonne über dem Äquator nichts anderes, als dass der Winkel zwischen der Horizontebene eines Ortes und der Sonnenhöhe, d.h. der Einfallsrichtung der Sonnenstrahlen zum gleichen Zeitpunkt (z.B. 12:00 WOZ) gleich der geographischen Breite des Ortes ist. Für andere Zenitstände (Deklinationswinkel) der Sonne mit $d_\Theta > 0°$ bzw. $d_\Theta < 0°$ bezieht sich dann der Winkel φ auf die Breitengraddifferenz zwischen d_Θ und der geographischen Breitenlage des betrachteten Ortes (Zenitdistanz).

Bezogen auf den jeweiligen Zenitstand muss also die extraterrestrische Strahlungsflussdichte mit dem cos des Winkels zwischen d_Θ und des Ortes abnehmen:

$$E_{ex(\varphi)} = E_{ex(\max)} \cdot \cos \varphi^\circ \qquad (5.12)$$

$E_{ex(\varphi)}$ Extraterrestrische Strahlungsflussdichte am Ort mit Zenitdistanz $\varphi°$ [W m^{-2}]
$E_{ex(max)}$ Solarkonstante [1 367 W m^{-2}]

oder, bezogen auf die Sonnenhöhe *h* am Ort mit der geographischen Breite φ zu einem bestimmten Zeitpunkt:

$$E_{ex(\varphi)} = \sin h \cdot E_{ex(\max)} \qquad (5.13)$$

Die Beziehungen der Gleichungen 5.12 und 5.13 stellen Varianten des LAMBERT-Gesetzes dar, das zur Bestimmung der tatsächlichen extraterrestrischen Strahlung an einem beliebigen Ort auf der Erde zu einem gegebenen Zeitpunkt praktischerweise in der Form von Gleichung 5.13 verwendet wird, wobei die Berechnung der Sonnenhöhe erfolgen muss. Die Solarkonstante findet hier Anwendung, weil sie die tatsächlich zum Zeitpunkt des jeweiligen Zenitstandes zugestrahlte Flussdichte darstellt. Nur bei Mittelung der nach dem LAMBERT-Gesetz berechneten Werte über Zeiträume von Tagen bzw. Monaten, die dann auch die Nachtstunden einschließen, ergeben sich Werte in der Größenordnung der mittleren extraterrestrischen Strahlungsflussdichte.

Aus dieser Gesetzmäßigkeit ergibt sich, dass in den geographischen Breiten zwischen den Wendekreisen (Tropen) die strahlengeometrische Reduktion der Solarkonstanten ganzjährig sehr gering ist, in den Außertropen bis zu den Polarkreisen exponentiell zunimmt und in den Polargebieten zwischen Polarkreis und Pol ihr Maximum erreicht. Somit erlaubt die Geometrie der extraterrestrischen Strahlung bereits eine energetisch begründete Dreiteilung der Strahlungsklimate der Erde: tropisch, außertropisch und polar. Allerdings zeigen die mittleren und hohen Breiten analog zur Variabilität der Sonnenhöhe ganz erhebliche jahreszeitliche Unterschiede der extraterrestrischen Strahlungsenergie. Zur Sommersonnenwende (Aphel) am 21. Juni um 12:00 WOZ liegt z.B. in Hamburg (53° N) eine Sonnenhöhe von 60,65° vor, genau wie um 12:00 WOZ auf Java (6° S), denn die Zenitdistanz ist in beiden Fällen in etwa gleich (Abb. 5.4). Zu diesem Zeitpunkt liegt nach Gleichung 5.13 eine extraterrestrische Strahlungsflussdichte in Hamburg von näherungsweise 1 191,5 W m^{-2} und auf Java von 1 188 W m^{-2} vor. Weshalb in Hamburg und auf Java nun tatsächlich ganz andere Strah-

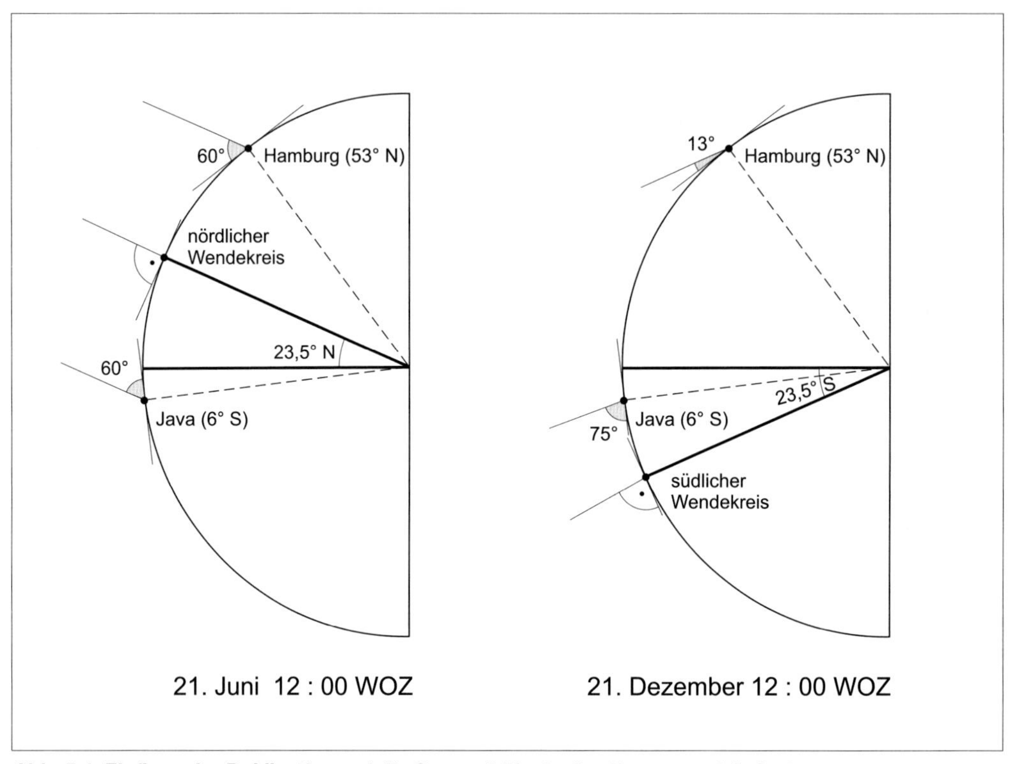

Abb. 5.4: Einfluss der Deklination auf die Sonnenhöhe in den Tropen und Außertropen

lungsklimate vorliegen, ergibt sich durch die geometrischen Unterschiede zu anderen Zeitpunkten des Jahres. So beträgt zur Wintersonnenwende am 21. Dezember (wiederum jeweils 12:00 WOZ) die Sonnenhöhe in Hamburg nur 13,35° und E_{ex} ist nur 315 Wm^{-2}, während auf Java eine Sonnenhöhe von 72,95° und eine E_{ex} von 1302 Wm^{-2} vorliegen. Abbildung 5.5 zeigt diese grundsätzlichen Verhältnisse exemplarisch für die Nordhemisphäre zu den Soltitien und Äquinoktien.

Der Jahresgang der mittleren extraterrestrischen Strahlung ist in Abbildung 5.6 dargestellt. Am Äquator liegen auch bei Mittelung über längere Zeiträume geringe saisonale Schwankungen vor, E_{ex} ist immer höher als das globale Mittel. Bedingt durch die erheblich größeren Tageslängen im Sommer überschreiten in einer Breite von 50° die Monate Mai bis August das globale Mittel sehr deutlich, während die Winterwerte sehr gering ausfallen. Von Mai bis Juli erhält auch der Nordpol wesentlich mehr Strahlungsenergie als das globale Mittel, und im Juli zur Zeit der Mitternachtssonne mit 24 Stunden Sonnenscheindauer liegen hier sogar die globalen Spitzenwerte der Strahlungssummen vor. Hingegen erhalten die Polargebiete während der jeweiligen Polarnacht überhaupt keine Strahlungsenergie.

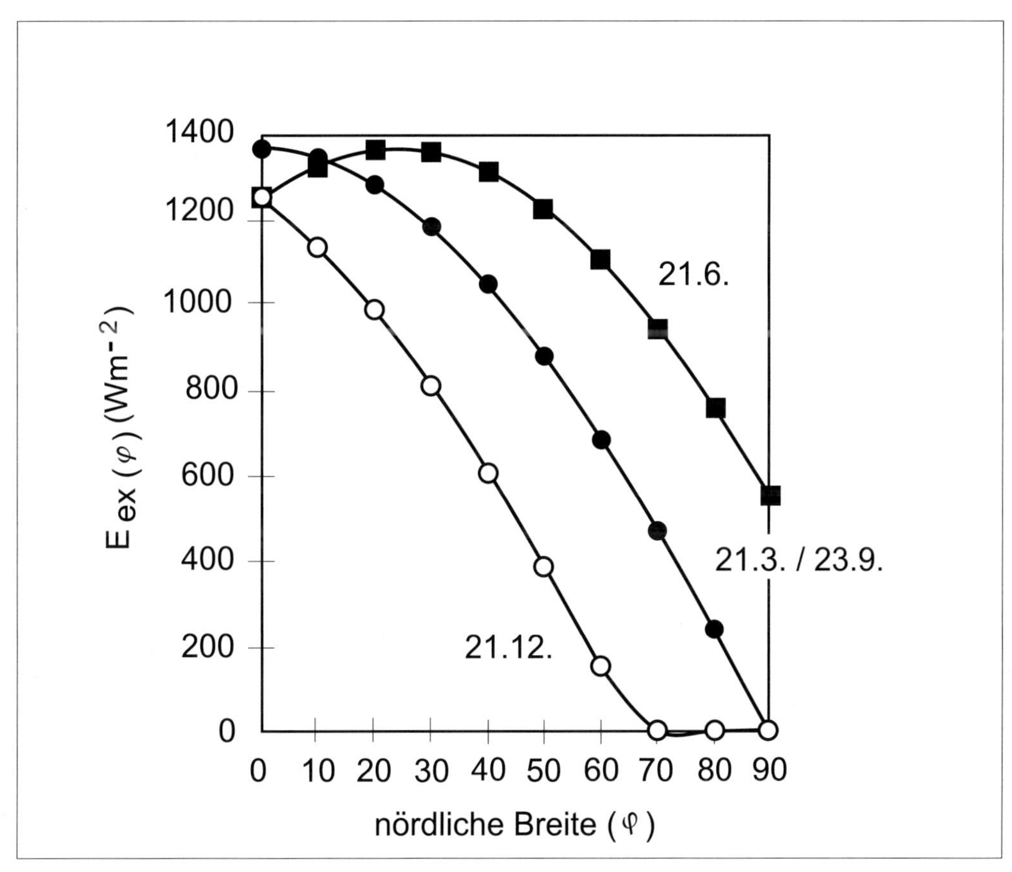

Abb. 5.5: Extraterrestrische Strahlung für die Nordhemisphäre (Stundenwerte für jeweils 12:00 WOZ mit $t°_{\Theta} = 0°$)

5.4 Beeinflussung der solaren Strahlung durch die Atmosphäre

Die solare Strahlung und ihre spektrale Verteilung, die wir an der Erdoberfläche messen können, ist immer wesentlich geringer als der korrespondierende Wert bzw. das Spektrum der extraterrestrischen Strahlung an der Obergrenze der Atmosphäre. Dies liegt daran, dass die Atmosphäre als Gasgemisch strahlungsaktive Substanzen enthält, welche die solare Strahlung erheblich beeinflussen können. Abbildung 5.7 zeigt einen Vergleich der Spektren der extraterrestrischen und der solaren Strahlung an der Erdoberfläche. Es ist zu erkennen, dass ganze Spektralbereiche der extraterrestrischen Strahlung – insbesondere der sehr kurzwellige Bereich bis zum Ultravioletten – ausgeblendet werden, während das sich anschließende sichtbare Spektrum vollständig erhalten bleibt, dort aber die spektralen Strahlungsflussdichten stark reduziert sind. Die Wesentlichen dafür verantwortlichen Prozesse sind:

- Absorption (die Aufnahme von Strahlungsenergie und deren Umwandlung in andere Energieformen, z. B. Wärmeenergie),

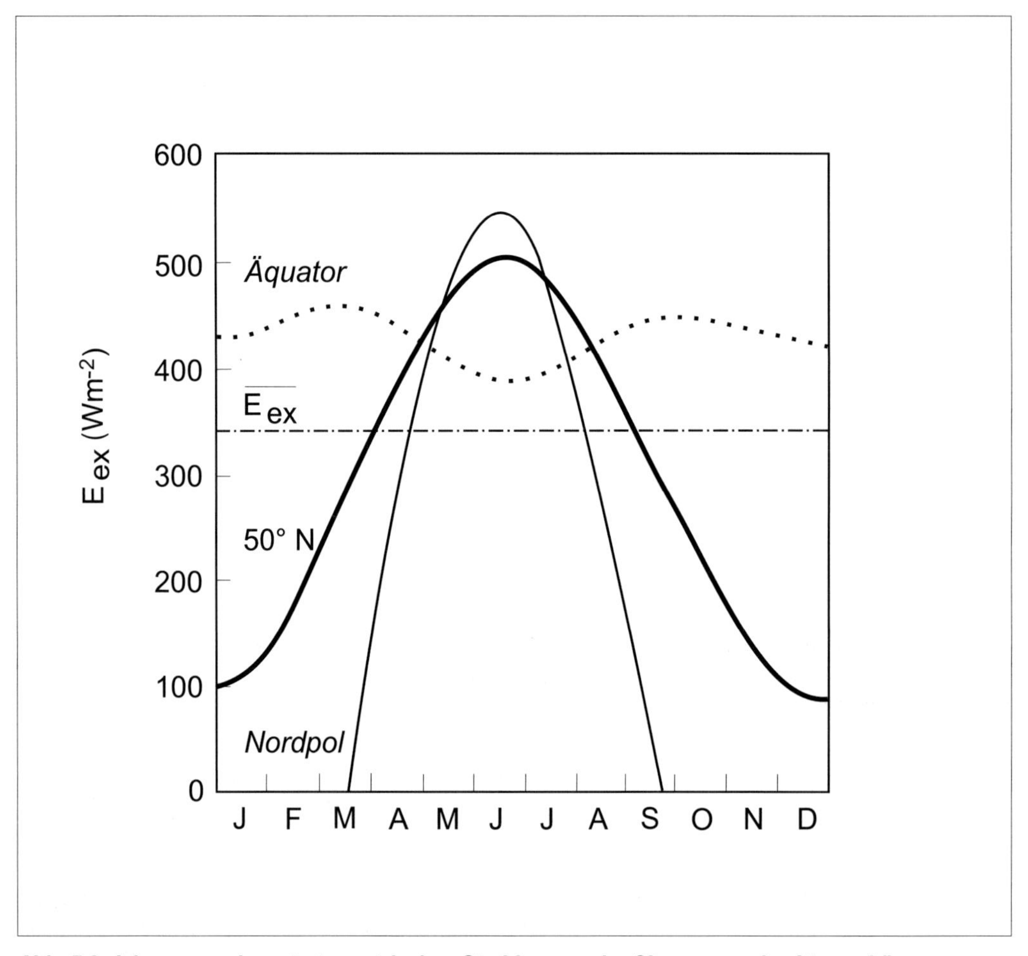

Abb. 5.6: Jahresgang der extraterrestrischen Strahlung an der Obergrenze der Atmosphäre. Monatsmittelwerte aus 24 Stunden-Mittelwerten (einschließlich der Nachtstunden)
Quelle: verändert nach ROEDEL 1992

- Streuung (die Umlenkung der Strahlung in verschiedene Richtungen),
- Reflexion (die Rückstreuung von Strahlung an Oberflächen).

Die *Absorption* durch verschiedene Spurenstoffe ist die Ursache für die Ausblendung ganzer Wellenlängenbereiche der solaren Strahlung. Besonders tritt hier das Ozon (O_3) hervor, das seine stärksten Absorptionsbanden (d. h. die Wellenlängenbereiche, die von einem Stoff absorbiert und ausgeblendet werden) im Bereich 0,22 – 0,31 µm (HARTLEY-Banden) besitzt. Deswegen wird – bei intakter Ozonschicht der Mesosphäre – die physiologisch schädliche UV-B- und UV-C-Strahlung praktisch ausgelöscht, während die UV-A-Strahlung mit einer Wellenlänge um 0,35 µm ungehindert passiert. In Wellenlängenbereichen < 0,2 µm liegen Absorptionsbanden des Sauerstoffs in der hohen Atmosphäre vor (HERZBERG- und SCHUMANN-Kontinua). Im nahen (bis etwa 1,5 µm) und fernen Infrarotbereich (bis 3 µm) treten die

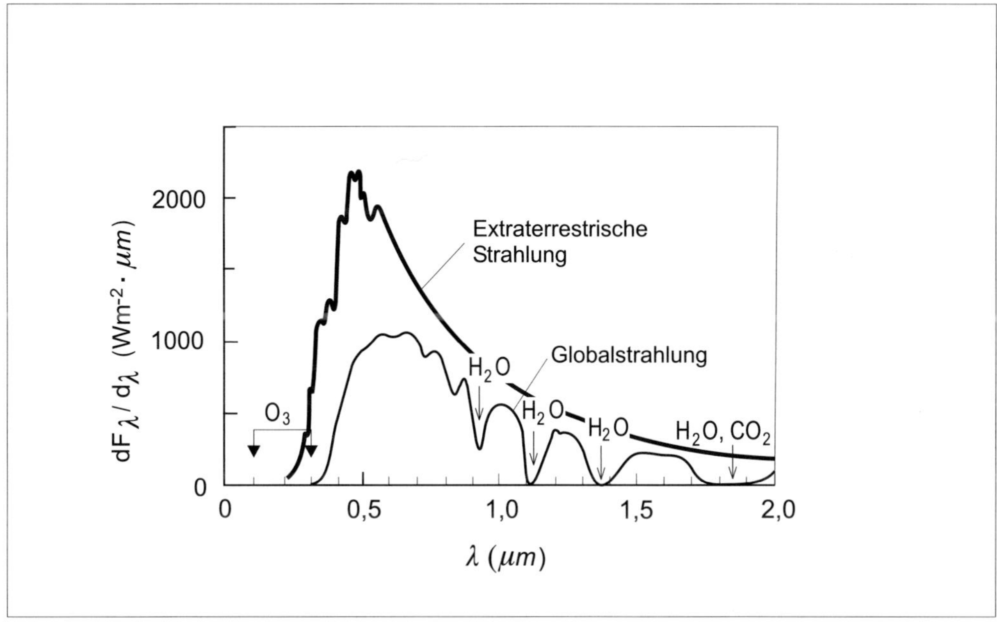

Abb. 5.7: Spektrale Verteilung der extraterrestrischen Strahlung, der Globalstrahlung an der Erdoberfläche sowie Absorptionsbanden einiger wichtiger Absorbergase
Quelle: verändert nach ROEDEL 1992

wesentlichen Absorptionsbanden des Wasserdampfs auf. Im Spektrum der langwelligen Wärmestrahlung (> 3 µm) nicht-solaren Ursprungs greifen andere Absorbergase mit ihren Absorptionsspektren ein (vgl. Kap. 5.6).

Streuung mit entsprechender Umlenkung der Strahlung erfolgt an Luftmolekülen, Wassertröpfchen, Aerosolen, Rauch und Salzkristallen, wobei im sichtbaren Bereich das optische Verhalten der Strahlung verändert wird. Luftmoleküle streuen besonders stark im kurzwelligen Bereich (violett-blau), wodurch die *diffuse Strahlung (Streustrahlung)* des Himmels (blau) entsteht. Nur bei geringer Sonnenhöhe unterhalb und bis zur Horizontebene wird auch der Rotbereich gestreut (Morgenröte, Abenddämmerung). In jedem Fall ist die Streustrahlung an Luftmolekülen diffus, d. h. sie erfolgt in alle Richtungen. Diese Art der Streuung wird als RALEIGH-Streuung bezeichnet und ist proportional zu λ^{-4}, steigt also bei abnehmender Wellenlänge der Strahlung. Größere Zentren (Tröpfchen, Aerosole) zeigen hingegen eine Dominanz der Vorwärtsstreuung mit definierten Streuwinkeln (MIE-Streuung). Deswegen erscheint ein dunstiger Himmel (hohe Tröpfchen- oder Aerosolkonzentrationen in der Luft) weißlich. Die Vorwärtsstreuung monochromatischen Lichts an Partikeln ergibt auch die Grundlage aerosoloptischer Messverfahren (Konzentrations- und Partikelgrößenbestimmungen). Die theoretischen Grundlagen der MIE-Streuung diskutiert ROEDEL (1992).

Reflexion. Strahlung wird von Oberflächen in unterschiedlichem Maße reflektiert, z. B. von einem Spiegel zu 100 %. Das Reflexionsvermögen einer Oberfläche bezeichnet man als ihre *Albedo,* die als Komplementärwert zum Absorptionskoeffizienten unter Berücksichtigung der Transmission

$$a = 1 - \alpha - t \quad (5.14)$$

a	Albedo
α	Absorptionskoeffizient
t	Transmissionskoeffizient

entweder in Werten zwischen 0 (idealer schwarzer Strahler) und 1 (idealer Reflektor) oder prozentual angegeben wird. Zumeist wird der wesentlich kleinere Transmissionsanteil jedoch vernachlässigt. Die Albedo als Oberflächeneigenschaft ist strahlungsklimatisch von besonderer Bedeutung, denn nur der nicht reflektierte Teil der direkten solaren Strahlung bzw. der diffusen Strahlung kann an der Oberfläche energetisch wirksam werden. Tabelle 5.2 zeigt Albedowerte einiger relevanter Oberflächen.

Von schneebedeckten Oberflächen, Gletschereis, aber auch kahlen Sanden wird besonders viel der einfallenden kurzwelligen Strahlung reflektiert. Dies bedeutet für solche Oberflächen eine extrem hohe Reduktion der solaren Energieaufnahme. So schmilzt eine reine Schneedecke zunächst nur im Kontaktbereich zu dunkleren Oberflächen (Felsen, Steine) ab; Gletschereis schmilzt im Sommerhalbjahr besonders stark, wenn die Oberfläche Verunreinigungen (Gesteinsschutt, Staub) aufweist. Auch bei Sandflächen ist die unterschiedlich hohe Kurzwellenalbedo für mikroklimatische Effekte verantwortlich (vgl. Kap. 5.8.3). Die sehr hohe Albedo hochliegender Wolken (Cirren, Altostratus) hat entscheidenden Einfluss auf die regionale Strahlungsbilanz und ihre Modellierung, auch im Rahmen globaler Klimamodelle (SCHÖNWIESE 1994). Für standörtliche Betrachtungen der radiativen Energiebilanz ist zu berücksichtigen, dass die kurzwellige Oberflächenalbedo einen Tagesgang zeigt, der abhängig von der Sonnenhöhe, der Flächenneigung und -exposition ist (vgl. Kap. 5.8.3).

kurzwellige Albedo	(%)	langwellige Albedo	(%)
Neuschnee	75–95	Sand	10
Wolken, hoch	90	Wolken	10
Wolken, tief	60	Ackerboden	10
Altschnee	40–70	Wasser	4
Gletschereis	30–45		
Dünensand	30–60		
Sandboden	15–40		
Ackerboden	7–17		
Wasserflächen			
Sonnenhöhe >10°	3–10		
Sonnenhöhe <10°	80		
Regenwald	10–12		
Laubwald	15–20		
Nadelwald	5–12		
Wiesen	12–30		
Kulturflächen	15–25		
Siedlungen	15–20		

Tab. 5.2: Albedowerte verschiedener natürlicher Oberflächen

5.5 Die Globalstrahlung

Die kurzwellige Strahlung, die zur Erdoberfläche gelangt, ergibt sich somit aus dem Teil der extraterrestrischen Strahlung, der als *direkte Strahlung* zur Oberfläche gelangt, sowie der *diffusen Strahlung* der Atmosphäre („Himmelsstrahlung“) und wird als *Globalstrahlung* bezeichnet:

$$R_g = R_d + R_h \tag{5.15}$$

R_g Globalstrahlung [$W\,m^{-2}$]
R_d direkte Strahlung [$W\,m^{-2}$]
R_h diffuse Strahlung [$W\,m^{-2}$]

Die kurzwellige Strahlungsbilanz an der Erdoberfläche R_k schließt dann den albedobedingten Reflexionsverlust mit ein:

$$R_k = R_g \cdot a$$

bzw.

$$R_k = R_g \cdot (1 - \alpha - t) \tag{5.16}$$

Die Globalstrahlung beträgt im globalen Mittel in etwa 188 $W\,m^{-2}$ (d.h. nur noch 55 % der extraterrestrischen Strahlung), zeigt jedoch saisonal und regional deutliche Unterschiede (Abb. 5.8). In Abhängigkeit von der saisonalen extraterrestrischen Strahlengeometrie finden sich die höchsten Werte im Bereich der Wendekreise und der angrenzenden Subtropen, die geringsten in den Polargebieten der jeweiligen Winterhemisphäre. Es ist auffällig, dass die maximalen Werte der Globalstrahlung nicht in den ganzjährig stärker bewölkten Innertropen erreicht werden, sondern in den ganzjährig durch weitgehende Wolkenlosigkeit gekennzeichneten subtropischen, kontinentalen Trockengebieten. Der Tagesgang der Globalstrahlung folgt bei wolkenlosem Himmel dem der extraterrestrischen Strahlung, zeigt aber beim Durchgang von Bewölkung durchaus starke Schwankungen. Bei geschlossener Schichtbewölkung wird die Globalstrahlung auf rund ein Viertel des entsprechenden tageszeitlichen Wertes bei wolkenlosem Himmel reduziert (ROEDEL 1992).

Eine wichtige meteorologische Messgröße sind die *Sonnenscheinstunden.* Nach der Definition des Deutschen Wetterdienstes wird dann von Sonnenschein gesprochen, wenn die gemessene Globalstrahlung den Grenzwert 120 $W\,m^{-2}$ überschreitet. Die Dauer des Sonnenscheins wird mit dem Sonnenscheinautographen nach CAMPBELL-STOKES, mit einer Kombination von zwei Pyranometern (davon einer ausgerüstet mit einem Schattenring) oder mit Strahlungssensoren gemessen.

5.6 Langwellige Komponenten: Terrestrische Strahlung und atmosphärische Gegenstrahlung

Im Gegensatz zu einzelnen Oberflächentypen (Tab. 5.2) ist die mittlere Kurzwellenalbedo der Erdoberfläche mit 6–7 % sehr gering. Daraus folgt, dass etwa 93 % der Globalstrahlung von

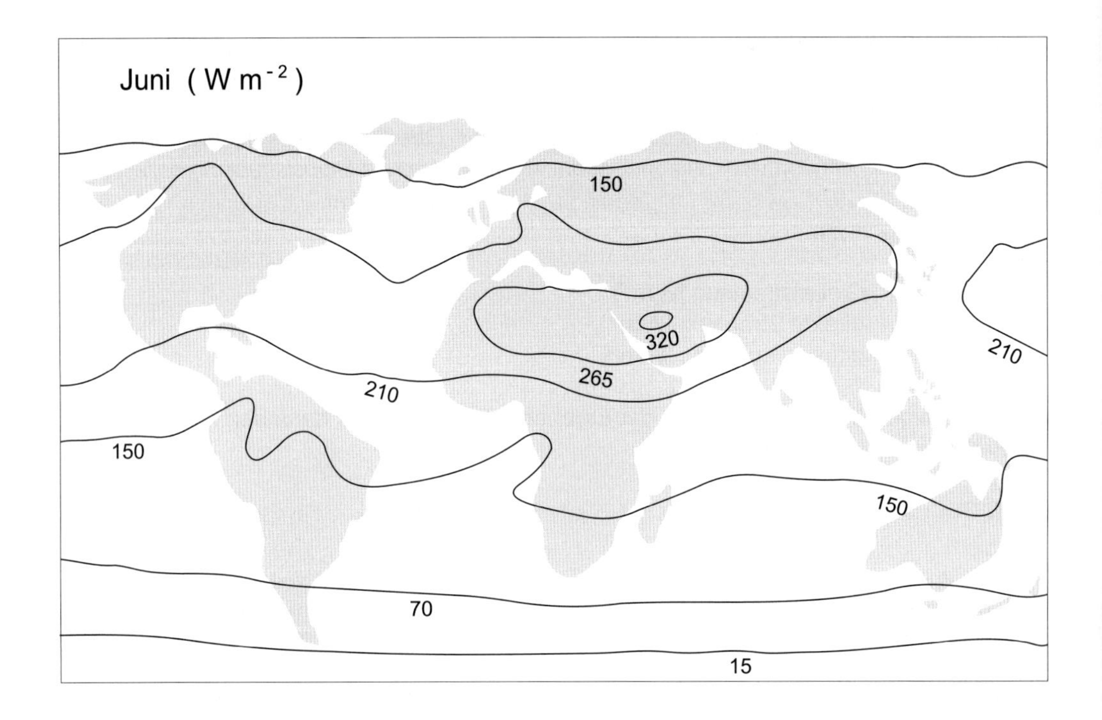

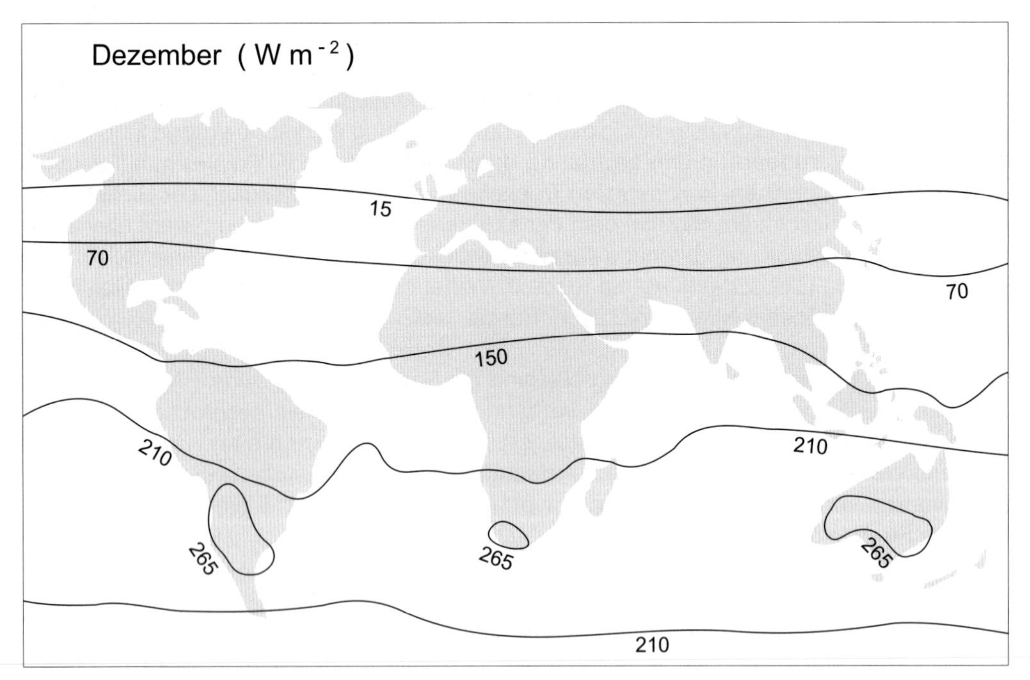

Abb. 5.8: Vereinfachte Darstellung der mittleren Globalstrahlung für Juni und Dezember
Quelle: ROEDEL 1992

der Erdoberfläche absorbiert wird (174 W m^{-2} im globalen Mittel) und nach den Strahlungsgesetzen somit die Erdoberfläche selbst zu einem fast schwarzen Strahler werden muss.

Die global gemittelte Oberflächentemperatur der Erde beträgt 288 K (15 °C). Nach dem STEFAN-BOLTZMANN-Gesetz strahlt die Erdoberfläche bei dieser Temperatur und $\varepsilon = 0{,}93$ aber 372 W m^{-2} aus, d. h. 9 % mehr, als im globalen Mittel extraterrestrisch dem gesamten System Erde – Atmosphäre zugeführt wird. Zudem muss bei dieser Strahlungstemperatur die *terrestrische Strahlung* der Erdoberfläche eine langwellige Wärmestrahlung sein, denn nach dem WIEN'schen Verschiebungsgesetz liegt eine λ_{max} von etwa 10 µm vor.

Dies bedeutet zum einen, dass die Luft primär durch die terrestrische Strahlung von der Erdoberfläche her erwärmt wird und zum anderen, dass bei dem gegebenen Verhältnis der Beträge von Globalstrahlung und terrestrischer Strahlung der Energieerhaltungssatz für die Erdoberfläche nicht gewährleistet wäre. Letzteres ist nur für Planeten ohne Wasserdampfatmosphäre bekannt, wo sich die Nachtseite ständig abkühlt. Was geschieht also mit der terrestrischen Wärmestrahlung? Die energetische Diskrepanz an der Erdoberfläche wird durch den Umstand aufgelöst, dass die Atmosphärengase selbst „farbige" Strahler sind, also in unterschiedlichen Wellenlängenbereichen Strahlung absorbieren und wieder emittieren. Dabei tritt im infraroten Bereich besonders der Wasserdampf als Absorbergas hervor. Allerdings zeigt der Wasserdampf im Wellenlängenintervall von 8 – 12 µm keine Absorptionsbanden (Wasserdampffenster), d. h. für λ_{max} der terrestrischen Strahlung ist die Wasserdampfatmosphäre durchlässig. Deswegen und aufgrund des Umstandes, dass die Atmosphärengase nach dem Energieerhaltungssatz auch zur Obergrenze der Atmosphäre hin abstrahlen müssen, ergibt sich die Strahlungskühlung der Atmosphäre als Voraussetzung für ein Strahlungsgleichgewicht des Gesamtsystems Erdoberfläche – Atmosphäre. Die Rolle der Spurengase, die mit ihren Absorptionsbanden in das Wasserdampffenster eingreifen, ist im Zusammenhang der globalen Erwärmung eingehend diskutiert worden (SCHÖNWIESE 1994). Es sollte jedoch sehr deutlich herausgestellt werden, dass der Wasserdampf das bei weitem effektivste „Treibhausgas" der Troposphäre ist. Abbildung 5.9 zeigt, dass das Spektrum der terrestrischen Strahlung in etwa einem schwarzen Strahler entspricht und dass die starken Absorptionsbanden des Wasserdampfs (66 % Absorption der terrestrischen Strahlung) und des Kohlendioxids (22 % Absorption) den Großteil der terrestrischen Strahlung absorbieren und somit zum Teil wieder zur Erdoberfläche zurückstrahlen. Diese *atmosphärische Gegenstrahlung* beträgt im Mittel 300 W m^{-2} und reduziert somit den terrestrischen Ausstrahlungsverlust auf 72 W m^{-2}.

Natürlich variiert der Betrag der atmosphärischen Gegenstrahlung räumlich und zeitlich sehr stark. Er ist von der Wasserdampfkonzentration der Troposphäre über einem Ort genauso abhängig wie vom Bewölkungsgrad, wobei es hier besonders auf die Temperatur der Wolkenunterseiten ankommt, und diese ist höhenabhängig. So strahlen von 100 % terrestrischer Strahlung tief liegende, warme Wolken (etwa Nimbostratus in Höhen von wenigen 100 m) bis zu 99 % zurück (schließen demnach fast völlig das Wasserdampffenster), hoch liegende Eiswolken (z. B. Cirren in etwa 12 km Höhe) nur noch 16 %. Tatsächlich entstammen aber etwa 60 – 65 % der gesamten atmosphärischen Gegenstrahlung der Wasserdampfemission in den untersten 100 m der Troposphäre. So werden die wesentlichen Unterschiede zwischen klaren, trockenen Nächten und solchen mit hoher Luftfeuchte und Bewölkung besonders im Winter auffällig.

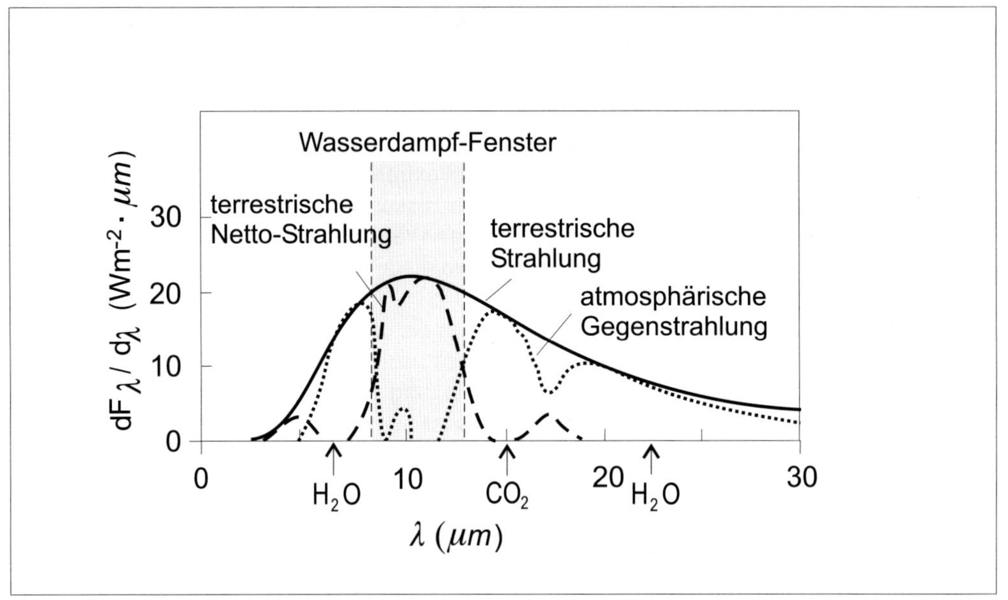

Abb. 5.9: Spektrale Verteilung der terrestrischen Strahlung R_t, atmosphärischen Gegenstrahlung $R_{a\downarrow}$ sowie der terrestrischen Nettostrahlung ($R_t - R_{a\downarrow}$) mit den Hauptabsorptionsbanden von H_2O und CO_2 im langwelligen Spektralbereich

Quelle: verändert nach ROEDEL 1992

Approximative Bestimmungen der atmosphärischen Gegenstrahlung müssen daher neben der temperaturabhängigen Emission nach dem STEFAN-BOLTZMANN-Gesetz auch den Wasserdampfgehalt der betrachteten Luftsäule in Bodennähe und den Bedeckungsgrad mit einbeziehen. Eine Möglichkeit bietet ein von ANGSTRÖM eingeführter Ansatz für wolkenlose Bedingungen

$$R_{a\downarrow} = \sigma T_l^4 \, (a + b \cdot 10^{-c \cdot e}) \tag{5.17}$$

$R_{a\downarrow}$	atmosphärische Gegenstrahlung [W m^{-2}]
T	Lufttemperatur in 2 m Höhe [K]
a	Konstante [0,82]
b	Konstante [– 0,25]
c	Konstante [0,095]
e	Dampfdruck in 2 m Höhe [hPa]

mit Konstanten, die für Mitteleuropa bestimmt wurden (HUPFER 1996), und bei Einbeziehung eines Wolkenterms

$$R_{a\downarrow} = \sigma T_l^4 \, (a + b \cdot 10^{-c \cdot e}) \cdot (1 + k' \cdot C_{10}^{2,5}) \tag{5.18}$$

k'	Koeffizient, abhängig von der Wolkenart (Mittel: 0,22)
C_{10}	Bedeckungsgrad in Zehntel

Eine alternative Formulierung der ANGSTRÖM-Beziehung wurde von IDSO (zit. nach KALEK 1997, LITTMANN/KALEK 1998) vorgeschlagen:

$$R_{a\downarrow} = (0{,}7 + 5{,}95 \cdot 10^{-5} \cdot e \cdot \exp\left(\frac{1500}{T_l}\right)) \cdot \sigma T_l^{4} \qquad (5.19)$$

Eine Diskussion dieser beiden Beziehungen erfolgt in Kapitel 5.8.1.

5.7 Die globale Energiebilanzgleichung

Unter Hinzunahme der terrestrischen Strahlung und der atmosphärischen Gegenstrahlung kann die radiative Energiebilanz an der Erdoberfläche nun komplettiert werden:

$$R_{ges} = \left(R_d + R_h\right) \cdot a - R_t + R_{a\downarrow}$$

bzw. bei Einsetzen des Wertes für die Albedo:

$$R_{ges} = R_g - a - R_t + R_{a\downarrow}$$

$$R_{ges} = 188 - 14 - 372 + 300 = 102\ W m^{-2} \qquad (5.20)$$

a albedobedingte Reflexion der Erdoberfläche
$R_{a\downarrow}$ atmosphärische Gegenstrahlung zur Erdoberfläche

Die mittlere globale Oberflächenalbedo der Erde wird hier mit 0,07 (7 %) angenommen. Alternativ könnte in Gleichung 5.20 R_g unter Auslassung der Transmission mit dem Absorptionskoeffizienten (α = 0,93) bzw. mit (1 – a) multipliziert werden. Bezogen auf die Erdoberfläche bedeutet dies, dass im globalen Mittel aus dieser radiativen Energiebilanz ein Überschuss von 102 $W m^{-2}$ entsteht. Tatsächlich muss aber die Energiebilanz aller Teilebenen des Klimasystems (Obergrenze der Atmosphäre, die Atmosphäre selbst und die Erdoberfläche) ausgeglichen sein, denn sonst wäre bei positiver Energiebilanz eine ständige Erwärmung, bei negativer Bilanz eine ständige Abkühlung die Folge. Im Sinne des Energieerhaltungssatzes muss also der Erdoberfläche der Energieüberschuss wieder entzogen werden, und dies geschieht durch zwei nicht-radiative Prozesse des Energieumsatzes:

1. *Wasserverdunstung*. Hierbei wird der Erdoberfläche Energie in Form latenter Wärme (vgl. Kap. 6) entzogen und in der Atmosphäre als Kondensationswärme wieder freigesetzt (vgl. Kap. 8).
2. *Turbulenter Wärmeaustausch*. Durch konvektive Prozesse wird fühlbare Wärme (vgl. Kap. 6) von der Erdoberfläche in die Atmosphäre geleitet.

Die Größenordnung des latenten Wärmeflusses H_l liegt im globalen Mittel um 78 $W m^{-2}$, ROEDEL (1992) gibt Werte zwischen 70 und 90 $W m^{-2}$ an. Die messtechnische Erfassung bzw. rechnerische Bestimmung der Wärmeflüsse ist ohnehin nur mit hoher zeitlicher und räumlicher Auflösung möglich (FOKEN 1990), bei einer Mittelung über große Gebiete ergeben sich zwangsläufig nur Näherungswerte. Der Fluss von H_l ist über dem Festland relativ gering und entspricht dort in etwa dem Fluss fühlbarer Wärme, erreicht aber über den Ozeanen und besonders über den tropischen Meeren sein Maximum. In den inneren Tropen führt dieser konvektive, wasserdampfgebundene Wärmeenergieumsatz zu einer Freisetzung von Kondensationswärme in der mittleren und hohen Troposphäre, die größenordungsmäßig die Strahlungskühlung der Atmosphäre kompensiert (HUPFER 1996). Der globale Fluss der fühlbaren Wärme H_f ist mit 24 $W m^{-2}$ in unserer Energiebilanzgleichung (30 – 40 $W m^{-2}$ nach Angaben in ROEDEL 1992) deutlich geringer. Somit erweitert sich Gleichung 5.20 für die Erdoberfläche um die nicht-radiativen Energieflüsse zu:

$$E_{Erdoberfläche} = R_g - a - R_t + R_{a\downarrow} - H_l - H_f$$

$$E_{Erdoberfläche} = 188 - 14 - 372 + 300 - 78 - 24 = 0\,W m^{-2} \qquad (5.21)$$

Die Energiebilanz der gesamten Erdoberfläche ist demnach ausgeglichen. Dies gilt aber nur im langjährigen Mittel und in der globalen Dimension, nicht aber für kürzere Zeiträume (Tage, Monate, 1 Jahr) und insbesondere nicht für den regionalen Maßstab. Es sei an dieser Stelle auf die enormen energetischen Unterschiede zwischen der tropischen und außertropischen Atmosphäre, welche primär die planetarische Zirkulation in Gang setzen, ebenso hingewiesen wie auf regionale und lokale Verschiedenheiten der Energiebilanz, die über Wärmeflüsse und Druckunterschiede entsprechende Ausgleichszirkulationen bewirken.

Abbildung 5.10 fasst die Energiebilanz des Gesamtsystems Erdoberfläche – Atmosphäre in relativen und absoluten Energieflussdichten, bezogen auf den globalen Mittelwert der extraterrestrischen Strahlungsenergie zusammen. Analog zu Gleichung 5.21 ergeben sich somit auch ausgeglichene Energiebilanzen für die gesamte Atmosphäre

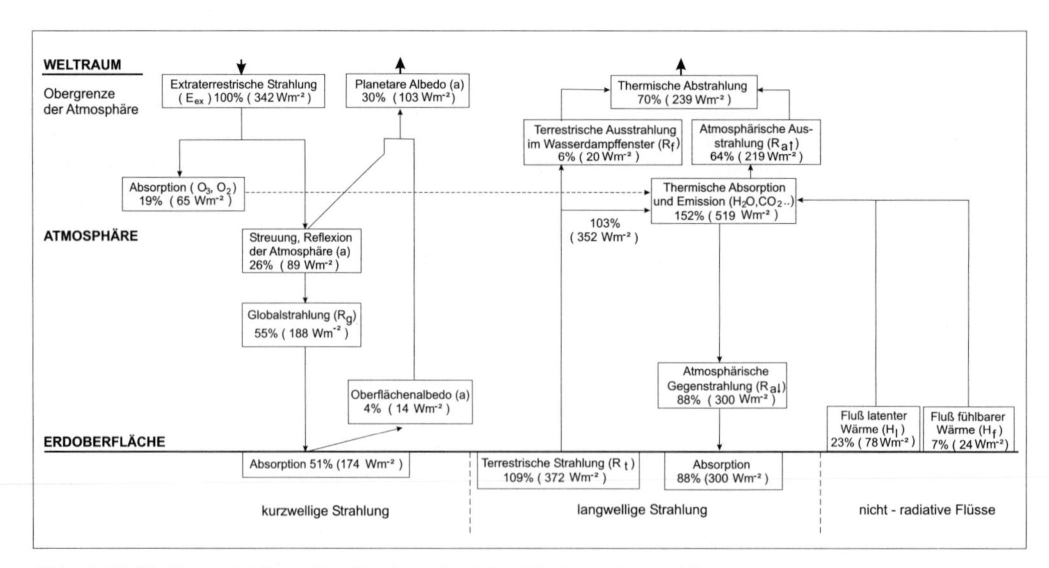

Abb. 5.10: Die Energiebilanz des Systems Erdoberfläche – Atmosphäre

$$E_{Atmosphäre} = E_{ex} - R_g - a + R_t - R_{a\downarrow} - R_{a\uparrow} + H_l + H_f$$

$$E_{Atmosphäre} = 342 - 188 - 89 + 352 - 300 - 219 + 78 + 24 = 0 \quad m^{-2} \tag{5.22}$$

$R_{a\uparrow}$ atmosphärische Gegenstrahlung zur Obergrenze der Atmosphäre
a Reflexion und Rückstreuung der Atmosphäre

und für die Obergrenze der Atmosphäre und damit für die planetarische Strahlungsbilanz:

$$R_{planetar} = E_{ex} - a - R_f - R_{a\uparrow}$$

$$R_{planetar} = 342 - 102 - 21 - 219 = 0\, W\, m^{-2} \tag{5.23}$$

a planetare Albedo
R_f langwellige Ausstrahlung der Atmosphäre im Wasserdampffenster

Es sei angemerkt, dass die thermische Abstrahlung des Gesamtsystems in den Weltraum von 240 $W m^{-2}$ (Abb. 5.10) nach der Umstellung des STEFAN-BOLTZMANN-Gesetzes

$$T = \sqrt[4]{\frac{E}{\sigma}} = \sqrt[4]{\frac{240\, W\, m^{-2}}{5{,}67 \cdot 10^{-8}\, W\, m^{-2}\, K^{-4}}} = 255\, K \tag{5.24}$$

also einer Abstrahlungstemperatur von –18 °C entspricht (ε ist in diesem Fall = 1), was recht gut mit spektralen Temperaturmessungen aus Satellitendaten übereinstimmt (ROEDEL 1992).

Die saisonalen Unterschiede in der Strahlengeometrie der Erde sowie die regional sehr verschiedenen Flüsse von H_l und H_f bedingen nun die bereits erwähnten großen räumlichen Unterschiede in der Energiebilanz der Erdoberfläche und der Atmosphäre. Abbildung 5.11 zeigt die mittlere Strahlungsbilanz (als Nettostrahlung die Bilanz der radiativen Energieflüsse) der Erdoberfläche. Die Jahresstrahlungsbilanz ist mit Ausnahme des Arktischen Ozeans, den nordkanadischen Inseln, Grönlands und des Karakorumgebirges positiv. Die kurzwellige Nettoeinstrahlung (Gl. 5.16) verteilt sich auf der Erde weitgehend zonal. Aufgrund der am Tage starken Bewölkung im Bereich der Innertropischen Konvergenzzone (ITC) sowie im Pamir- und Karakorumgebirge aufgrund der ebenfalls hohen Albedo, die hier aus einer langandauernden Schneedecke resultiert, ergeben sich dort Minima. Dagegen zeigt die Verteilung der langwelligen Nettoausstrahlung (R_t) zelluläre Strukturen mit Maxima im Bereich von Kalifornien und Nordchile, einem Gürtel über Nordafrika bis zur Arabischen Halbinsel sowie weitere Maxima über dem Tsaidambecken in China, der Kalahari und den australischen Wüsten. Die Jahresstrahlungsbilanz nimmt von den Polen zum Äquator zu und erreicht maximale Werte über 180 $W m^{-2}$ im Bereich der subtropischen Hochdruckzellen.

Solche räumlichen Unterschiede bedingen nun ebenso wie diejenigen der nicht-radiativen Parameter Energietransporte von den Gebieten mit mittlerem Energieüberschuss (die

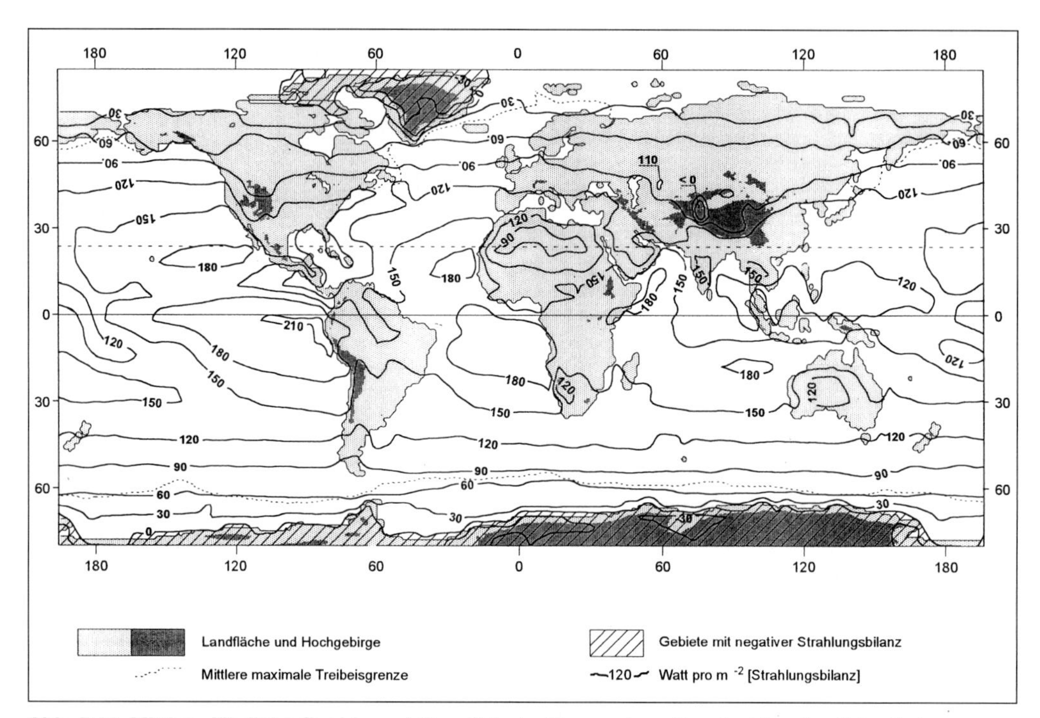

Abb. 5.11: Mittlere jährliche Strahlungsbilanz (Einstrahlung minus Ausstrahlung) auf der Erde 1985–1993 in $W m^{-2}$ nach Werten des Goddard Data Assimilation Office DAO, USA
Quelle: Steinrücke 1999

warmen Tropen) zu den Gebieten mit mittlerem Energiedefizit (die mittleren Breiten und Polargebiete). Abbildung 5.12 zeigt diese Energieflüsse für die Atmosphäre (ohne den ozeanischen Wärmetransport durch Meeresströmungen), wie sie sich als Folge der unterschiedlichen Strahlungsbilanz durch die Flüsse von H_l und H_f ergeben. Energieflüsse sind im globalen Transport immer Wärmeströme, denn die ursprünglich radiative Energie kann erst nach ihrer Umwandlung an der Umsatzfläche in Wärmeenergie transportiert werden. Der Gesamtfluss nimmt vom Äquator, wo er praktisch Null ist (Ausgeglichenheit durch einen mehr oder weniger gleich großen Abtransport von H_f vom Festland und Zufuhr von H_l durch die Passatzirkulation über den Meeren) bis zu den Subtropen und Mittelbreiten in 20° – 40° auf $6–7 \cdot 10^{15}$ W zu, wobei hier der Fluss von H_l dominiert, um dann in den polaren Gebieten wieder Null zu werden. Dieses im Grunde strahlengeometrisch begründete Phänomen des maximalen Wärmeenergietransports in den Subtropen und Mittelbreiten, d.h. im Kontaktbereich der tropischen und außertropischen Zirkulation, ist von fundamentaler Bedeutung für die turbulenten Austauschprozesse in den Mittelbreiten in Form zyklonaler Störungen und damit für den Ausgleich der Energiebilanz des Klimasystems.

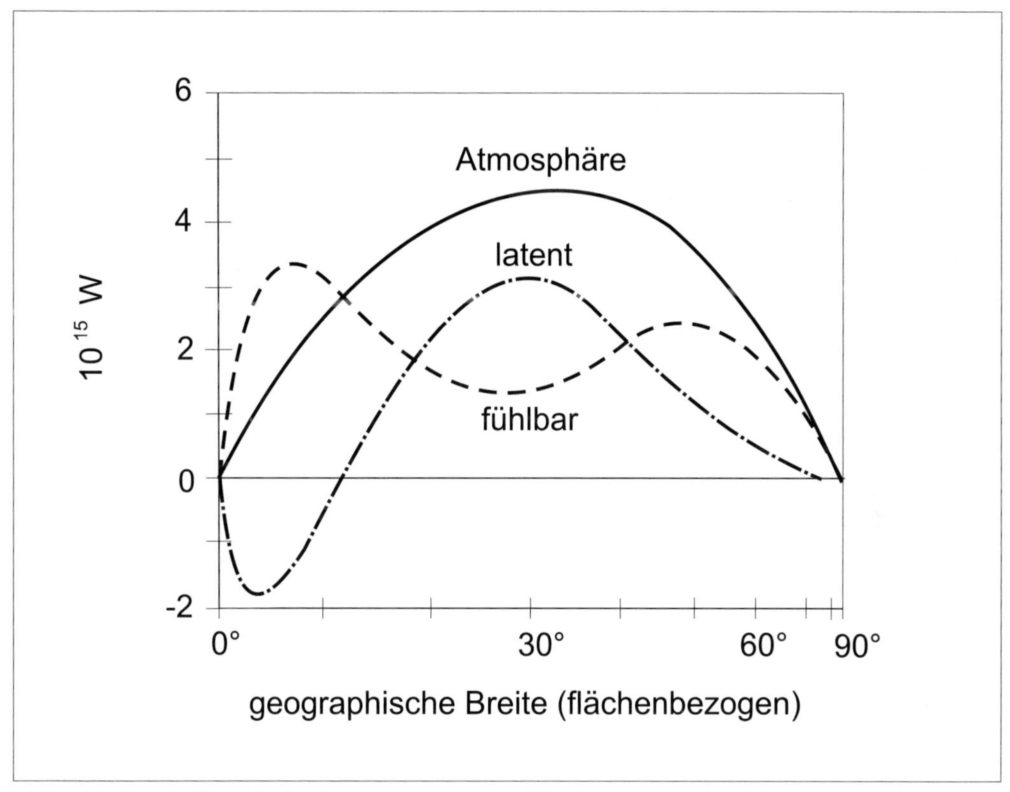

Abb. 5.12: Energieflüsse in der Atmosphäre in Form fühlbarer und latenter Wärme
Quelle: verändert nach ROEDEL 1992

5.8 Anwendungen

5.8.1 Nächtliche Strahlungsbilanzen

Im Rahmen von ökologischen Standortanalysen oder der Beurteilung der Energiebilanzen von Bebauungsstrukturen werden Bestimmungen der radiativen Energieabgabe von Oberflächen und der langwelligen Strahlungsbilanz (Wärmestrahlung) erforderlich. Voraussetzung ist hierbei die Kenntnis der jeweiligen Oberflächentemperatur. Diese kann z. B. mit Infrarotthermometern ermittelt werden, hilfsweise auch mit Widerstandsthermometern in unmittelbarer Oberflächennähe (was aber in der Regel zu Unterschätzungen tagsüber und Überschätzungen nachts führen kann) oder – großflächiger – mittels Thermalscannerbildern, wie sie etwa in stadtklimatologischen Analysen zum Einsatz kommen.

Nehmen wir einen Standort an, an dem nachts bei wolkenlosem Himmel eine Oberflächentemperatur von 10 °C (283 K) gemessen wird. Nach dem STEFAN-BOLTZMANN-Gesetz (Gl. 5.1) berechnet sich die Strahlungsenergieabgabe der Oberfläche durch die terrestrische Strahlung zu:

$$R_t = 5{,}67 \cdot 10^{-8}\ W\,m^{-2}\,K^{-4} \cdot 283\,K^4$$
$$R_t = 363{,}7\ W\,m^{-2} \qquad (5.25)$$

Zur Bestimmung der langwelligen Strahlungsbilanz unter Hinzunahme der atmosphärischen Gegenstrahlung müssen am Standort auch gleichzeitige Messungen der Lufttemperatur und relativen Luftfeuchte in 2 m Höhe vorliegen. Die ANGSTRÖM-Beziehung (Gl. 5.17) impliziert die Repräsentativität von Strahlungstemperatur und Dampfdruck in der Messhöhe für die gesamte strahlungsaktive Luftsäule, was allerdings nur eine Näherung darstellen kann, setzt sie doch die homogene Durchmischung zumindest der planetaren Grenzschicht voraus. Gerade nachts liegt bei häufiger stabiler Schichtung (vgl. Kap. 6) diese Voraussetzung jedoch nicht vor. Nehmen wir im gleichen Beispiel nun eine Lufttemperatur in 2 m Höhe von 10,5 °C an (dies würde einer sehr stabilen Schichtung entsprechen) und eine relative Luftfeuchte von 80 %, was einem Dampfdruck von 10,16 hPa entspricht (Berechnung vgl. Kap. 7), so ergibt sich für die atmosphärische Gegenstrahlung nach Gleichung 5.17:

$$R_a = 5{,}67 \cdot 10^{-8}\ W\,m^{-2}\,K^{-4} \cdot 283{,}5\,K^4 \cdot (0{,}82 + (-0{,}25) \cdot 10^{-0{,}095 \cdot 10{,}16\,hPa})$$
$$R_a = 290{,}4\ W\,m^{-2} \qquad (5.26)$$

Bei nur 30 % relativer Luftfeuchte, aber gleicher Temperatur liegt hingegen eine $R_{a\downarrow}$ von 260,5 Wm^{-2} vor. Die nächtliche Strahlungsbilanz bleibt also in beiden Fällen negativ: −73,3 Wm^{-2} bei 80 % Feuchte (dies entspricht einer Reduktion des terrestrischen Ausstrahlungsverlustes auf 20 %) und −103,2 Wm^{-2} bei 30 % relativer Luftfeuchte (Reduktion auf 28 %). Es sei darauf hingewiesen, dass die gleiche Berechnung nach der IDSO-Beziehung (Gl. 5.19) vergleichsweise immer etwas höhere Gegenstrahlungswerte liefert (300,3 Wm^{-2} bzw. 270,1 Wm^{-2}).

Zieht bei sonst gleichen Bedingungen nun eine tiefliegende Bewölkung auf, verändert sich unter Hinzunahme des Wolkenterms (Gl. 5.18) die atmosphärische Gegenstrahlung. Wir nehmen bei 80 % relativer Luftfeuchte eine Nimbostratus-Bewölkung (k' = 0,24) mit einem Bedeckungsgrad C_{10} von 0,8 (8/10) an:

$$R_a = 5{,}67 \cdot 10^{-8}\ W\,m^{-2}\,K^{-4} \cdot 283{,}5\,K^4 \cdot (0{,}82 + (-0{,}25) \cdot 10^{-0{,}095 \cdot 10{,}16\,hPa}) \cdot (1 + 0{,}24 \cdot 0{,}8^{2{,}5})$$
$$R_a = 330{,}3\ W\,m^{-2} \qquad (5.27)$$

Dies bedeutet eine weitere Reduktion des Ausstrahlungsverlustes auf −33 Wm^{-2} (9 % von R_t). Hingegen ergibt sich im Fall einer hochliegenden Altostratus-Bewölkung (k' = 0,08) bei sonst unveränderten Bedingungen eine $R_{a\downarrow}$ von nur 303,7 Wm^{-2} und somit eine Strahlungsbilanz von −60 Wm^{-2} (16,5 % von R_t). Liegt jedoch eine geschlossene Nimbostratus-Bewölkung (C_{10} = 1,0) vor, so wird mit $R_{a\downarrow}$ = 360 Wm^{-2} die Strahlungsbilanz nahezu ausgeglichen.

Das Beispiel zeigt, dass nächtliche Strahlungsbilanzen an der Erdoberfläche im Wesentlichen nur durch die Oberflächentemperatur und den Wasserdampfgehalt der bodennahen Luftschicht gesteuert werden. Die Bewölkung nimmt einen unterschiedlichen, aber immer sehr viel geringeren Einfluss. In unserem Beispiel trägt sie mit maximal 20 % zur gesamten atmosphärischen Gegenstrahlung bei. Zur Erstellung einer vollständigen Energiebilanz am Messstandort müssen zusätzlich zur radiativen Energiebilanz die nicht-radiativen Energieflüsse berücksichtigt werden. Signifikant werden dabei die Flüsse der latenten und fühlbaren Wärme, die im Kapitel 6 behandelt werden. Der Bodenwärmestrom (die Wärmeleitung von der Oberfläche als Strahlungsenergie-Umsatzfläche in den Boden bzw. vom Boden in die Luft) ist vom Betrag her meist klein gegen die radiativen Energieumsätze und anderen Wärmeflüsse.

5.8.2 Geländeklima: Strahlungsenergie auf geneigten Flächen

Eine sehr häufige Anwendung im Bereich der Geländeklimatologie ist die Bestimmung der Strahlungsenergie auf geneigten Flächen, wie wir sie im reliefierten Gelände finden. Dahinter steht das Prinzip, dass sich – ausgehend von der Globalstrahlung auf einer ebenen Fläche, nämlich der Horizontebene – die Strahlungsflussdichte auf einer Fläche mit bestimmter Exposition (der Orientierung im Raum nach der Himmelsrichtung) und der Hangneigung (aus der Horizontebene) relativ zur Ebene und zum jeweiligen Sonnenstand verändern muss. Solche auch kleinräumig sehr unterschiedlichen Einstrahlungsverhältnisse bedingen ganz entscheidend die ökologischen Verhältnisse im Gelände, man denke nur an die oft völlig verschiedenen Vegetationsgesellschaften an Nord- und Südhängen oder aber an die typischen Weinbaulagen an den Steilhängen von Engtälern. Die in der Horizontebene gemessene Globalstrahlung (die Messinstrumente werden mir der Bussole in „Waage“ gebracht) muss demnach für die vorhandenen Flächenelemente im reliefierten Gelände umgerechnet werden. Die Bestimmung der Strahlung auf geneigten Flächen greift auf eine Erweiterung des LAMBERT-Gesetzes (Gl. 5.13) zurück, wobei die gesuchte Strahlung auf das Flächenelement in Beziehung zur Strahlung auf eine Fläche senkrecht zur Einfallsrichtung der Sonnenstrahlen gesetzt wird:

$$R_f = R_s \cdot (\cos b \cdot \sin h + \sin b \cdot \cos h \cdot \cos(a_\Theta^* - a)) \qquad (5.28)$$

R_f	Strahlungsflussdichte auf der geneigten Fläche [W m⁻²]
R_s	Strahlungsflussdichte auf einer Fläche senkrecht zur Sonnenhöhe [W m⁻²]
a	Exposition des Flächenelements [°]
b	Hangneigung des Flächenelements [°]
h	Sonnenhöhe [°]
a_Θ^*	Azimut der Sonne (von Nord gezählt)

wobei die Strahlung auf eine Fläche senkrecht zur Einfallsrichtung der Sonnenstrahlen R_s die Globalstrahlung R_g und die Zenitdistanz (90° – *h*) mit einbezieht:

$$R_s = \frac{R_g}{\cos(90^\circ - h)} \qquad (5.29)$$

Wir nehmen in unserem Beispiel einen Hang in Bochum (7° 12’ 52” E, 51° 29’ 22” N) an, der südexponiert ist *(a* = 180°) und eine Neigung von *b* = 20° hat. Am 1. September um 14:00 MEZ wird in der Nähe eine Globalstrahlung von 140 W m^{-2} gemessen. Zur Bestimmung von R_s und R_f müssen zunächst die wahre Ortszeit (WOZ), der Stundenwinkel sowie die Deklination, Höhe und der Azimut der Sonne für diesen Tag und diese Zeit berechnet werden (zur Herleitung dieser Parameter vgl. Kap. 3).

Die wahre Ortszeit ergibt sich aus der mittleren Ortszeit MOZ

$$MOZ = MEZ + \frac{7{,}21° - 15°}{15°} \tag{5.30}$$

nach WOZ = MOZ + Z unter Berücksichtigung des Zeitgleichungsparameters Z für den 1. September (den 243. Tag im Jahr, N = 243)

$$\begin{aligned} Z &= 0{,}1644\,h \cdot \sin(2 \cdot (279{,}3° + 0{,}9856 \cdot 243 + 1{,}92° \cdot \sin(279{,}3° + 0{,}9856 \cdot 243 + 77{,}3°)) \\ &\quad - 0{,}1277\,h \cdot \sin(279{,}3° + 0{,}9856 \cdot 243 + 77{,}3°) \\ Z &= -0{,}01\,h \end{aligned} \tag{5.31}$$

Somit ergibt sich für die wahre Ortszeit 13,47 Stunden, also 13:28 bei 14:00 MEZ. Der entsprechende Stundenwinkel berechnet sich zu

$$t_\Theta^\circ = 15°\,h^{-1} \cdot (WOZ - 12\,h) = 15°\,h^{-1} \cdot 1{,}47\,h = 22{,}05° \tag{5.32}$$

als ein (bezogen auf WOZ = 12:00) positiver Nachmittagswert. Nun muss die Deklination der Sonne für den 1. September berechnet werden:

$$\begin{aligned} \delta_\Theta &= \arcsin(\sin 23{,}66° \cdot \sin(279{,}3° + 0{,}9856 \cdot 243 + 1{,}92° \cdot \sin(356{,}6° + 0{,}9856 \cdot 243))) \\ \delta_\Theta &= 8{,}94° \quad (8°\ 56'\ N) \end{aligned} \tag{5.33}$$

d. h. die Sonne steht an diesem Tag auf 8° 56' n. Br. im Zenit. Für die Sonnenhöhe und unseren Zeitpunkt um 13:28 WOZ ergibt sich nach:

$$\begin{aligned} h &= \arcsin(\sin 8{,}94° \cdot \sin 51{,}49° + \cos 8{,}49° \cdot \cos 51{,}49° \cdot \cos 22{,}05°) \\ h &= 43{,}76° \end{aligned} \tag{5.34}$$

ein Winkel von 43,76° über der Horizontebene und für den Azimut der Sonne:

$$\begin{aligned} a_\Theta^* &= 360° - \arccos\left(\frac{\sin 8{,}94° - \sin 51{,}49° \cdot \sin 43{,}76°}{\cos 51{,}49° \cdot \cos 43{,}76°}\right) \\ a_\Theta^* &= 210{,}9° \end{aligned} \tag{5.35}$$

und somit ein Sonnenstand im süd-südwestlichen Sektor.

Nun ist es möglich, die Strahlungsflussdichte R_s auf einer Fläche senkrecht zur Sonnenhöhe zu berechnen:

$$R_s = \frac{140\,W\,m^{-2}}{\cos(90^\circ - 43{,}76^\circ)} = 202{,}4\,W\,m^{-2} \tag{5.36}$$

Zu diesem Zeitpunkt würde demnach ein um etwa 46° geneigter Steilhang eine um 44 % höhere Strahlungsflussdichte im Vergleich zur in der Horizontebene gemessenen Globalstrahlung erhalten. Die gesuchte Strahlungsflussdichte auf unserem Beispielhang R_f ergibt sich schließlich zu

$$\begin{aligned} R_f &= 202{,}4\,W\,m^{-2} \cdot (\cos 20^\circ \cdot \sin 43{,}76^\circ + \sin 20^\circ \cdot \cos 43{,}76^\circ \cdot \cos(210{,}9^\circ - 180^\circ)) \\ R_f &= 202{,}4\,W\,m^{-2} \cdot 0{,}86 \\ R_f &= 174{,}0\,W\,m^{-2} \end{aligned} \tag{5.37}$$

als eine immerhin noch mit 24 % über dem Globalstrahlungswert liegende Strahlungsenergie. Diese Berechnung bezieht sich natürlich nur auf einen einzigen Zeitpunkt. In der Praxis müssten nun alle Zeitpunkte (i. d. R. Stundenwerte) über den Untersuchungszeitraum bzw. über ein gesamtes Jahr berechnet werden, um zu repräsentativen Aussagen für den Standort zu kommen. Dies erfordert bereits den Einsatz rechnergestützter Verfahren, wie etwa einer Tabellenkalkulation oder anderer, ebenfalls programmierbarer Verfahren. Führt man diese Berechnungen nun für eine bestimmte geographische Breite und für Klassenintervalle der Hangneigung und Hangexposition so durch, dass die berechneten R_f-Werte für den Zeitraum eines Jahres gemittelt und prozentual dargestellt werden, dann erhält man eine umfassende Darstellung der reliefabhängigen Strahlungsflussdichten relativ zur mittleren Globalstrahlung des betreffenden Ortes.

Eine weitere Anwendung erschließt sich, wenn für ein Untersuchungsgebiet ein (z. B. aus topographischen Karten digitalisiertes) digitales Geländemodell vorliegt. Dann ist es möglich, für jeden x-, y-, z-definierten Gitterpunkt des Bezugsrasters die Hangneigung und die Exposition zu bestimmen (dies ist mit einigen Programmen durchführbar). Überträgt man diese Werte in die programmierte Berechnung von R_f, so kann für jeden Gitterpunkt R_f für einen bestimmten Zeitpunkt berechnet werden. Geographische Informationssysteme (GIS) bzw. Software zur Darstellung von Oberflächen bieten nun die Möglichkeit, anhand der Gitterpunktdaten R_f für das gesamte Untersuchungsgebiet flächenhaft zu interpolieren. Abbildung 5.13 zeigt eine solche Darstellung für einen Ausschnitt aus dem Dünengebiet des nordwestlichen Negev an der israelischen Sinaigrenze (Kalek 1997) für über den Juni bzw. Dezember gemittelte R_f-Werte um jeweils 12:00 Zonenzeit, ausgehend von den jeweiligen, an nur einem Punkt gemessenen Globalstrahlungswerten. Es ist zu erkennen, dass im Juni bei in dieser geographischen Breite (etwa 35° N) großen Sonnenhöhen die Unterschiede der Strahlungsflussdichten auf nord- und südexponierten Hängen nicht sehr deutlich sind, jedoch im Dezember die südexponierten Hänge wesentlich mehr Strahlungsenergie erhalten als die Nordhänge. Dieses Phänomen hat für die gesamte radiative Energiebilanz und somit auch für ökologische Fragestellungen weitreichende Auswirkungen, die im folgenden Abschnitt betrachtet werden sollen.

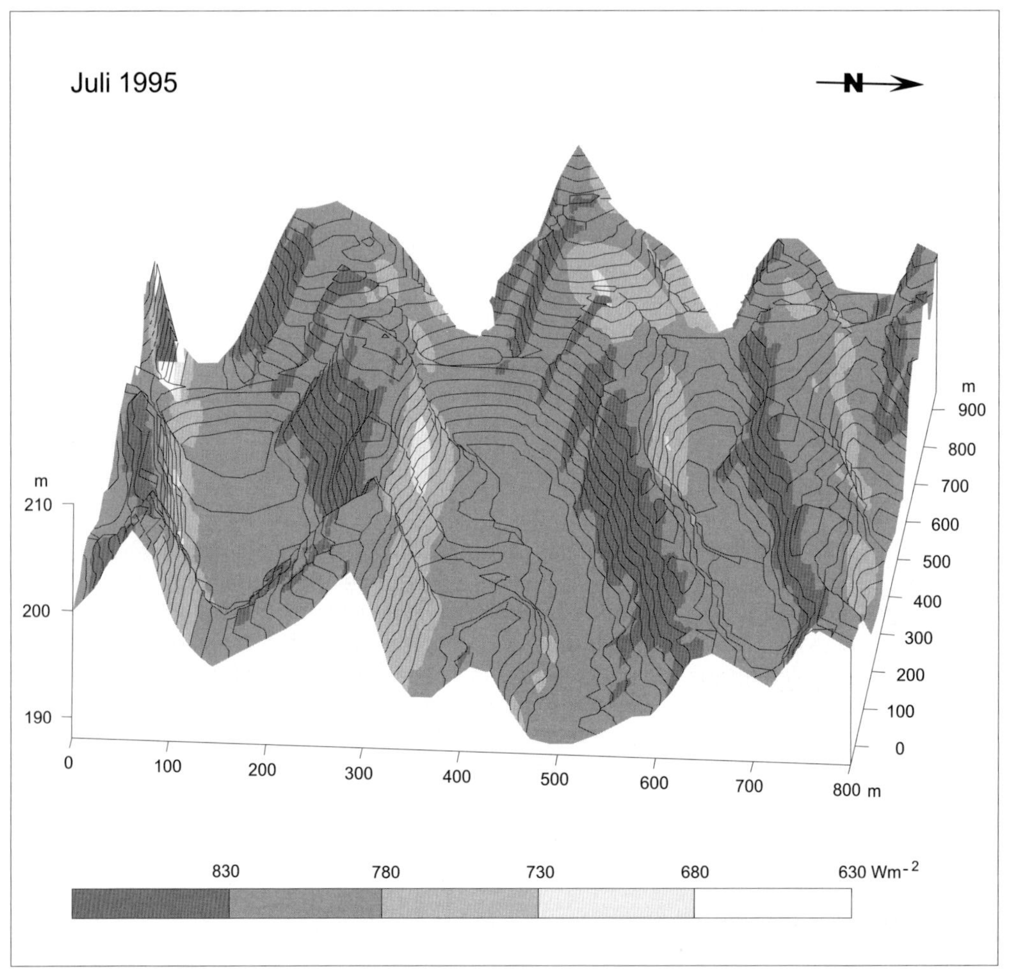

Abb. 5.13 a: Räumliche Verteilung der Globalstrahlung im reliefierten Gelände. Darstellung der aus Gitterpunktdaten berechneten Werte für das Dünengebiet von Nizzana (Negev, Israel) im Juli 1995. Die Darstellung des Reliefs ist stark überhöht.

5.8.3 Geländeklima: Komponenten der radiativen Energiebilanz im reliefierten Gelände

Wenn nun – ausgehend von der Globalstrahlungsmessung in der Horizontebene – für einen Punkt bzw. ein Flächenelement im Gelände die tatsächliche Globalstrahlung berechnet werden kann und zudem Messungen der Oberflächen- und Lufttemperatur in 2 m Höhe sowie der relativen Luftfeuchte kontinuierlich erfolgen, dann ist es möglich, alle Komponenten der radiativen Energiebilanz an einem Standort auch für einen längeren Zeitraum zu modellieren. Unter der Voraussetzung einer gleichzeitigen Messung der Strahlungsbilanz und des Modellabgleichs der berechneten und gemessenen Strahlungsbilanz können wir Aufschluss über den Anteil der einzelnen Strahlungsbilanzterme an der Gesamtbilanz bekommen. Wir greifen

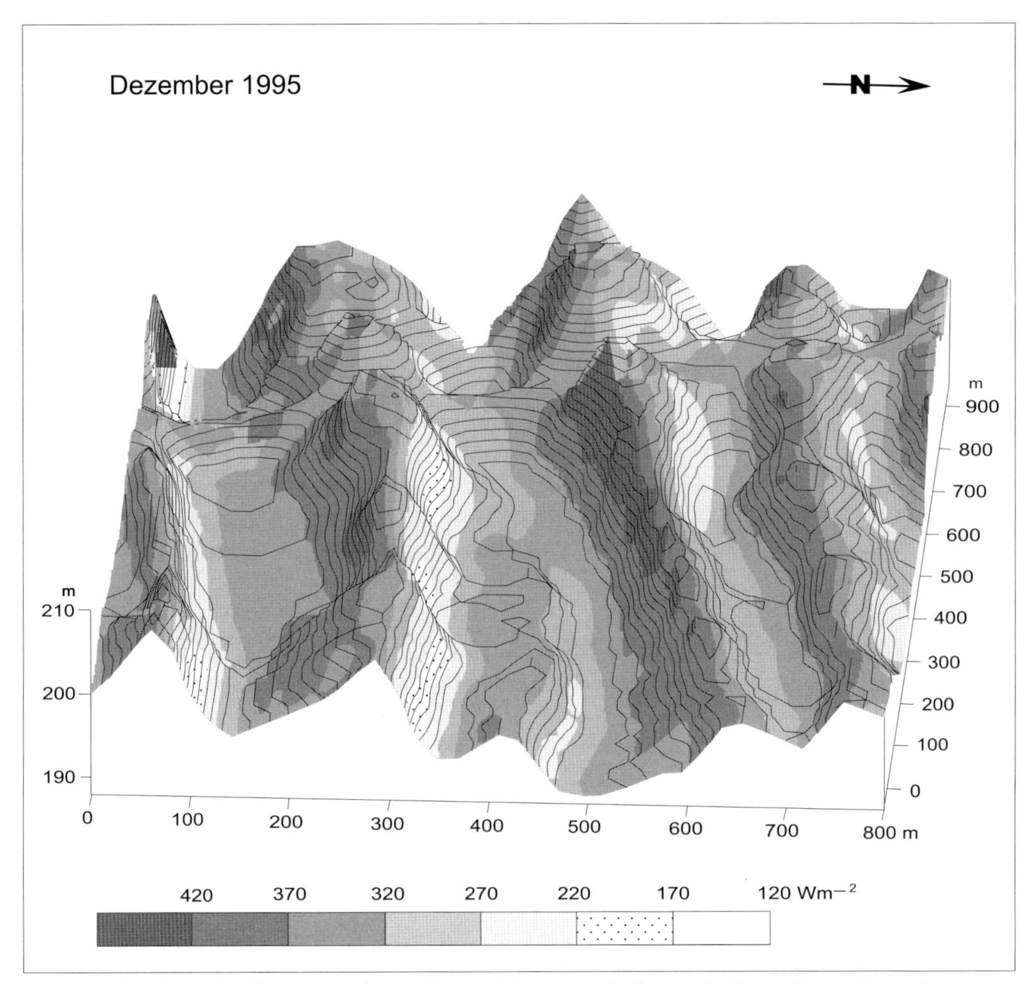

Abb. 5.13b: Räumliche Verteilung der Globalstrahlung im reliefierten Gelände. Darstellung der aus Gitterpunktdaten berechneten Werte für das Dünengebiet von Nizzana (Negev, Israel) im Dezember 1995. Die Darstellung des Reliefs ist stark überhöht.

in diesem Anwendungsbeispiel wiederum auf die strahlungsenergetischen Expositionsunterschiede im Dünengebiet des nordwestlichen Negev in Israel zurück.

Abbildung 5.14 zeigt die für einen nord- und einen südexponierten Hang aus Globalstrahlungsmessungen berechneten R_f-Werte als Monatsmittelwerte über ein Jahr. Die Berechnung erfolgte analog zum Beispiel 5.8.2 für jede Stunde zwischen Sonnenaufgang und Sonnenuntergang mit Hilfe einer Tabellenkalkulation. Diese stündlichen Werte wurden dann jeweils für einen Monat arithmetisch gemittelt. Auf diese Weise erhält man einen guten Eindruck der Einstrahlungsverhältnisse, die – entsprechend der Breitenlage – einen ausgeprägten Jahresgang zeigen. Der Südhang erhält im Mittel 38 $W m^{-2}$ mehr Globalstrahlung als der Nordhang, was auf der in Kapitel 5.8.2 beschriebenen Strahlengeometrie von unter-

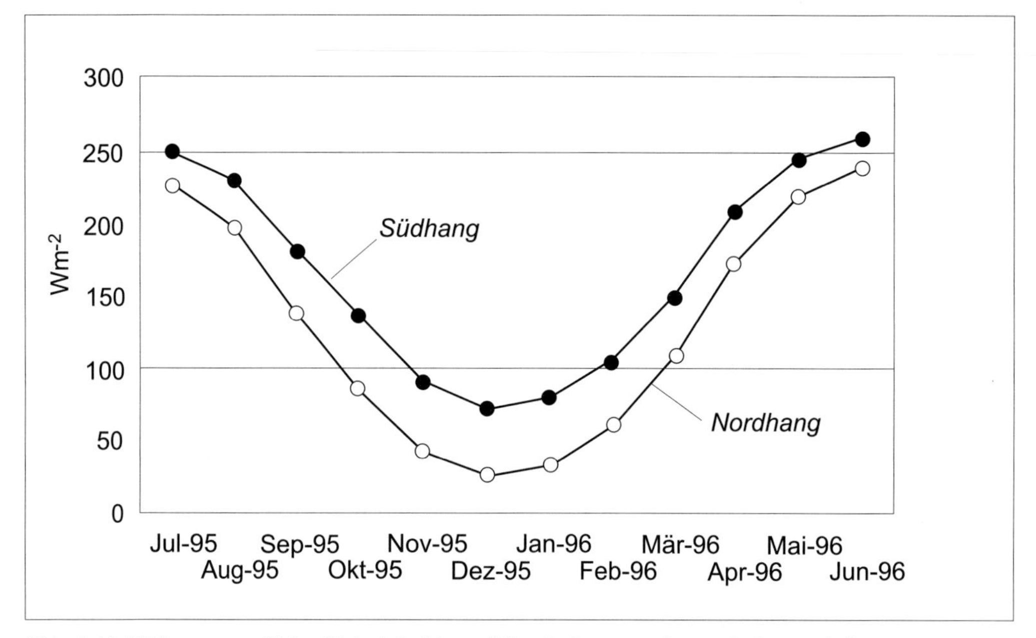

Abb. 5.14: Mittlere monatliche Globalstrahlung (R_f) auf einem nordexponierten und einem südexponierten Hang mit gleicher Neigung im Dünengebiet von Nizzana (Negev, Israel)
Quelle: verändert nach LITTMANN/KALEK 1998

schiedlich exponierten Hängen basiert. Es ist zu sehen, dass diese Unterschiede aber nur während der Wintermonate deutlich ausgeprägt sind (vgl. Abb. 5.13), wenn wegen einer geringen Sonnenhöhe die Globalstrahlung am Nordhang auf eine proportional größere Fläche verteilt wird. Eine weiter differenzierende Betrachtung der Globalstrahlung im Gelände müsste mit sehr hoher räumlicher Auflösung nun auch die Horizontüberhöhung berücksichtigen, d. h. den Schattenwurf höher liegender Geländeteile auf verschiedene Hangabschnitte, insbesondere nach Sonnenaufgang und vor Sonnenuntergang.

Berechnet man nun analog zum Anwendungsbeispiel 5.8.1 die terrestrische Strahlung nach dem STEFAN-BOLTZMANN-Gesetz und vergleicht diese berechneten Werte mit Messwerten der nächtlichen Strahlungsbilanz, dann stellt man häufig Diskrepanzen fest. Die Ursache kann zum einen in Ungenauigkeiten in der Bestimmumg der Oberflächentemperatur liegen, zum anderen aber auch darin, dass die Oberfläche hinsichtlich ihrer langwelligen Strahlungsemission deutliche Abweichungen vom Verhalten eines idealen schwarzen Körpers zeigt. Es ist daher zu empfehlen, zunächst die atmosphärische Gegenstrahlung nach den Beziehungen von Gleichung 5.18 bzw. Gleichung 5.19 zu berechnen, sodann die berechneten Werte der terrestrischen Strahlung (als negative Werte) und atmosphärischen Gegenstrahlung zu addieren und diese berechneten Werte mit den Messwerten der Strahlungsbilanz in den Nachtstunden iterativ so abzugleichen, dass unter Hinzunahme des Emissionskoeffizienten ε im STEFAN-BOLTZMANN-Gesetz nach einer Fehlerbetrachtung der Messwerte eine beste Näherung der Messwerte erreicht wird. KALEK (1997) erreichte mit diesem Verfahren eine beste Näherung des iterativ veränderten Emissionskoeffizienten mittels eines T-Tests. Abbil-

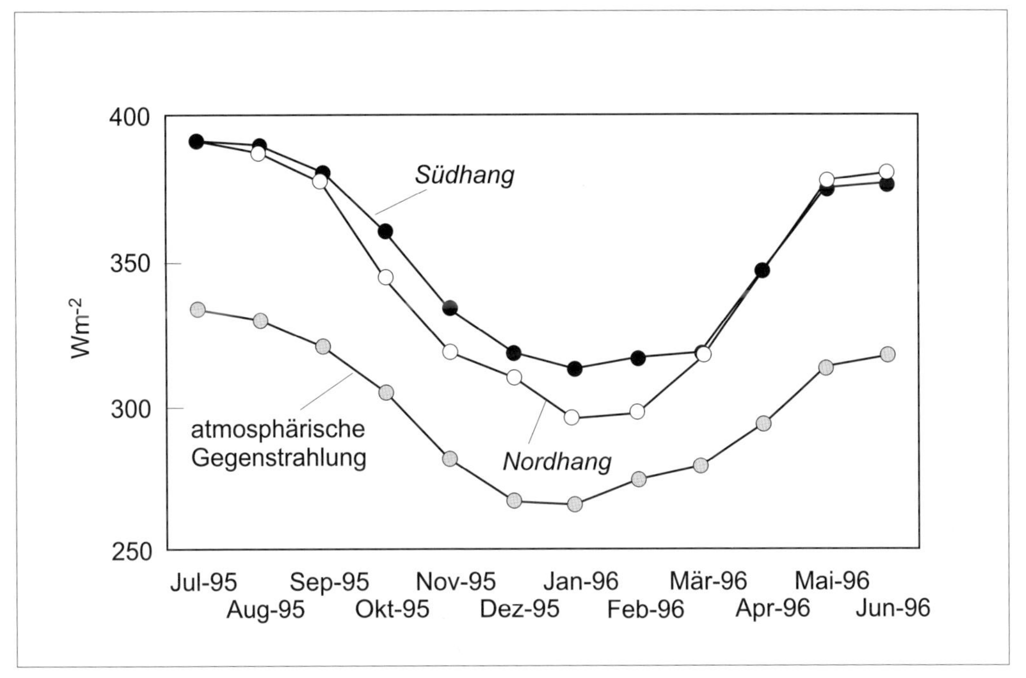

Abb. 5.15: Jahresgang der terrestrischen Strahlung von nord- und südexponierten Hängen wie in Abbildung 5.14 sowie atmosphärische Gegenstrahlung im Dünengebiet von Nizzana (Negev, Israel)
Quelle: verändert nach LITTMANN/KALEK 1998

dung 5.15 zeigt die auf diese Weise bestimmten Modellergebnisse sowie die nach der IDSO-Beziehung (Gl. 5.19) berechnete atmosphärische Gegenstrahlung. Da in einem Trockengebiet über eine Distanz von wenigen 100 m keine wesentlichen Unterschiede der relativen Luftfeuchte zu erwarten sind, ist letztere für beide Hänge auch annähernd gleich. Der Jahresgang der Gegenstrahlung zeigt hier im Übrigen eine interessante Anomalie, denn die höchsten Werte werden in diesem Gebiet während der Sommermonate erreicht, wenn ein ausgeprägtes Land-See-Windsystem Wasserdampf vom nahen Mittelmeer ins Inland transportiert (LITTMANN 1997 a) und eine höhere Pflanzentranspiration vorliegt.

Der Emissionskoeffizient des Südhanges wurde im Jahresmittel zu $\varepsilon = 0{,}7$, der des Nordhanges zu $\varepsilon = 0{,}83$ ermittelt. Da nach dem KIRCHHOFF'schen Gesetz die Koeffizienten der Emission und Absorption gleich sein müssen, lässt sich aus der Bestimmung der Emissionskoeffizienten bereits eine mittlere Oberflächenalbedo abschätzen. Genauer wird die Bestimmung aber erst, wenn die berechneten Werte der Terme Globalstrahlung, terrestrische Strahlung und atmosphärische Gegenstrahlung mit den Messwerten der Strahlungsbilanz in Beziehung gesetzt werden. Dabei muss allerdings berücksichtigt werden, dass die Oberflächenalbedo sowohl einem Tages- als auch einem Jahresgang unterliegt, weil sich im Tagesverlauf je nach Sonnenhöhe das Reflexionsverhalten der Oberfläche verändert und im Jahresverlauf durch wechselnde Vegetations- und Bodenfeuchteverhältnisse Oberflächen ihre Absorptionseigenschaften verändern (GEIGER 1961, OKE 1990). Diesen Zusammenhang gibt OKE (1990) mit folgender Beziehung wieder, die von LITTMANN und KALEK (1998) um einen iterativ für jeden Monat zu bestimmenden Faktor f erweitert wurde:

$$a = \sin(\arcsin(\sin\delta_\Theta \cdot \sin\varphi + \cos\delta_\Theta \cdot \cos\varphi \cdot \cos t^\circ_\Theta) \cdot f) \quad (5.38)$$

Die Iteration des f-Faktors besteht darin, dass die Berechnung der stündlichen Strahlungsbilanz während der Tagstunden mit immer neuen f-Werten so lange mittels eines T-Tests mit den Messwerten der Strahlungsbilanz abgeglichen wird, bis eine Irrtumswahrscheinlichkeit von 5 % unterschritten wird. Somit lässt sich für jeden Monat eine recht genaue Näherung der Strahlungsbilanzterme einschließlich der Albedo erzielen. KALEK (1997) identifizierte auf diese Weise einen Jahresgang der Oberflächenalbedo im Untersuchungsgebiet mit geringsten Werten im Winter (Regenzeit) und höchsten Werten im Sommer (Trockenzeit). Im Jahresmittel weisen die Südhänge eine nach Gleichung 5.38 bestimmte Oberflächenalbedo von 0,25 auf, die um 60–70 % höher liegt als die der Nordhänge (0,15). Diese Unterschiede basieren auf der Existenz einer dunklen biogenen Kruste auf den nordexponierten Hängen, welche die Oberflächenalbedo des Sandes erheblich reduziert (LITTMANN/KALEK 1998).

Wenn wir auf den Satz der Energieerhaltung (Gl. 5.4) zurückgreifen, dann können auf der Basis der bisherigen Ergebnisse die strahlungsrelevanten Oberflächeneigenschaften quantifiziert werden. Da der Emissionskoeffizient gleich dem Absorptionskoeffizienten ist ($\varepsilon = \alpha$), können wir bei Umstellung von Gleichung 5.4 nach dem Absorptionskoeffizienten

$$\alpha = 1 - r - t \quad (5.39)$$

die berechneten Werte für den Absorptionskoeffizienten und die Oberflächenalbedo einsetzen und erhalten gleichzeitig eine Angabe über die Größenordnung des Transmissionskoeffizienten t. Für den Nordhang ergibt sich

$$0{,}83 = 1 - 0{,}15 - 0{,}02 \quad (5.40)$$

und für den Südhang

$$0{,}70 = 1 - 0{,}25 - 0{,}05 \quad (5.41)$$

Die dunklere Oberfläche des Nordhanges führt also bei geringer Albedo zu einer hohen Absorption der Globalstrahlung (83 %), am Südhang ist es entsprechend weniger. Das Beispiel zeigt ebenfalls, dass die Strahlungstransmission in diesem Fall eine vernachlässigbare Größe darstellt, denn die hier angegebenen sehr kleinen rechnerischen Werte können auch noch im Bereich der Fehlertoleranz bei der Berechnung von ε und der Oberflächenalbedo liegen.

Die Terme der modifizierten Strahlungsbilanzgleichung für ein reliefiertes Gelände

$$R_{ges} = R_f \cdot (1 - a - t) - R_t + R_{a\downarrow} \quad (5.42)$$

a Oberflächenalbedo (Reflexionskoeffizient)
t Transmissionskoeffizient

lassen sich nun ebenfalls quantifizieren. Im Jahresmittel ergibt sich für den Nordhang

$$52{,}2\,W\,m^{-2} = 126\,W\,m^{-2} \cdot (1 - 0{,}15 - 0{,}02) - 344\,W\,m^{-2} + 290\,W\,m^{-2} \quad (5.43)$$

und für den Südhang

$$43{,}5\,W\,m^{-2} = 162\,W\,m^{-2} \cdot (1 - 0{,}25 - 0{,}05) - 360\,W\,m^{-2} + 290\,W\,m^{-2} \quad (5.44)$$

Allerdings existieren auch hier deutliche saisonale Unterschiede in der Strahlungsbilanz der Hänge (Abb. 5.16). Während der Wintermonate zeigen die Nordhänge eine geringere Strahlungsbilanz aufgrund der wesentlich geringeren Globalstrahlung, welche die höhere Strahlungsabsorption im Vergleich zum Südhang kompensiert. Im Sommer ist die Strahlungsbilanz der Nordhänge hingegen wesentlich höher als die der Südhänge, weil – bei vergleichbarer Globalstrahlung, terrestrischer Strahlung und atmosphärischer Gegenstrahlung – die Globalstrahlung wesentlich stärker absorbiert wird. Die ökologische Relevanz dieser Verhältnisse liegt auf der Hand. Eine positive Strahlungsbilanz impliziert entsprechende Flüsse fühlbarer Wärme sowie latenter Wärme, vorausgesetzt, es steht Wasser zur Verdunstung zur Verfügung. Deswegen sollten die Nordhänge im Sommer eine höheres Verdunstungspotential zeigen, im Winter während der Regenzeit hingegen umgekehrte Verhältnisse, so dass hier eine günstigere Wasserbilanz zu erwarten ist. Diese Zusammenhänge diskutieren LITTMANN und KALEK (1998).

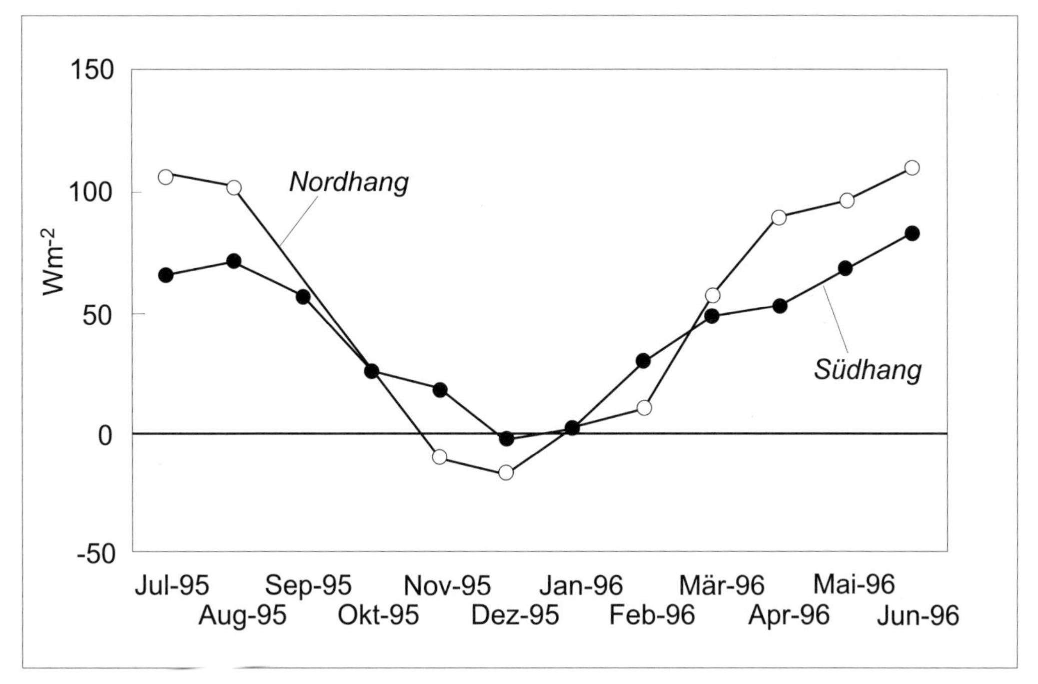

Abb. 5.16: Strahlungsbilanzen von nord- und südexponierten Hängen wie in Abbildung 5.14. Fehlende Werte für den Nordhang im September und Oktober sind durch Messausfall bedingt
Quelle: verändert nach LITTMANN/KALEK 1998

5.8.4 Berechnung von Globalstrahlungspotentialen für die Solarenergienutzung

Während im natürlichen Gelände aufgrund von Exposition, Neigung und Beschattung natürliche Strahlungsgunst- und Strahlungsungunsträume bestehen, will die technische Nutzung der Globalstrahlung an jedem Ort möglichst optimale Ergebnisse erzielen. Dabei macht es keinen Unterschied, ob die Strahlungsenergie der Sonne mit solarthermischen Verfahren in Wärme eines flüssigen oder gasförmigen Mediums umgewandelt wird oder ob in photovoltatischen Systemen elektrischer Strom erzeugt wird.

Solarthermische Systeme, die als Flachkollektoren ausgelegt sind, haben Deckscheiben und Absorberoberflächen, die eine minimale kurzwellige Albedo aufweisen und so die einfallende Strahlung zu einem großen Teil nutzen. Typische Albedowerte liegen zwischen 16 und 30 %. Neben den direkten Verlusten durch die Reflexion treten aber auch noch indirekte Verluste auf, indem die durch die absorbierte Strahlung erwärmte Absorberoberfläche durch Konvektion, langwellige Wärmestrahlung und Wärmeleitung Energie an ihre Umgebung abgibt. Geringste Wirkungsgrade unter 10 % haben einfache Einscheibenkollektoren, höchste werden mit Vakuumkollektoren erreicht, die über 50 % der einfallenden Strahlung nutzen können.

Konzentrierende (fokussierende) Kollektoren bündeln die einfallende kurzwellige Strahlung auf einem Punkt (Paraboloide) oder auf einer Linie (Parabolrinnen). In der Regel nutzen diese Systeme nur die direkte Sonnenstrahlung, wohingegen die diffus einfallende Strahlung ebenso diffus wieder in den Raum reflektiert wird. Aus diesem Grund müssen solche Systeme entsprechend dem Lauf der Sonne nachgeführt werden, um ausreichende Ausbeuten zu erzielen. Ziel der Nachführung ist es, dass die Sonne immer senkrecht in den Reflektor einfällt, so dass keine Cosinusverluste auftreten. Durch die Konzentration der einfallenden kurzwelligen Strahlung werden am Absorber im Brennpunkt des Kollektors Temperaturen von 500 °C bis nahe 4 000 °C erreicht. Aufgrund ihrer Charakteristik eignen sich konzentrierende Kollektoren nur in Klimaten, in denen die direkte Strahlung R_d weitaus überwiegt.

Sowohl die Solarthermie mit Flachkollektoren wie auch die Photovoltatik nutzen beide Komponenten der Globalstrahlung R_g, die direkte Strahlung R_d und die diffuse Strahlung der Atmosphäre R_h. Damit sind sie auch in solchen Klimaten einsetzbar, in denen die diffuse Himmelstrahlung einen Großteil der Globalstrahlung ausmacht. Wie groß dieser Anteil in unserem Klima sein kann, zeigt in der Abbildung 5.17 der Jahresgang der Monatssummen der Globalstrahlung und der Komponenten R_d und R_h im Jahr 1991 an der DWD Strahlungsmessstation Bochum (1993).

Bei Aufstellung eines Flachkollektors zur Gewinnung von Wärme für Heizungen oder Warmwasser sowie von Photovoltaikanlagen kommt es darauf an, durch Ausrichtung und Neigung der Anlage im Jahresmittel eine möglichst optimale Einstrahlung zu erzielen. Im Idealfall (also bei einer nachgeführten Anlage) sollte die Neigung der Kollektorfläche immer 90° minus die Sonnenhöhe (Gl. 3.18) betragen und die Ausrichtung dem Azimut der Sonne (Gl. 3.19/3.20) entsprechen, um einen senkrechten Einfall der direkten Strahlung zu haben. Bei der nicht-nachgeführten Anlage werden Ausrichtung und Neigung so gewählt, dass über das Jahr gesehen der Kollektor möglichst optimal zur Sonne ausgerichtet ist. Um diese

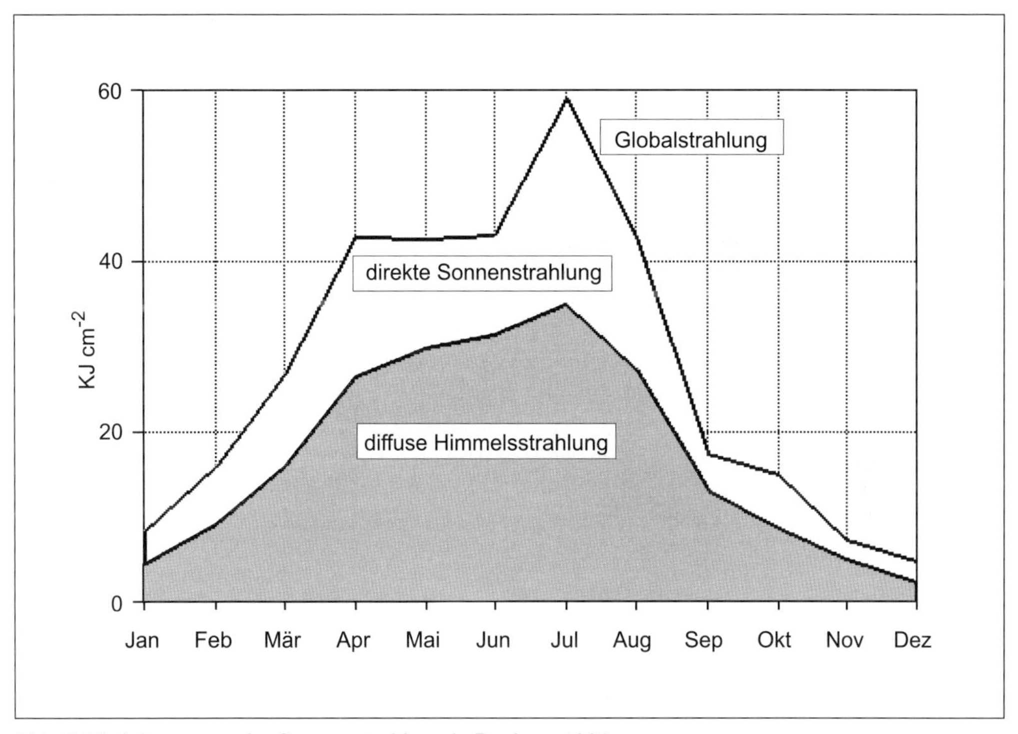

Abb. 5.17: Jahresgang der Sonnenstrahlung in Bochum 1991
Quelle: DWD 1993

Größen zu bestimmen müssen Azimut und Sonnenhöhe im Jahresverlauf berechnet werden, wie in Abbildung 5.18 beispielhaft geschehen. Hier sollten für einen Standort in Bochum die Neigung mit ca. 40° und die Ausrichtung nach Süd (180°) eingestellt werden.

Im strukturierten Relief oder durch benachbarte Gebäude, Bäume u. Ä. tritt für bestimmte Flächen in der Landschaft in der Zeit zwischen dem astronomischem Sonnenaufgang und -untergang eine Verschattung durch die *Horizontüberhöhung* auf. Diese ergibt sich dann, wenn der Winkel ζ zwischen der Horizontalen und dem überhöhten Horizont größer ist als die Sonnenhöhe h. Der Winkel ζ berechnet sich nach:

$$\xi = \arctan(\frac{H - H_P}{s}) \tag{5.45}$$

H	Höhe des Horizontes in [m] über NN
H_P	Höhe der bestrahlten Fläche in [m] über NN
s	Distanz zum Horizont [m]

Damit ergibt sich für einen Punkt H_P eine Verschattung, wenn im Azimut a_Θ^* die Horizontüberhöhung ζ größer als die Sonnenhöhe h ist (Abb. 5.19). Beispielhaft ist eine solche Rechnung für den Fall in Abbildung 5.18 durchgeführt. Der weiße Balken (Schatten) im Azimutbereich

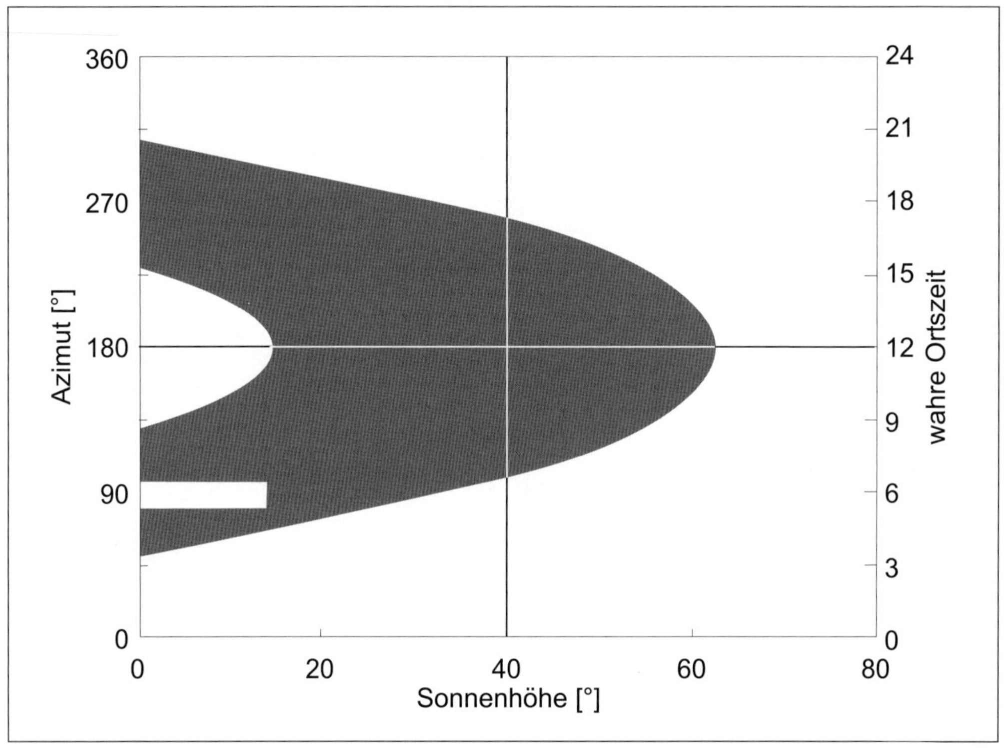

Abb. 5.18: Sonnenhöhe und Azimut im Jahresverlauf in Bochum (7°12'52" E, 51°29'22" N)

um 90° entsteht, wenn 100 m östlich des Punktes H_P sich ein Nord-Süd ausgerichtetes Gebäude von 25 m Höhe und 30 m Breite befindet. Die Verschattung des Punktes H_P findet in den frühen Morgenstunden statt. Unter Berücksichtigung solcher verschattender Objekte oder Reliefelemente kann die astronomisch und topographisch mögliche Sonnenscheindauer für jeden beliebigen Punkt berechnet werden. Dazu ist eine Bestimmung der Horizontüberhöhung für jeden Punkt des Geländes zu jeder Stunde zwischen Sonnenauf- und -untergang erforderlich.

Wenn für eine Region zeitlich hoch aufgelöste Daten der relativen Sonnenscheindauer (D_R), also dem Verhältnis von Sonnenscheinminuten zu Nicht-Sonnenscheinminuten aus Messdaten vorliegen, kann für beliebige Punkte mit bestimmter Neigung und Exposition in der Landschaft die jährliche Summe der einfallenden direkten Strahlung berechnet werden (KUNZ 1983):

$$S = \sum_{i=h_1}^{h_2} \sum_{j=m_1}^{m_2} R_{f;i,j} \cdot D_{i,j} \cdot \sin\left(e_{i,j}\right) \qquad (5.46)$$

S Summe der direkten Strahlung auf eine fest orientierte Fläche [J]
$h_1 - h_2$ Anfangs- und Endstunde der Summation

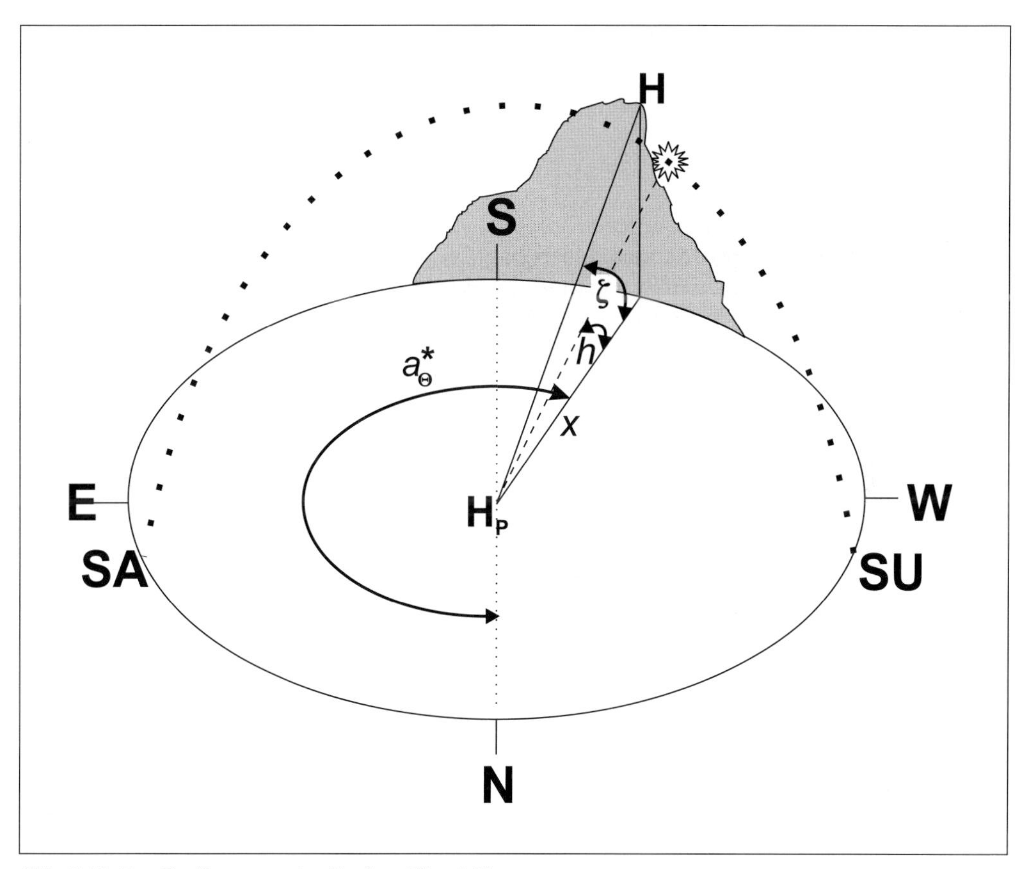

Abb. 5.19: Zur Bestimmung der Horizontüberhöhung

$m_1 - m_2$	Anfangs- und Endmonat der Summation
$R_{f;i,j}$	Direktstrahlungsintensität zur Monatsstunde i,j [$W m^{-2}$] (vgl. Gl. 5.28)
$D_{i,j}$	Absolute Sonnenscheindauer zur Monatsstunde i,j [s]
	$= D_{R;i,j} \cdot D_{A;i,j}$
$D_{R;i,j}$	Relative Sonnenscheindauer
$D_{A;i,j}$	astronomisch mögliche Sonnenscheindauer [s]
$e_{i,j}$	mittlerer Einfallswinkel der Sonnenstrahlen auf die fest orientierte Fläche [°]

$$\sin^*\left(e_{i,j}\right) = \begin{cases} \sin\left(e_{i,j}\right) & \text{für} \quad e_{i,j} > 0 \\ 0 & \text{für} \quad e_{i,j} \leq 0 \end{cases}$$

6 Wärme und Temperatur

6.1 Energie – Wärme – Temperatur

In der Klimatologie spielen die Größen *Wärme* und *Temperatur* eine bedeutende Rolle und sollen deshalb in diesem Kapitel ausführlich behandelt werden. Wärme ist eine Form der Energie. Neben dem Impuls ist Wärme wohl die wesentliche Form der Energieübertragungen, die atmosphärische Prozesse in Gang bringen. Grundsätzlich gilt, dass in einem geschlossenen System keine Energie verlorengehen oder erzeugt werden kann. Die Energieänderungen erfolgen durch den Austausch von Wärme und Arbeit mit der Umgebung. Es gilt der Energieerhaltungssatz (*1. Hauptsatz der Thermodynamik*): Die Änderung der inneren Energie eines Systems setzt sich aus der Wärme und der an dem System geleisteten Arbeit zusammen.

Die Prinzipien des 1. Hauptsatzes sind bei vielen Vorgängen zu beobachten. Ein Beispiel: Klettert man die Leiter zu einer Rutsche hinauf, leistet man Arbeit gegen die Gravitationskraft und erhält eine Erhöhung der potentiellen Energie. Beim Rutschen wird diese in kinetische Energie umgewandelt. Die mechanische Reibung beim Rutschen wandelt einen Teil der Gesamtenergie aber in Wärmeenergie um. Oder: Ein großer Teil der elektrischen Energie wird durch Reibung im Glühfaden einer Glühlampe ebenfalls in Wärmeenergie umgewandelt. Energie geht also nicht verloren, sie ändert beim Transport von System zu System ihre Zustandsform.

Jedes geschlossene System strebt immer nach einem Höchstmaß an Unordnung. Diese Unordnung wird durch die physikalische Größe der *Entropie* beschrieben. Sie nimmt ihr Maximum im Gleichgewichtszustand des Systems an. In einem offenen System (z. B. die Sphären der Erde: Atmosphäre, Lithosphäre, Hydrosphäre u. v. m.) kann die Entropie auch abnehmen, allerdings immer auf Kosten einer mindestens gleich großen Zunahme der Entropie in der Umgebung (*2. Hauptsatz der Thermodynamik*). Pflanzen bilden z. B. aus CO_2, H_2O und Sonnenenergie organisches Material (ein Zustand niedrigerer Entropie). Auf der anderen Seite wird O_2 als Gas in die Atmosphäre abgegeben (höhere Entropie). Aus dem 2. Hauptsatz folgt weiter, dass nicht jede Energieform vollständig in die andere überführt werden kann: mechanische Energie kann vollständig in Wärmeenergie umgewandelt werden, umgekehrt jedoch nicht.

Mit abnehmender Temperatur nimmt die Bewegung einzelner Teilchen in festen Stoffen, Flüssigkeiten oder Gasen ab. Damit wird auch die Entropie kleiner und das System erreicht am absoluten Nullpunkt der Temperatur einen Zustand maximaler Ordnung. Dies besagt der *3. Hauptsatz der Thermodynamik*: Am absoluten Nullpunkt besitzt jeder Körper eine Entropie von Null.

Durch Wärmezufuhr bzw. -abfuhr, d. h. durch Änderung der inneren Energie des Systems, wird auch seine Temperatur verändert. Wärmeaufnahme bedeutet eine Temperaturerhöhung, Wärmeabgabe eine Temperaturerniedrigung. Wieviel Wärme pro Zeiteinheit unter Temperaturzunahme aufgenommen oder umgekehrt abgegeben wird, hängt jedoch von den thermodynamischen Eigenschaften des Stoffes ab (vgl. Kap. 6.1.2). Ein Beispiel: Vor dem Baden wird ein Badezimmer so lange geheizt, dass die Fliesen und die Badematte auf dem

Fußboden die gleiche Temperatur von 25°C haben. Stellt man sich dann aber barfuß mit dem einen Fuß auf die Matte und mit dem anderen auf die Fliesen, so fühlt sich die Matte warm und die Fliese kalt an. Der Grund ist natürlich, dass den normalerweise wärmeren Füßen von den Fliesen mehr Energie entzogen wird als von der Badematte.

Die Innere Energie eines Stoffes oder eines Systems ist nicht gleich der Temperatur, die Temperatur ist aber ein potentielles Maß für die innere Energie eines Stoffes. Zwei Systeme, die Wärme austauschen können, werden im thermischen Gleichgewicht immer die gleiche Temperatur haben (*0. Hauptsatz der Thermodynamik*). Dies ermöglicht die experimentelle Bestimmung der Temperatur eines Stoffes. Je nach Skala (°C, K oder andere) werden Eichpunkte zur Definition der Temperatur festgelegt, in der Regel sind dies der Tripel- und der Siedepunkt von Wasser.

Der *Tripelpunkt* ist der Punkt, an dem die feste, flüssige und gasförmige Phase im Gleichgewicht sind (Eis, Wasser, Dampf (Gas) bei 0°C und Normaldruck), am Siedepunkt tritt der Phasenübergang zum gasförmigen Zustand auf.

6.1.1 Temperaturskalen und Messung

Die heute gesetzlich verwendete *Kelvin-Temperaturskala* orientiert sich an zwei thermodynamischen Fixpunkten:

1. dem absolute Nullpunkt [0 K ≅ −273,16°C], an dem alle Bewegungen von Atomen und Molekülen eingefroren ist (die Innere Energie und Entropie des Systems sind Null), und
2. dem Tripelpunkt des Wassers [273,16 K ≅ 0°C].

Der absolute Nullpunkt ist praktisch nicht zu erreichen. Alle Temperaturänderungen oder Temperaturunterschiede werden nach der Kelvin-Skala in K angegeben.

Die heute übliche *Celsius-Skala* ist eine 100-teilige Skala zwischen dem Tripelpunkt von Wasser als 0°Celsius und dem Siedepunkt von Wasser bei Normaldruck als 100°Celsius. Eine Temperaturänderung von 1 Kelvin entspicht der Änderung von einem Grad nach der Celsius-Skala.

Die *Fahrenheit-Skala* wird noch häufig im englischsprachigen Raum (insbesondere in den USA) benutzt. Sie setzt den Gefrierpunkt von Wasser bei +32° Fahrenheit und den Siedepunkt bei +212° Fahrenheit fest und unterteilt die Spanne zwischen Gefrieren und Sieden in 180 Grade.

Als letzte Temperaturskala muss noch die früher in Frankreich verwendete *Réaumur-Skala* erwähnt werden, die heute kaum noch in Gebrauch ist, aber in älterer Literatur z.T. verwandt wurde. Bei dieser Einteilung hat der Gefrierpunkt des Wassers eine Temperatur von 0°Réaumur und der Siedepunkt bei Normaldruck von 80°Réaumur.

Die zur Umrechnung zwischen den verschiedenen Temperaturskalen notwendigen Formeln sind im Kapitel 2 aufgeführt.

Die Messung der Lufttemperatur erfolgt standardgemäß mit einem Thermometer. In der Regel ist dieses ein Flüssigkeitsthermometer, in dem sich eine in einem Vorratsbehälter befindende Flüssigkeit (Quecksilber oder Alkohol) in eine luftleere skalierte Kapillare entsprechend der Temperaturveränderung der Außenluft ausdehnt oder zusammenzieht. Internationales Standardinstrument zur Lufttemperaturmessung ist das aus zwei empfindlichen Quecksilberthermometern bestehende Aspirationspsychrometer. Durch Ventilation und Befeuchtung eines Thermometers kann infolge der durch Verdunstung, die Wärme verbraucht, entstehenden Abkühlung am Feuchtethermometer auch die Luftfeuchtigkeit bestimmt werden. Je trockener die Umgebungsluft ist, desto mehr Wasser am befeuchteten Thermometer kann verdunsten und damit der Luft Wärme entziehen. Dadurch wird die Temperaturdifferenz zwischen dem trockenen und dem feuchten Thermometer größer. Die Psychrometerformel zur Berechnung der Luftfeuchtigkeit aus der Trocken- und der Feuchttemperatur findet sich im Kapitel 9.

Beim Bimetall-Thermometer werden die temperaturabhängigen unterschiedlichen Ausdehnungskoeffizienten zweier verschiedener miteinander verschweißter Metallbleche benutzt. Die aus den unterschiedlichen Ausdehnungen entstehenden Bewegungen des Bimetalls werden auf eine Anzeige oder/und auf skalierte Schreibstreifen übertragen. Diese so genannten Deformationsthermometer müssen mit Hilfe der Flüssigkeitsthermometer geeicht werden, da ihre Bewegungen nur relative Temperaturunterschiede, aber keine absoluten Temperaturen anzeigen. Das bekannteste Messgerät, das auf diesem Prinzip beruht, ist der Thermograph.

Die besten Einsatzmöglichkeiten weisen elektrische Thermometer auf. Sie messen Temperaturveränderungen über den Umweg von Widerstandsänderungen in einem Leiter oder Spannungsänderungen an der Lötstelle zweier Metalle. Auch sie müssen zuvor geeicht werden, haben aber den Vorteil, dass sie für Fernmessungen und digitale Datenerfassung geeignet sind und sehr schnell auf Temperaturveränderungen reagieren. Elektrische Thermometer werden häufig in stadt- und geländeklimatischen Untersuchungen eingesetzt.

6.1.2 Thermodynamische Stoffkonstanten

Wir können die Wärmemenge, die ein Stoff aufnimmt, definieren, indem wir seine Temperaturänderung und seine Eigenschaft, wie er Wärme aufnimmt, betrachten. Diese Eigenschaft wird Wärmekapazität genannt:

$$\Delta Q = C \cdot \Delta T \tag{6.1}$$

Q Wärmemenge [J]
C Wärmekapazität [$J\,K^{-1}$]
T Temperatur [K]

Die umgesetzte Wärmeenergie ist gleich dem Produkt aus Wärmekapazität und Temperaturdifferenz. Umgekehrt wird die Wärmekapazität definiert als:

$$C = \frac{\Delta Q}{\Delta T} \tag{6.2}$$

Die Wärmekapazität eines Stoffes ist gleich dem Quotienten aus zugeführter Wärmeenergie und der dabei auftretenden Temperaturänderung. Praktisch vergleichbar sind die Wärmekapazitäten von Stoffen, wenn man die Temperaturerhöhung konstant auf 1 K hält und nur die dafür notwendige Wärmemenge in J betrachtet. Nimmt man noch die Masseneinheit des Stoffes dazu, ergibt sich die spezifische Wärmekapazität:

$$c_p = \frac{\Delta Q}{m \cdot \Delta T} \tag{6.3}$$

c_p spezifische Wärmekapazität [$J\,kg^{-1}K^{-1}$]
m Masse des Stoffes [kg]
T Temperatur [K]
Q Wärmemenge [J]

Die spezifische Wärmekapazität eines Stoffes gibt an, wieviel Wärmeenergie benötigt wird, um die Temperatur einer Masseneinheit des Stoffes um 1 K zu erhöhen. Damit wird die spezifische Wärme zu einer bedeutenden Stoffkonstanten. Wasser besitzt z.B. eine spezifische Wärme von 4,18 $J\,g^{-1}K^{-1}$, trockene Luft hingegen von 1,0 $J\,g^{-1}K^{-1}$. Dies heißt, dass man mit 4,18 J (= 1cal) 1 g Wasser um 1 K (bzw. °C) erwärmen kann, 1 g Luft jedoch um 4,18 K. Wenn man bedenkt, dass 1 g Wasser das Volumen von 1 cm^3, 1 g Luft jedoch von 813 cm^3 einnimmt, wird deutlich, wieviel mehr Energie notwendig ist, um Wasser im Vergleich zur Luft zu erwärmen.

Eine abgeleitete Stoffkonstante stellt die *Volumenwärme* (auch: *Wärmekapazitätsdichte*) dar:

$$\rho c = \rho \cdot \frac{\Delta Q}{m \cdot \Delta T} \tag{6.4}$$

ρ Dichte [$kg\,m^{-3}$]
ρc Volumenwärme [$J\,m^{-3}K^{-1}$]

Die Volumenwärme eines Stoffes ist das Produkt aus seiner Dichte und seiner spezifischen Wärmekapazität. Sie gibt analog zur spezifischen Wärmekapazität an, wieviel Wärmeenergie notwendig ist, um die Temperatur einer Volumeneinheit eines Stoffes um 1 K zu erhöhen. Für Wasser ergibt sich eine Volumenwärme von ρc = 4,18 $J\,cm^{-3}K^{-1}$, für Luft der Wert ρc = 0,0012 $J\,cm^{-3}K^{-1}$.

Stoff	c_p	Stoff	c_p	Stoff	c_p
Luft	1,00	Kupfer	0,42	Fensterglas	0,84
Wasser	4,18	Messing	0,38	Marmor	0,84
Eis	2,10	Aluminium	0,90	Holz, Eiche	2,40
Schnee	2,10	Stahl, V2A	0,51	Holz, Fichte	2,10
Wasserdampf	1,80	Beton	0,88	Kiefer	1,40
Benzin	2,00	Ziegel	0,92	Ton, trocken	0,88
Gummi	2,10	Bausandstein	0,71	Sand, trocken	0,84
				Granit	0,84

Tab. 6.1: Spezifische Wärmekapazitäten verschiedener Stoffe [in $J\,g^{-1}K^{-1}$]

Berechnet man z. B. nach $\Delta T = \frac{\Delta Q}{V \cdot \rho c}$, mit V = Volumeneinheit, die Temperaturerhöhung, die sich ergibt, wenn 1 cm³ Stoffvolumen die Wärmeenergie 4,18 J (= 1 cal) zugeführt wird, errechnet sich für Wasser eine Temperaturerhöhung von 1 K, für Luft jedoch von 3 398 K! Diese Unterschiede in den wesentlichen Stoffkonstanten Wärmekapazität bzw. Volumenwärme bedingen eine fundamentale Randbedingung für das Klimasystem: Wasser (der Ozean) erwärmt sich bei der gleichen eingestrahlten Energiemenge erheblich langsamer als Luft bzw. die Landoberfläche der Kontinente.

6.1.3 Wärmeübertragung

Die Übertragung von Wärme kann durch drei verschiedene Prozesse erfolgen:

- Wärmestrahlung
- Konvektion/Advektion
- Wärmeleitung

Die *Wärmestrahlung* erfolgt als Ausstrahlung bzw. Absorption energiereicher elektromagnetischer Wellen, wie es die Strahlungsgesetze (STEFAN-BOLTZMANN-Gesetz, KIRCHHOFF'sches Gesetz, vgl. Kap. 5.2) beschreiben. Einerseits beruht die Energiezufuhr der Erde hauptsächlich auf solarer Einstrahlung, andererseits gibt die erwärmte Erdoberfläche gemäß dem STEFAN-BOLTZMANN-Gesetz Wärmestrahlung ab.

Konvektion und *Advektion* bezeichnen den Transport von Wärme durch das Strömen in einem flüssigen oder gasförmigen Medium. So wird z. B. Wärme im Atlantik vom Golfstrom aus den Tropen in die Außertropen transportiert. Beim Aufsteigen eines durch die Oberflächenstrahlung erwärmten Luftpakets wird Wärme in große Höhen übertragen (Konvektion) bzw. eine erwärmte Luftmasse wird horizontal herangeführt (Advektion).

Wärmeleitung tritt dann auf, wenn zwei unterschiedlich temperierte Körper in Kontakt treten, z. B. der Kochtopf und die Herdplatte. Die Teilchen des einen Körpers übertragen durch Stöße Energie auf die Teilchen des anderen Körpers in Abhängigkeit des Temperaturgradienten.

Der *Wärmefluss* ist dann die pro Zeiteinheit übertragene Wärmemenge (in der Dimension der Leistung):

$$\Phi = \frac{Q}{t} \tag{6.5}$$

Φ Wärmefluss [J s⁻¹ = W]
Q Wärmemenge [J]
t Zeit [s]

Der Wärmefluss ist gleich der abgegebenen Wärmeenergie pro Zeitintervall.

Wenn man sich den realistischen Fall der Wärmeübertragung von einem Festkörper (z. B. dem Boden) in ein Gas (z. B. die Luft) vorstellt, so ist die ausgetauschte Wärme proportional zum Produkt aus der Oberfläche des Körpers, der Temperaturdifferenz zwischen Körper und Medium und der Zeitdauer.

Diese Proportionalität wird durch einen Faktor näher bestimmt, der Wärmeübergangszahl. Der Wärmefluss wird dann unter Einbeziehung der Wärmeübergangszahl definiert als:

$$Q = \alpha \cdot A \cdot (T_K - T_M) \cdot \Delta t \quad (6.6)$$

Q	Wärmemenge [J]
a	Wärmeübergangszahl [$W m^{-2} K^{-1}$]
A	Fläche Körper [m^2]
T_K	Temperatur Körper [K]
T_M	Temperatur Medium [K]
Δt	Zeitintervall [s]

Die von einem Körper in ein Medium geleitete Wärme ist gleich dem Produkt aus Fläche, Temperaturdifferenz, Zeit und der stoffspezifischen Wärmeübergangszahl.

Die Wärmeübergangszahl hängt auch von der Strömungsgeschwindigkeit des ableitenden Mediums ab. Je höher die Geschwindigkeit, desto stärker der Wärmeübergang (Größenordnung zwischen 10 $Wm^{-2}K^{-1}$ bei ruhender Luft und 100 $Wm^{-2}K^{-1}$ bei hohen Windgeschwindigkeiten). Die heiße Suppe kühlt schließlich auch schneller ab, wenn man auf ihre Oberfläche „pustet". Die Ursache liegt in höherer kinetischer Energie (höhere Stoßfrequenz mit Energieübertragung) der beteiligten Moleküle. Wenn sich beispielsweise am Nachmittag eine Bodenoberfläche von 1 m^2 auf 30 °C erwärmt, die Lufttemperatur 15 °C beträgt und eine geringe Windgeschwindigkeit vorliegt, ergibt sich in einer Minute dann eine Wärmeübertragung in die bodennahe Luftschicht von:

$$Q = 10 \mathrm{Wm}^{-2}\mathrm{K}^{-1} \cdot 1\mathrm{m}^2 \cdot 15\mathrm{K} \cdot 60\mathrm{s} = 9000\mathrm{J} = 9{,}0\mathrm{kJ}$$

Wärmeströme können nur vom wärmeren zum kälteren System fließen und zwar entlang des stärksten Temperaturgradienten (FOURIER'sche Regel). Nach dem Wärmeaustausch ergibt sich eine Mischungstemperatur nach der *RICHMANN'schen Mischungsregel*:

$$T_m = \frac{c_A m_A T_A + c_B m_B T_B}{c_A m_A + c_B m_B} \quad (6.7)$$

T_m	Mischungstemperatur [K]
c_A	spezifische Wärme Stoff A [$J kg^{-1} K^{-1}$]
c_B	spezifische Wärme Stoff B [$J kg^{-1} K^{-1}$]
m	Masse [kg]
T_A, T_B	Temperatur Stoffe A, B [K]

Im Zusammenhang mit der Wärmeleitung ist eine andere wichtige Stoffkonstante die *Wärmeleitfähigkeit.* Sie gibt an, wie gut ein Stoff Wärme pro Fläche, Zeitintervall und Temperaturdifferenz entlang einer Strecke ableitet:

$$l = \frac{Q \cdot s}{A \cdot \Delta t \cdot \Delta T} \tag{6.8}$$

l	Wärmeleitfähigkeit [$J m^{-1} s^{-1} K^{-1}$]
Q	Wärmemenge [J]
s	Streckenlänge [m]
A	Fläche [m^2]
Δt	Zeitintervall [s]
ΔT	Temperaturdifferenz [K]

Die Wärmeleitfähigkeit eines Stoffes ist gleich der Wärmemenge, die bei gegebener Temperaturdifferenz entlang einer Strecke pro Zeitintervall und Längeneinheit durch den Stoff geleitet wird.

Praktisch kann man sich diese Leitfähigkeit in $J cm^{-1} s^{-1} K^{-1}$ als die Wärmeenergie vorstellen, die in einem Würfel mit 1 cm Kantenlänge von einer Seite zur gegenüberliegenden Seite übertragen wird, wenn die Temperaturdifferenz 1 K beträgt.

Betrachten wir den Wärmestrom durch eine Wand, so ist das Verhältnis von Wandfläche und -dicke mit einzubeziehen:

$$Q = l \cdot \frac{A}{s} \cdot (T_A - T_B) \cdot \Delta t \tag{6.9}$$

Q	Wärmemenge [J]
L	Wärmeleitfähigkeit [$J m^{-1} s^{-1} K^{-1}$]
A	Wandfläche
S	Wanddicke
T_A	Temperatur innen [K]
T_B	Temperatur außen [K]
Δt	Zeitintervall [s]

Beispielsweise beträgt der Wärmeverlust durch eine 1 m^2 große, 5 mm dicke Fensterfläche bei einer Temperaturdifferenz von 20 K (innen – außen) pro Minute:

Stoff	l	Stoff	l	Stoff	l
Luft	0,025	Kupfer	372	Fensterglas	1,3
Wasser	0,6	Messing	113	Marmor	2,8
Eis	2,3	Stahl, V2A	14	Holz, Eiche	0,2
Schnee (neu – alt)	0,17 – 1,7	Asphalt	0,7	Holz, Fichte	0,1
Wasserdampf	0,01	Beton	4,6	Holz, Kiefer	0,1
Benzin	0,1	Ziegel	1,0	Ton, trocken	1,0
Styropor	0,03	Bausandstein	2,3	Sand, trocken	0,4
Gummi	1,7	Dachpappe	0,2	Granit	3,3

Tab. 6.2: Wärmeleitfähigkeiten verschiedener Stoffe [in $J m^{-1} s^{-1} K^{-1}$] bzw. [in $W m^{-1} K^{-1}$]

$$Q = 1{,}3\text{Wm}^{-1}\text{K}^{-1} \cdot \frac{1\text{m}^2}{0{,}005\text{m}} \cdot 20\text{K} \cdot 60\text{s} = 312\ \text{kJ}\ .$$

Während die Wärmekapazität ein Maß für die Fähigkeit eines Stoffes ist, Wärme aufzunehmen, ist die Wärmeleitfähigkeit ein Maß für die Fähigkeit, Wärme weiterzuleiten. Stoffe mit geringer Wärmeleitfähigkeit sind somit gute Wärmeisolatoren. Wasser hat eine hohe spezifische Wärmekapazität, nimmt also Wärme schlecht auf, leitet sie aber gut weiter. Bei der Luft ist es genau umgekehrt, sie wirkt als guter Isolator. Auf diesen Unterschieden, genauer auf den unterschiedlichen Wärmekapazitäten und Temperaturleitfähigkeiten von Wasser und Luft basieren die großen klimatischen Unterschiede zwischen den Ozeanen und Kontinenten.

Die Fähigkeit, Temperaturunterschiede auszugleichen, ergibt sich aus dem Verhältnis von Wärmeleitfähigkeit und Volumenwärme. Bevor die Wärme in einem Medium geleitet wird, muss erst seine Volumenwärmekapazität erfüllt sein. Die *Temperaturleitfähigkeit*

$$a = \frac{l}{\rho c} \qquad (6.10)$$

a	Temperaturleitfähigkeit [$m^2 s^{-1}$]
l	Wärmeleitfähigkeit [$J\,m^{-1} s^{-1} K^{-1}$]
ρc	Volumenwärme [$J\,m^{-3} K^{-1}$]

ist gleichsam ein Ausdruck dafür, wie schnell sich ein Temperaturausgleich bei Wärmeleitung in einem Stoff einstellt. Für Wasser ergibt sich eine Temperaturleitfähigkeit von 5,17 $cm^2 h^{-1}$, für Luft je nach Dichte ein Wert von 580–720 $cm^2 h^{-1}$!

6.1.4 Aggregatzustände und latente Wärme

Erwärmt man Eis, schmilzt es zu Wasser bei 0°C. Erhitzt man Wasser unter Normaldruck bis zum Siedepunkt (100°C), so erhöht sich die Temperatur zunächst nicht weiter, sondern das Wasser verdampft. Solche Veränderungen der inneren Struktur einer Substanz, verbunden mit Energiesprüngen, bezeichnet man als *Phasenübergänge*. Es handelt sich dabei um Übergänge zwischen den drei *Aggregatzuständen* fest, flüssig und gasförmig (vgl. auch Abb. 9.1 im Kap. 9).

Feste Körper besitzen eine große innere Ordnung (kleine Entropie), z. B. Kristallgitter mit fester Gestalt, definierter Oberfläche und festem Volumen. Umwandlungen von Kristallgittern ohne Phasenübergang sind möglich, wenn sich der Druck ändert (z. B. sind bei Drücken von 1–8 000 bar sechs verschiedene Eismodifikationen bekannt). In der flüssigen Phase besteht keine feste Ordnung mehr. Die Oberfläche und das Volumen einer Flüssigkeit sind definiert, nicht aber die Form. In der Gasphase schließlich besteht keine innere Ordnung mehr (maximale Entropie), der Körper hat keine Oberfläche und nimmt jedes beliebige Volumen an.

Wichtig ist für jeden Phasenübergang, dass dabei Wärmeenergie umgesetzt wird. Normalerweise ist die Wärmezunahme oder -abgabe nach der Beziehung $\pm\Delta Q = c \cdot \Delta T$ der Wärmekapazität und der Temperaturveränderung proportional, am Phasenübergang bleibt aber die

Temperatur konstant, und die Wärmekapazität wird unendlich, sie „divergiert". Zum Schmelzen muss für den Phasenübergang fest–flüssig Schmelzwärme zugeführt werden. Ihr Betrag ist für Eis mit 333,2 $J g^{-1}$ relativ gering. Zum Verdampfen (Phasenübergang flüssig–gasförmig) muss Verdampfungswärme zugeführt werden. Unter Normaldruck nimmt die notwendige Verdampfungswärme ab dem Tripelpunkt des Wassers mit zunehmender Temperatur linear ab, bis die kritische Temperatur von 373 K (= 100 °C) erreicht wird, bei der der Wärmegehalt des Wassers so hoch ist, dass keine weitere Wärmezufuhr mehr notwendig ist. Am Tripelpunkt sind zum Verdampfen 2 495 $J g^{-1}$ nötig, bei 30 °C noch 2 320 $J g^{-1}$ und am Siedepunkt des Wassers 2 254 $J g^{-1}$. Diese Prozesse sind reversibel. Bei der Umkehrung wird der gleiche Energiebetrag wieder an die Umgebung abgegeben. Beim Phasenübergang Gas–Flüssigkeit wird Kondensationswärme frei, beim Erstarren (flüssig–fest) die Erstarrungs- oder Kristallisationswärme. Es ist auch möglich, dass ein Festkörper direkt in die Gasphase überführt wird (Sublimation). Die hierfür notwendige Sublimationswärme ist gleich der Summe aus Schmelz- und Verdampfungswärme bei der jeweils gleichen Temperatur (vgl. Kap. 9).

Die oben aufgezählten Wärmeenergieumsätze treten nur auf, wenn ein Stoff seinen Aggregatzustand ändert, nicht aber innerhalb eines bestehenden Systemzustandes (Phase). Die Wärme tritt gleichsam nur bei Phasenumwandlungen in „Erscheinung". Deswegen werden diese Wärmen als *latente Wärme* bezeichnet. Latente Wärme kann deshalb bei Temperaturmessungen nicht direkt bestimmt werden. Misst man z. B. die Lufttemperatur bei Dampfsättigung und nach dem Auskondensieren, so steigt sie wegen der Abgabe der Kondensationswärme an. Dieser Effekt spielt eine wichtige Rolle bei der vertikalen Temperaturabnahme mit und ohne Wolkenschicht: oberhalb des Kondensationsniveaus wird durch Tröpfchenkondensation in der Wolke Kondensationswärme frei und die Temperaturabnahme ist oberhalb des Kondensationsniveaus geringer als in der trockenen Luft darunter. Daraus resultieren die unterschiedlichen adiabatischen Temperaturgradienten (vgl. Kap. 6.3.2).

In der Klimatologie ist daneben der Begriff der *fühlbaren Wärme* gebräuchlich. Darunter wird die unmittelbare Wärmeleitung von der Erdoberfläche in die Atmosphäre und der (mess- und „fühlbare") Wärmegehalt der Luft verstanden, der sich ergibt, wenn durch Kondensationsprozesse latente Wärme freigesetzt wird. Der gesamte Wärmeenergiegehalt eines Luftpaketes ergibt sich aus der Summe von latenter und fühlbarer Wärme. Verdunstung und der Strom fühlbarer Wärme sind über dem Land von gleicher Größenordnung, über dem Meer macht die Verdunstung in Form von latenter Wärme jedoch 90 % der Wärmeabgabe in die Atmosphäre aus. Im globalen Mittel ergeben sich für die Ströme von latenter und fühlbarer Wärme Näherungen von 70–90 $W m^{-2}$ bzw. 30–40 $W m^{-2}$.

6.1.5 Potentielle Temperatur und Äquivalenttemperatur

Der Begriff der *potentiellen Temperatur* umfasst ein Maß für die Summe aus potentieller und innerer Energie eines Luftpaketes, d. h. seine Lageenergie im Gravitationsfeld in einer bestimmten Höhe und seinen Wärmeenergiegehalt. Sinnvoll ist die Verwendung der potentiellen Temperatur dann, wenn unabhängig von ihrer Höhenlage die Energiegehalte verschiedener Luftpakete verglichen werden sollen. Demnach ist die potentielle Temperatur definiert als die Temperatur, die ein Luftpaket annehmen würde, wenn es trockenadiabatisch auf den

Normaldruck von 1 013 hPa (Meereshöhe) gebracht würde. Bei solchen Höhenverschiebungen (Aufsteigen, Absinken) ändert sich adiabatisch (keine Wärmezufuhr) die potentielle Temperatur nicht, während die aktuelle Lufttemperatur sinkt oder steigt. In dem Maße, wie beim Absinken bis auf Meereshöhe der innere Wärmeenergiegehalt des Luftpaketes zunimmt, nimmt seine potentielle Energie ab. Anders ausgedrückt: Bei adiabatischen Prozessen ist die Summe aus thermischer und potentieller Energie eine Erhaltungsgröße. Der Zusammenhang von aktueller Temperatur und potentieller Temperatur ergibt sich zu:

$$\Theta = T \cdot \left(\frac{p_0}{p} \right)^{0,286} \qquad (6.11)$$

Θ	potentielle Temperatur [K]
T	aktuelle Temperatur [K]
p_0	Normaldruck [hPa]
p	aktueller Druck [hPa]

Befindet sich ein Luftpaket auf einem Druckniveau mit $p < p_0$ (in einer bestimmten Höhenlage über NN), so liegt die potentielle Temperatur wegen des höheren potentiellen Energiegehaltes immer höher als die aktuelle Temperatur. Eine Lufttemperatur von 15°C in der Höhe des 800 hPa-Niveaus entspricht demnach einer potentiellen Temperatur von 35,1°C.

Die *Äquivalenttemperatur* ist eine fiktive Größe, die nicht gemessen, sondern nur berechnet werden kann. Die in der Wasserdampfkomponente der Luft gebundene latente Verdampfungswärme trägt nichts zum temperaturmäßig erfassbaren Wärmegehalt der Luft bei, erst bei Kondensation tritt als „fühlbarer“ Wärmeumsatz eine Temperaturerhöhung der Umgebungsluft ein. Die fühlbare, als Lufttemperatur messbare Wärme ergibt sich aus der Differenz des Gesamtwärmeinhalts und der latenten Wärme der Luft. Die Gesamtwärme wird ausgedrückt über die Äquivalenttemperatur, die neben dem fühlbaren Wärmegehalt der Luft (der Temperatur) auch den latenten Wärmeanteil mit einbezieht. Damit ist die Äquivalenttemperatur die Temperatur, die sich einstellt, wenn der gesamte in der Luft enthaltene Wasserdampf auskondensiert ist. Die Äquivalenttemperatur ist ein brauchbares Maß für die Wärmebelastung des Menschen, da sie fühlbare und latente Wärme berücksichtigt.

In der Bioklimatologie ist eine einfache Faustformel zur Berechnung der Äquivalenttemperatur gebräuchlich:

$$t_{ae} \approx t + 1{,}5\ (\mathrm{Grad} \cdot \mathrm{hPa}^{-1}) \cdot e \qquad (6.12)$$

t_{ae}	Äquivalenttemperatur [Grad]
t	Temperatur [°C]
e	aktueller Dampfdruck [hPa]

Die Kombination von fühlbarer und latenter Wärme spielt eine entscheidende Rolle für den Wärmehaushalt des Menschen, der nicht nur durch Abstrahlung von der Hautoberfläche, sondern vor allem durch Körperverdunstung reguliert wird. Hohe Temperaturen in Verbindung mit einem hohen Feuchtegehalt der Luft behindern die Wärmeabgabe und führen zu einem Gefühl der Schwüle. Die Äquivalenttemperatur kann somit auch als Schwülemaß angesehen werden. Eine Äquivalenttemperatur von mehr als 49–56° (je nach Autor) wird als belastend empfunden, sie stellt einen Schwellenwert zum Warm-Diskomfort dar. Abbildung 6.1 verdeutlicht die Grenze zwischen Behaglichkeit und Schwüle oder Wärme-Diskomfort in Abhängigkeit von verschiedenen Temperatur- und Feuchtigkeitswerten.

Da die Äquivalenttemperatur bioklimatisch von Bedeutung ist, sei eine vollständige Berechnung bei Auskondensieren des Wasserdampfs nach LINKE und BAUR (1970) angegeben.

$$t_{ae} = t + \Delta t \tag{6.13}$$

Die Äquivalenttemperatur ist die Summe aus Lufttemperatur t [in °C] und der Temperaturänderung Δt bei Auskondensieren des Wasserdampfs. Die physikalische Formel zur Berechnung der Äquivalenttemperatur greift auf verschiedene Begriffe aus dem Kapitel 9 (Wasser in der Atmosphäre) vor:

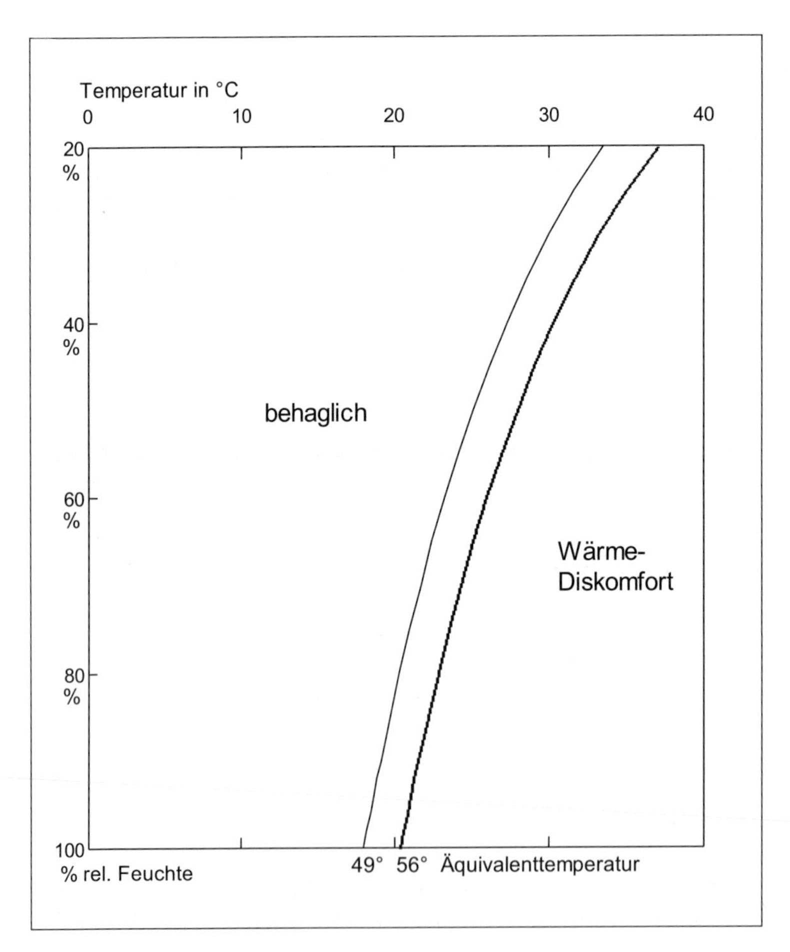

Abb. 6.1: Äquivalenttemperatur in Abhängigkeit von der Lufttemperatur (fühlbare Wärme) und der relativen Luftfeuchtigkeit (latente Wärme)

$$t_{ae} = \frac{r_0}{a} \cdot \left[1 - \left(1 - \frac{a}{r_0} \cdot t \right) \cdot \left(1 + \frac{c_{pWg}}{c_{pL}} \cdot M \right)^{\alpha} \right] \quad (6.14)$$

t	Temperatur [°C]
r_0	Verdampfungswärme Wasser bei 0°C (2 499 J g^{-1})
a	Änderung der Verdampfungswärme mit der Temperatur = $-\frac{\Delta r}{\Delta t}$ = 2,377 J g^{-1} °C^{-1} für t > 0°C
c_{pWg}	Wärmekapazität Wasserdampf (1,84 J g^{-1}K^{-1})
c_{pW}	Wärmekapazität Wasser (4,18 J g^{-1}K^{-1})
c_{pL}	Wärmekapazität Luft (1,0 J g^{-1}K^{-1})
M	Mischungsverhältnis der Luft

$$= \frac{\text{Dichte Wasserdampf}}{\text{Dichte trockene Luft}} \cdot \frac{\text{aktueller Dampfdruck}}{\text{Luftdruck - aktuellem Dampfdruck}}$$

$$= 0{,}622 \cdot \frac{e}{p - e}$$

$$\alpha \quad = \frac{c_{pWg} - c_{pW}}{c_{pWg}} = -1{,}3$$

Nehmen wir an, bei einer Lufttemperatur von 21 °C und einer Luftfeuchtigkeit von 75 % beträgt der Dampfdruck 18,68 hPa (vgl. Gl. 9.2 und 9.6). Nach der Faustformel 6.12 ergibt dieses eine Äquivalenttemperatur von $t_{ae} \approx 21° + 1{,}5 \cdot 18{,}68° = 49°$. Nach der physikalisch begründeten Gleichung 6.14 errechnet sich die Äquivalenttemperatur bei Normaldruck (p = 1 013 hPa) so:

$$t_{ae} = \frac{2499 \text{Jg}^{-1}}{2{,}377 \text{Jg}^{-1} °\text{C}^{-1}} \cdot \left[1 - \left(1 - \frac{2{,}377 \text{Jg}^{-1} °\text{C}^{-1}}{2499 \text{Jg}^{-1}} \cdot 21 °\text{C} \right) \cdot \left(1 + \frac{1{,}84 \text{ Jg}^{-1}\text{K}^{-1}}{1{,}0 \text{ Jg}^{-1}\text{K}^{-1}} \cdot 0{,}622 \frac{18{,}68 \text{hPa}}{1013 \text{hPa} - 18{,}68 \text{hPa}} \right)^{-1{,}3} \right]$$

$$= 1051{,}3252 °\text{C} \cdot \left[1 - (0{,}98) \cdot (1 + 0{,}0215)^{-1{,}3} \right] = 1051{,}3252 °\text{C} \cdot 0{,}04673 = 49{,}1 \text{Grad}$$

Die Ergebnisse der Faustformel 6.12 und der pysikalischen Formel 6.14 stimmen somit fast exakt überein.

6.2 Horizontale Lufttemperaturverteilung

Die Verteilung der Lufttemperaturen auf der Erdoberfläche ist abhängig von der Einstrahlung entsprechend der Breitenlage auf der Erdkugel sowie regionalen Besonderheiten wie Land/Meer-Verteilung, Höhenlage, Exposition und Vegetation oder anthropogener Bodenbedeckung.

6.2.1 Die Temperaturverteilung der Erde

Entsprechend der unterschiedlichen Einstrahlungsverhältnisse auf der Erde nimmt die Lufttemperatur vom Äquator zu den Polen hin ab. Abbildung 6.2 zeigt die Verteilung der Luft-

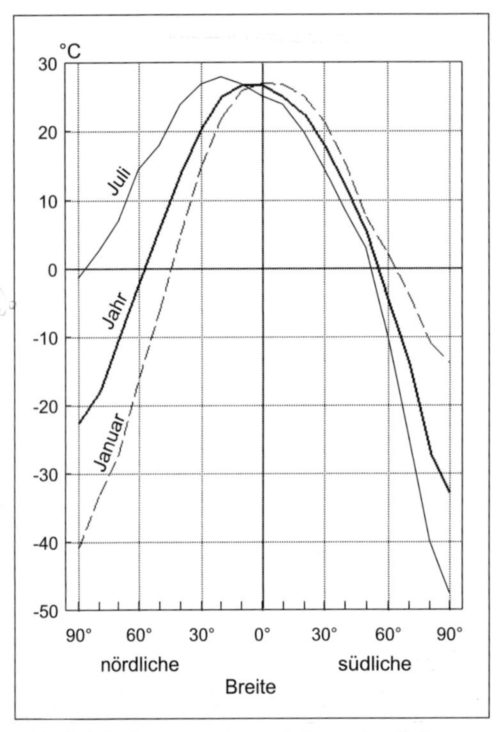

Abb. 6.2: Lufttemperaturverteilung der Erde (Meridionalschnitt)
Quelle: nach LILJEQUIST/KALEK 1984

temperaturen als Breitenkreismittelwerte für das Jahr, den Nordwinter (Januar) und den Nordsommer (Juli). Trotz der symmetrischen Abnahme der Globalstrahlung mit zunehmender Entfernung vom Äquator sind die Temperaturverhältnisse auf den beiden Halbkugeln nicht gleich. Die Südhalbkugel ist im Mittel kälter als die Nordhalbkugel und das Maximum der Temperaturmonatsmittel liegt zu allen Jahreszeiten auf der Nordhalbkugel. Dieser so genannte thermische Äquator bewegt sich zwischen 0° und 20° nördlicher Breite und liegt im Mittel bei 10° nördlicher Breite. Ursache sind die größeren Landmassen auf der Nordhalbkugel, die sich aufgrund der geringeren Wärmekapazität stärker als die Meere aufheizen, und die extreme Kältesenke der Antarktis. Über die ausgedehnten Eisflächen der Antarktis mit ihren hohen Albedowerten und damit extrem negativer Strahlungsbilanz reicht der Kälteeinfluss bis in die hohen Mittelbreiten der Südhalbkugel. Die mittleren Temperaturen im Südwinter (Juli) erreichen am Südpol fast −50 °C, während sie am Nordpol im Nordwinter (Januar) nur bei rund −40 °C liegen.

Großräumigen Einfluss auf die Temperaturverteilung der Erde haben auch die warmen und kalten Meeresströmungen. Entlang des Nordatlantiks reichen wegen des warmen Golfstromes relativ hohe Temperaturen bis in die Arktis. Im Winter der jeweiligen Halbkugel sind die küstennahen Landteile relativ warm durch die Wärmezufuhr der Ozeane, während das Innere der Kontinente stark auskühlt. Im Sommer dagegen steigen die Temperaturen in den inneren Gebieten der Kontinente stark an und die Küstenregionen werden durch die aufgrund der hohen Wärmekapazität des Wassers relativ kalten Meere gekühlt. Kontinentales Klima zeichnet sich also durch eine hohe Jahresamplitude der Temperaturen aus, maritimes Klima zeigt einen gedämpften Jahresgang der Lufttemperatur.

6.2.2 Extremtemperaturen auf der Erde

Die Punkte höchster bzw. niedrigster Lufttemperaturen sind nicht zwingend an die Orte der maximalen bzw. minimalen Einstrahlung gebunden, sondern ergeben sich aus dem Zusammenspiel aller Klimafaktoren.

Das Erreichen extrem hoher Lufttemperaturen setzt eine ungehinderte, nahezu senkrechte Einstrahlung bei trockener Luft voraus. Diese Bedingungen erfüllen die Hochdruckgebiete

Höchste Lufttemperatur (2 m über Boden gemessen)		Tiefste Lufttemperatur (2 m über Boden gemessen)	
der Erde	Deutschlands	der Erde	Deutschlands
58,0°C Libysche Wüste (13.09.1922)	39,6°C Neustadt, 146 m ü NN (1952)	-92,0°C Antarktis, 3 000 m ü NN (25.08.1958)	-37,8°C Hüll, 438 m ü NN (1929)

Tab. 6.3: Extremtemperaturen auf der Erde

um die Wendekreise nördlich und südlich des Äquators. In den Bereichen des hohen Luftdrucks verhindert das Absinken der Luftmassen eine konvektive Wolkenbildung. Das Ergebnis sind die trockenen und heißen Wüsten der Sahara, der Arabischen Halbinsel und des Iran. Die höchste, jemals auf der Erde gemessene Lufttemperatur erreichte 58,0°C, erfasst in der Libyschen Wüste am 13.09.1922. Gering fällt dagegen die höchste anerkannte in Deutschland gemessene Lufttemperatur aus. Sie liegt bei nur 39,6°C, gemessen im Jahr 1952 an der Klimastation Neustadt an der Weinstraße. Voraussetzung für die Anerkennung eines Hitzerekordes in Deutschland ist die Messung der Lufttemperatur in 2 m Höhe über einer Rasenfläche. Auf den südexponierten Hängen der deutschen Weinbaugebiete wurden über dunklem Schieferboden schon höhere Lufttemperaturen erreicht.

Der Kältepol der Erde liegt in der Antarktis. Hier fallen geringste Einstrahlungswerte zusammen mit hohen Albedowerten aufgrund der Eisbedeckung, mit langen Ausstrahlungsnächten, trockener Luft und einer Höhenlage von 3 000 – 4 000 m ü NN. Die ostantarktische Forschungsstation Wostok registrierte am 25.08.1958 eine Lufttemperatur von -92,0°C. Auf der Nordhalbkugel werden die tiefsten Lufttemperaturen über dem grönländischen Inlandeis und in Ostsibirien erreicht. Sie sind vergleichsweise milde mit nur rund –66 bis –77 °C. In Deutschland wurde 1929 in Hüll (Fränk. Schweiz) der Temperaturminimum-Rekord mit –37,8 °C erreicht.

6.3 Vertikale Lufttemperaturverteilung

6.3.1 Vertikales Temperaturprofil der Atmosphäre

Die Lufttemperatur ist eine höhenabhängige Größe. Da die Lufttemperatur ein Maß der inneren Energie der Luft und damit Ausdruck der Molekularbewegungen innerhalb des Gases ist, ist sie abhängig von Druckänderungen, die die Intensität der Molekularbewegungen verändern. Zum Zusammenhang zwischen Druck, Volumen und Temperatur siehe Kapitel 7 (Luftdruck). Sinkt mit zunehmender Höhe der Luftdruck, so nimmt das Volumen des aufsteigenden Luftpaketes zu und die Intensität der Molekularbewegungen wird geringer, was ein Absinken der Lufttemperatur zur Folge hat.

Im Kapitel 4.1 zeigt die Abbildung 4.1 die Vertikalstruktur der Atmosphäre mit den entsprechenden Temperaturänderungen. Aufgrund des Strahlungshaushaltes der Erde lassen sich die unteren Atmosphärenschichten nach ihrem Temperaturverhalten in die Troposphäre und die Stratosphäre teilen. In der Troposphäre wirkt wegen der Erdnähe die Erwärmung der Luftschichten von der Bodenoberfläche aus. Hier nimmt die Lufttemperatur mit zunehmender

Entfernung zur Erdoberfläche nahezu linear ab. Ab einer Höhe von 8–10 km in den Polargebieten und 17–18 km in den Tropen enden die thermisch bedingten Vertikalbewegungen der unteren Atmosphäre, die Stratosphäre zeichnet sich durch ein konstantes vertikales Temperaturprofil aus. Ab einer Höhe von etwa 25 km kommt es zu einer externen Beeinflussung der Lufttemperatur. Im Übergangsbereich Stratosphäre/Mesosphäre führt die Anreicherung mit Ozon durch Strahlungsabsorption zur Erwärmung der Luftschichten. Im weiteren Verlauf der Mesosphäre, oberhalb der Ozonschicht, führen Vertikalbewegungen erneut zu einer starken Abnahme der Temperaturen. Die Zusammensetzung der Luft ändert sich oberhalb der Mesopause durch die extreme kurzwellige Einstrahlung stark, es kommt zur Ionisierung der Luft. Als Folge nehmen die Temperaturen auf bis zu 2 000 °C zu.

6.3.2 Temperaturadiabaten

Adiabatische Vorgänge beschreiben Vertikalbewegungen, bei denen Energie weder zu- noch abgeführt wird. Bei adiabatischen Prozessen ist die Summe aus thermischer und potentieller Energie eine Erhaltungsgröße. Die *adiabatischen Temperaturgradienten* ergeben sich aus dem Umstand, dass beim Aufsteigen ein Luftpaket Arbeit gegen das Gravitationspotential verrichten muss. Die dazu aufzuwendende Energie wird aus der Wärmeenergie des Paketes bezogen und äußert sich in einer Temperaturabnahme. Durch die abnehmenden Lufttemperaturen kommt es je nach Feuchtegehalt der Luft ab einer bestimmten Aufstiegshöhe zur Kondensation. Da beim Kondensationsvorgang Wärme frei wird (vgl. Kap. 6.1.4), verringert sich der Betrag der Temperaturabnahme pro Höhenschritt. Unterhalb des Kondensationsniveaus spricht man vom *trockenadiabatischen Temperaturgradienten*, darüber vom *feuchtadiabatischen Temperaturgradienten*. Für die trockenadiabatische Temperaturabnahme ergibt sich:

$$\frac{dT}{dz} = -\frac{g}{c_p} = -\frac{9{,}81\,\mathrm{ms}^{-2}}{1004\ \mathrm{J\,kg}^{-1}\ \mathrm{K}^{-1}} = -0{,}0098\ \mathrm{K\ m}^{-1} \approx -0{,}01\ \mathrm{K\ m}^{-1} \tag{6.15}$$

g Erdbeschleunigung [m s^{-2}]
c_p spezifische Wärmekapazität der Luft [J kg^{-1}K^{-1}]

Ohne Kondensationsprozesse nimmt die Temperatur trockenadiabatisch mit der Höhe um rund 1 K pro 100 m ab.

Die Ableitung des feuchtadiabatischen Temperaturgradienten gestaltet sich wesentlich komplexer, da hier die der abnehmenden Lufttemperatur entgegenwirkende Erwärmung durch die freiwerdende Verdampfungswärme des Wassers berücksichtigt werden muss. Kompliziert wird die Berechnung, da die Verdampfungswärme des Wassers temperaturabhängig und die spezifische Wärmekapazität der Luft druck- und dichteabhängig ist. Die folgende Formel nach LINKE und BAUR (1970) dient der Berechnung des feuchtadiabatischen Temperaturgradienten:

$$\left(\frac{dT}{dz}\right)_{feucht} = -\frac{g}{c_p} \cdot \frac{p + 0{,}622 \cdot \frac{r}{c_p - c_v} \cdot \frac{E}{T}}{p + 0{,}622 \cdot \frac{r}{c_p} \cdot \frac{dE}{dT}} \tag{6.16}$$

g	Erdbeschleunigung [$m\,s^{-2}$]
c_p	spezifische Wärmekapazität der Luft bei konstantem Druck [= 1 004 $J\,kg^{-1}K^{-1}$]
c_v	spezifische Wärmekapazität der Luft bei konstanter Dichte [= 719 $J\,kg^{-1}K^{-1}$]
p	Luftdruck in der Höhe des Kondensationsniveaus [hPa]
r	spezifische Verdampfungswärme des Wassers [$J\,g^{-1}$] [r = 2 502 $J\,g^{-1}$ – 2,72 $J\,g^{-1}°C^{-1}$ · t] mit t = Lufttemperatur [°C] in der Höhe des Kondensationsniveaus
E	Sättigungsdampfdruck in Höhe des Kondensationsniveaus [hPa]
T	Lufttemperatur in Höhe des Kondensationsniveaus [K]

In der Höhe des Kondensationsniveaus habe die Luft eine Temperatur von 10 °C, der dazugehörige Sättigungsdampfdruck liegt bei 12,3 hPa (zur Berechnung des Sättigungsdampfdruckes vgl. Gl. 9.4), der Luftdruck bei 1 000 hPa. Damit errechnet sich nach der Gleichung 6.16 ein feuchtadiabatischer Temperaturgradient von:

$$\left(\frac{dT}{dz}\right)_{feucht} = -0{,}0098\ \mathrm{K\,m^{-1}} \cdot \frac{1000\ \mathrm{hPa} + 0{,}622 \cdot \dfrac{2475\ \mathrm{J\,g^{-1}}}{0{,}285\ \mathrm{J\,g^{-1}\,K^{-1}}} \cdot \dfrac{12{,}3\ \mathrm{hPa}}{283{,}16\ \mathrm{K}}}{1000\ \mathrm{hPa} + 0{,}622 \cdot \dfrac{2475\ \mathrm{J\,g^{-1}}}{1{,}004\ \mathrm{J\,g^{-1}\,K^{-1}}} \cdot 0{,}8\ \mathrm{hPa\,K^{-1}}}$$

$$\Leftrightarrow \left(\frac{dT}{dz}\right)_{feucht} = -0{,}0098\ \mathrm{K\,m^{-1}} \cdot \frac{1000\ \mathrm{hPa} + 234{,}6\ \mathrm{hPa}}{1000\ \mathrm{hPa} + 1226{,}7\ \mathrm{hPa}} = -0{,}0098\ \mathrm{K\,m^{-1}} \cdot 0{,}5545 = \mathbf{0{,}0054\ K\,m^{-1}}$$

Je nachdem, welche Lufttemperatur in der Höhe des Kondensationsniveau herrscht, liegt der feuchtadiabatische Temperaturgradient zwischen 0,5 K und 0,6 K pro 100 m Höhenzunahme und ist damit deutlich geringer als der trockenadiabatische Temperaturgradient.

6.3.3 Schichtungszustände

Die *Schichtungszustände der Atmosphäre* werden differenziert nach der Abnahme der Lufttemperatur mit der Höhe. Folgt die Temperaturabnahme dem trockenadiabatischen oder oberhalb des Kondensationsniveaus dem feuchtadiabatischen Temperaturgradienten, so spricht man von einer *neutralen Schichtung*. Häufig weicht aber die Temperaturabnahme von den adiabatischen Gradienten ab. Findet beispielsweise durch eine hohe Einstrahlung eine sehr starke Überhitzung des Bodens statt, der die darüber liegenden unteren Luftschichten ebenfalls aufheizt, so kann die Temperaturabnahme pro 100 m Höhendifferenz deutlich über 1 K liegen. In diesem Fall spricht man von einer *labilen Luftschichtung*. Andererseits kann die Temperaturabnahme mit der Höhe auch deutlich unter den adiabatischen Gradienten liegen, insbesondere wenn die Ein- und Ausstrahlung und damit die Aufheizung vom Boden und der Wärmeverlust beispielsweise durch Wolken behindert wird. In diesem Fall spricht man von einer *stabilen Luftschichtung*.

Ein Extremfall der stabilen Schichtung kann durch die starke nächtliche Auskühlung der bodennahen Luftschichten entstehen. Diese unteren Luftschichten können sich im Verlauf der Nacht so stark abkühlen, dass das kalte, stabil geschichtete Luftpaket eine gewisse Mächtigkeit erreicht und an seiner Obergrenze eine Temperaturzunahme eintritt. Eine Zunahme der

Lufttemperaturen mit der Höhe nennt man Temperaturinversion. Eine andere Ursache für eine Temperaturinversion kann das Aufgleiten von herangeführter Warmluft auf die vor Ort liegende Kaltluft sein. Im ersten Fall spricht man von einer *Bodeninversion* oder nach der Ursache benannt von einer Strahlungsinversion, im zweiten Fall von einer *Höheninversion* oder advektiven (herangeführten) Inversion. Abbildung 6.3 zeigt schematisch die möglichen vertikalen Temperaturprofile bei neutraler, labiler, stabiler Schichtung und bei Boden- und Höheninversion.

Es wird deutlich, welche Bedeutung die Schichtungszustände für den Luftaustausch haben. In der Abbildung 6.3 ist eine Ausgangstemperatur am Boden von 20 °C angesetzt, die relative Luftfeuchtigkeit soll bei 60 % liegen. Damit wird das Kondensationsniveau in einer Höhe von 800 m über dem Boden erreicht, ab hier erfolgt die Abkühlung feuchtadiabatisch. Ein aufsteigendes Luftpaket wird sich immer entsprechend den physikalischen Gesetzen nach dem trocken- bzw. feuchtadiabatischen Temperaturgradienten abkühlen. Diese Abkühlung entspricht dem vertikalen Temperaturgradienten einer neutral geschichteten Atmosphäre. Ein aufsteigendes Luftpaket hätte in diesem Fall immer die gleiche Temperatur wie die Umgebungsluft. Ohne einen externen Anschub, Turbulenz oder Konvektion, bleibt das Luftpaket im Gleichgewicht mit der Umgebungsluft, ohne Auf- oder Abwärtsbewegung.

Anders sieht es im Fall einer labilen Luftschichtung aus (Abb. 6.3 a). Da der adiabatische Temperaturgradient geringer ist als die vertikale Temperaturabnahme der labil geschichteten Luft, hat ein aufsteigendes Luftpaket immer eine höhere Temperatur als die Umgebungsluft der entsprechenden Höhe. Warme Luft aber ist aufgrund der geringeren Dichte leichter als kalte Luft. Das relativ zur Umgebungsluft warme Luftpaket erhält dadurch einen ständig wachsenden Auftrieb. Labile Luftschichtungen unterstützen demnach den vertikalen Luftaustausch.

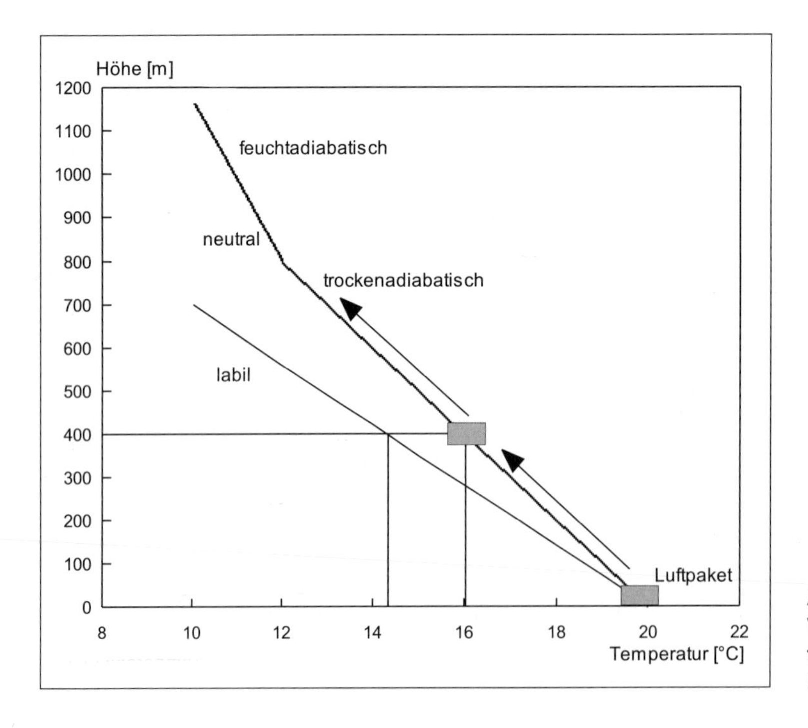

Abb. 6.3 a: Vertikales Temperaturprofil bei labiler Luftschichtung

Abb. 6.3b: Vertikales Temperaturprofil bei stabiler Luftschichtung

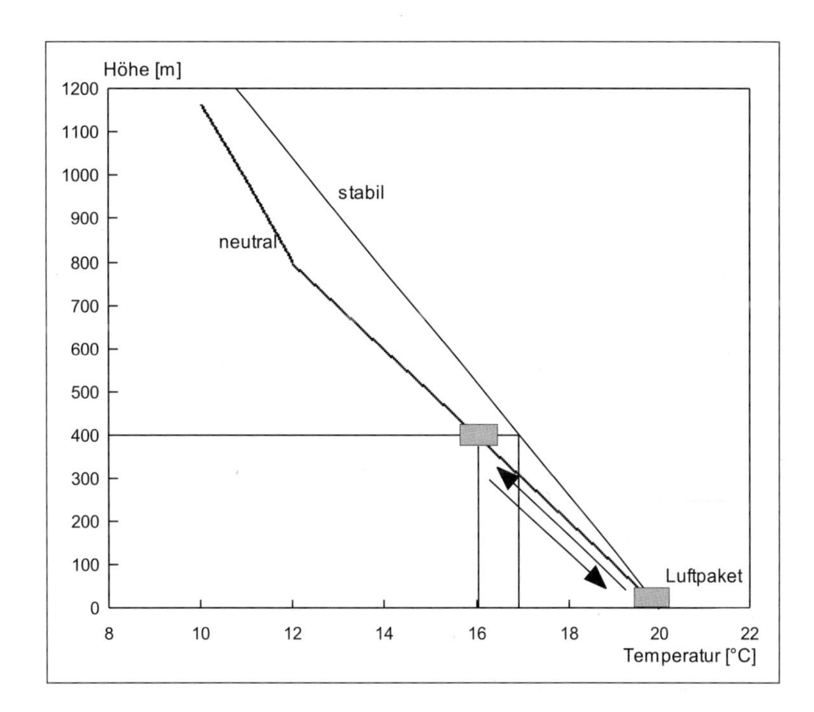

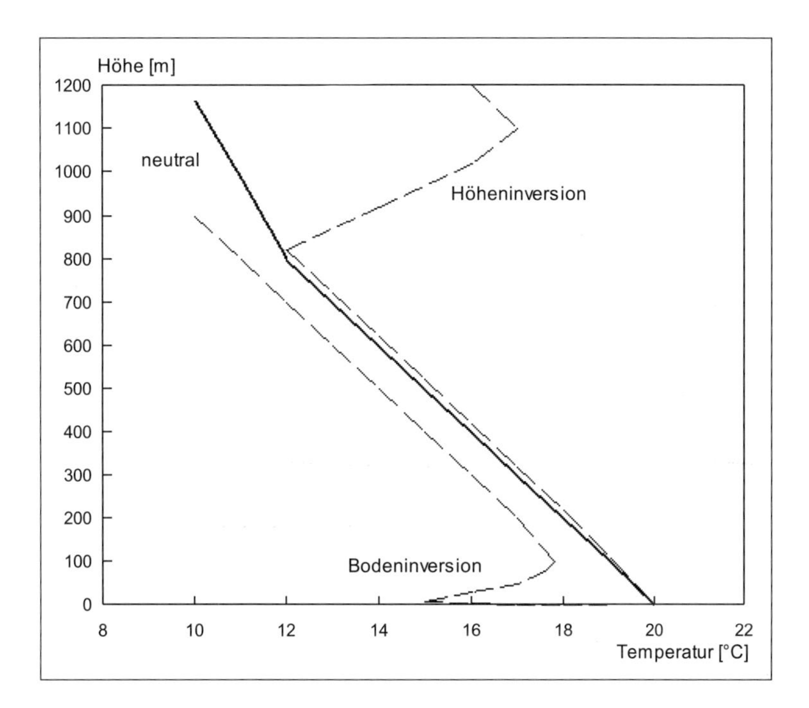

Abb. 6.3c: Vertikales Temperaturprofil bei Boden- und Höheninversion

Abbildung 6.3 b zeigt den entsprechenden Vorgang bei einer stabilen Luftschichtung. Das aufsteigende Luftpaket kühlt sich adiabatisch stärker ab als es dem vertikalen Temperaturgradienten der stabil geschichteten Umgebungsluft entspricht. Damit ist es schon nach einer geringen Höhenzunahme kühler als die Umgebungsluft der gleichen Höhe. Da kühle Luft schwerer ist als warme, kommt es zu einem Absinken des Luftpaketes bis zur Ausgangshöhe. Hier hat das Luftpaket durch die adiabatische Erwärmung wieder die gleiche Temperatur wie die umgebende Luft. Eine stabile Luftschichtung behindert oder unterbindet sogar vollständig den vertikalen Luftaustausch. Selbst bei einem externen Anschub zum Luftaufstieg wird ab einer bestimmten Höhe, in der die Anschubwirkung nachlässt, der Absinkvorgang wirksam.

Im Fall einer Inversion, die als extremer Sonderfall der stabilen Schichtung angesehen werden kann, kann die Schicht mit der vertikalen Temperaturzunahme wie ein „Deckel" für den vertikalen Luftaustausch wirken. Auch Luftpakete mit einem hohen Auftriebspotential, wie zum Beispiel warme Abluft aus Schornsteinen, werden häufig durch Höheninversionen zum Absinken gezwungen. Als Folge kommt es in der Luftschicht unterhalb der Inversion zu einer Anreicherung von Schadstoffen.

Zusammenfassend kann man sagen, dass eine stabile Luftschichtung bis hin zur Inversionswetterlage den vertikalen Luftaustausch behindern und damit zu einer Verschlechterung der lufthygienischen Zustände beitragen können. Labile Luftschichtungen fördern dagegen den vertikalen Auftrieb der Luft und zeichnen sich häufig durch konvektive Niederschläge aus (vgl. Kap. 9).

Ein reales Beispiel von vertikalen Temperaturprofilen zeigt die Abbildung 6.4. Während einer Strahlungswetterlage, die sich durch eine hohe Einstrahlung tagsüber und eine ungehinderte Ausstrahlung bei unbedecktem Himmel in der Nacht auszeichnet, wurden zu unterschiedlichen Zeiten mittels Ballon-Sondierungen vertikale Temperaturprofile in den Luftschichten oberhalb der Düsseldorfer Innenstadt erfasst. Während der ersten Sondierung am 06.09.1993 von 17:50 bis 18:11 Uhr MEZ entspricht die vertikale Temperaturabnahme noch in etwa dem trockenadiabatischen Temperaturgradienten von 1 K pro 100 m Höhenzunah-

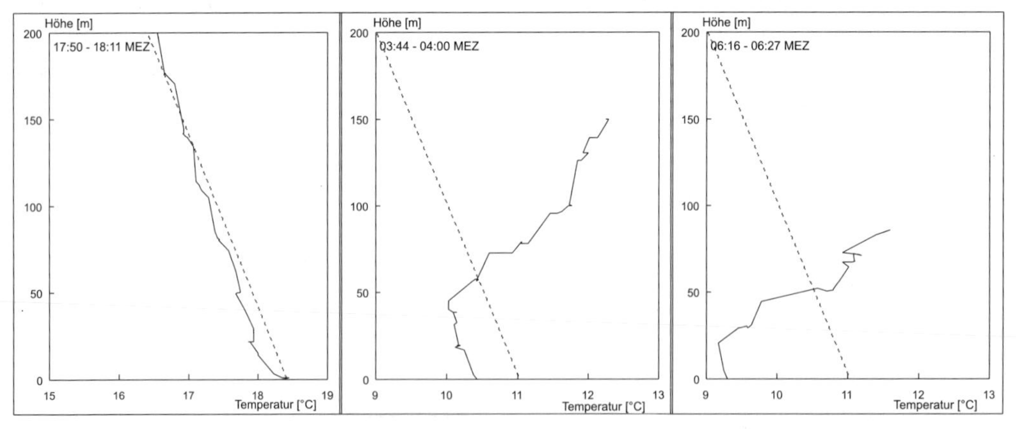

Abb. 6.4: Vertikale Temperaturprofile von der Innenstadt Düsseldorfs am 06./07.09.1993

me. Im Verlaufe der Nacht setzt eine von der Bodenoberfläche ausgehende Abkühlung ein, die zu einer Temperaturinversion in der Höhe mit zunehmenden Lufttemperaturen führt. Während der Sondierung zwischen 03:44 und 04:00 Uhr MEZ lag die untere Höhe der Inversionsschicht noch bei 50 m über dem Boden, im Messintervall von 06:16–06:27 Uhr nur noch bei rund 25 m über dem Boden. Die von der Bodenoberfläche her ausgekühlte Luft nimmt mit abnehmender Temperatur an Dichte zu und bildet eine kompakte Schicht am Boden. Die Grenze zwischen der bodennahen Kaltluft und der darüber liegenden Schicht mit zunehmenden Temperaturen wird im Verlauf der Nacht immer deutlicher und undurchlässiger. Erst mit der beginnenden Sonneneinstrahlung am Morgen, die den Boden und damit die darüber liegenden Luftschichten von unter her erwärmt, kann die Inversion aufgelöst werden. Tagsüber herrschen über der Stadt üblicherweise labile Schichtungsverhältnisse.

6.4 Tagesgang der Lufttemperatur

Der Tagesgang der Lufttemperaturen ist in erster Linie strahlungsbedingt. Bei wolkenlosem Himmel mit ungehinderter Ein- und Ausstrahlung stellt sich ein idealer Tagesgang ein, der nur noch von der Lage der Station und der Jahreszeit geprägt wird. Der Tagesgang der Strahlungsbilanz ist abhängig vom Stand der Sonne, also von der geographischen Lage und der Jahreszeit, und vom Zeitpunkt des Sonnenauf- und Sonnenuntergangs. Während die Einstrahlung nur tagsüber wirksam ist, findet die Ausstrahlung ständig statt. Eine Erwärmung der Luft kann erst stattfinden, wenn die Ein- die Ausstrahlung übertrifft.

In Abbildung 6.5 sind die Temperaturtagesgänge von zwei Klimastationen während Strahlungswetterlagen im Sommer und im Winter dargestellt. Die Sommer- und die Wintertagesgänge unterscheiden sich sowohl in den absoluten Werten als auch in der Tagesamplitude der Lufttemperatur. Beides ist aufgrund des höheren Sonnenstandes im Sommer größer, hier schwanken die Temperaturen von der Nacht zum Tag um bis zu 19 K, im Winter nur um 8–12 K. Der Temperaturanstieg setzt einige Zeit nach Sonnenaufgang ein und endet schon deutlich vor dem Sonnenuntergang. Das Temperaturminimum wird im Sommer wie im Winter erst kurz nach Sonnenaufgang erreicht. Ursache ist die negative Strahlungsbilanz bei tief stehender Sonne in den frühen Morgen- und späten Abendstunden. Das Temperaturmaximum wird nicht zum Zeitpunkt des Sonnenhöchststandes um 12:00 Uhr WOZ (zur Beziehung zwischen der wahren Ortszeit WOZ und der mitteleuropäischen Zeit MEZ vgl. Kap. 3) erreicht, sondern aufgrund der notwendigen Wärmeleitung von der Erdoberfläche in die bodennahen Luftschichten und mittels Turbulenz und Konvektion in höhere Luftschichten erst zwischen 14:00 und 15:00 Uhr WOZ.

Ein idealer Temperaturtagesgang, der allein auf der Strahlungsbilanz beruht, kann durch viele Faktoren modifiziert werden. Bewölkung kann die Ein- und Ausstrahlungsverhältnisse so stark verändern, dass der Temperaturtagesgang vollständig verschwindet. Durch Wind und das advektive Heranführen von kalten oder warmen Luftmassen können die Temperaturverhältnisse am Standort überdeckt werden. Im Extremfall kann dann sogar die Nacht wärmer sein als der Tag.

Auch die lokalen Verhältnisse in der Umgebung des Messortes beeinflussen den Temperaturtagesgang. In der Abbildung 6.5 sind die Tagesgänge einer Innenstadtstation denen einer

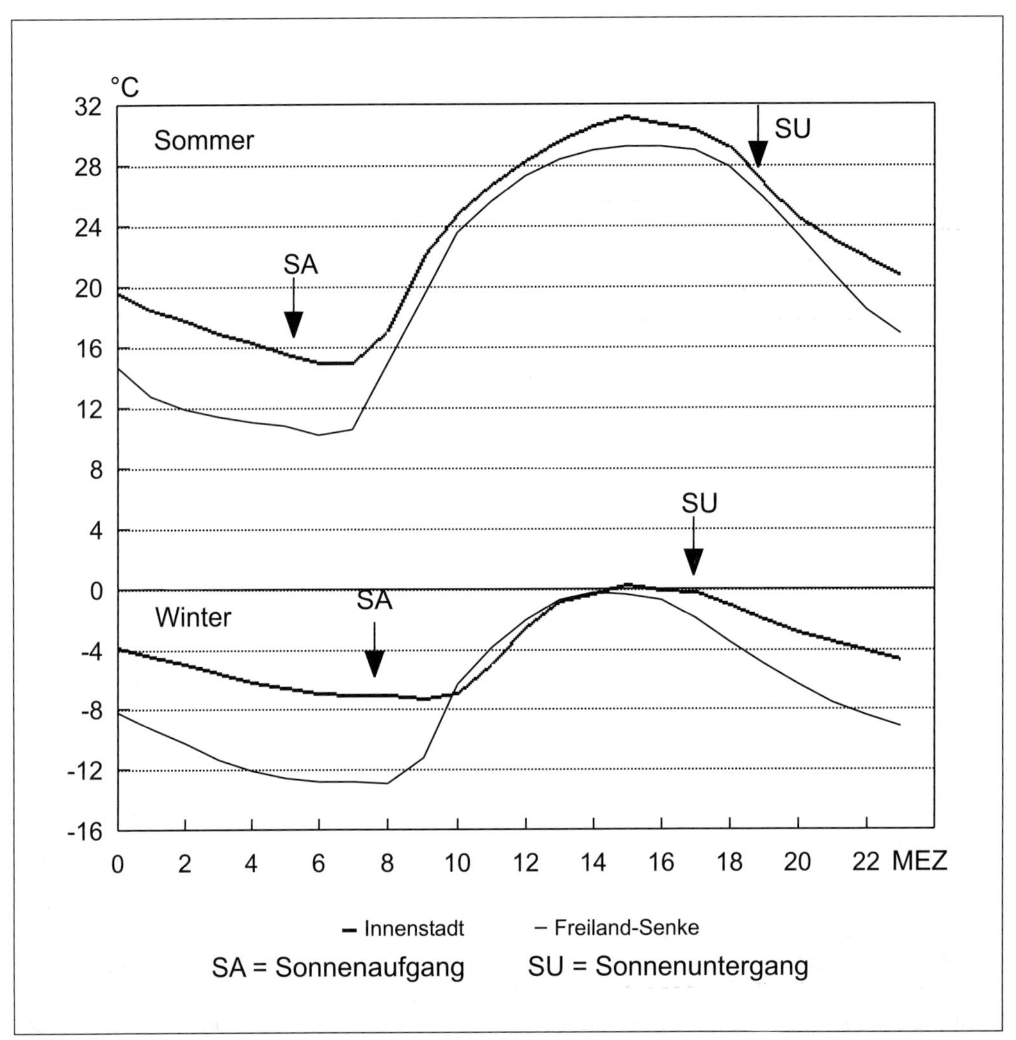

Abb. 6.5: Gemittelte Temperaturtagesgänge an zwei Klimastationen in Herten/Westfalen vom 01.–03. Februar 1993 (Winter) und 01.–04. September 1993 (Sommer)

Freilandstation in leichter Senkenlage gegenübergestellt. Die größten Temperaturunterschiede zwischen den beiden Stationsstandorten entstehen in den frühen Morgenstunden nach langer nächtlicher Ausstrahlungsphase. Die Innenstadt weist im Sommer wie im Winter eine deutlich geringere Abkühlung während der Nacht auf. Ursache ist die Fähigkeit zur Wärmespeicherung in der versiegelten Innenstadt. Die tagsüber aufgenommene Wärme wird nachts langsam wieder abgegeben und verringert die Abkühlung der Luftschichten. Die Senkenlage der Freilandstation führt nachts zu einer Ansammlung von schwerer, aus der Umgebung abfließender Kaltluft mit der Folge einer weiteren Temperaturerniedrigung. Die Erwärmung nach Sonnenaufgang setzt im Winter in der Innenstadt deutlich später ein als im Freiland, eine Folge der Beschattung durch die hohe Innenstadtbebauung.

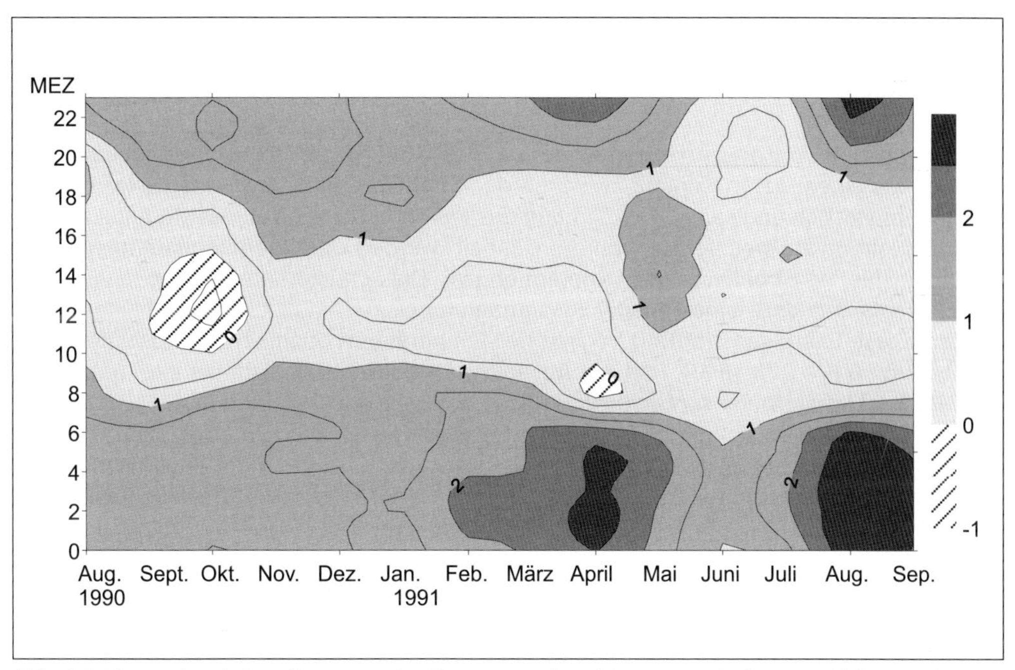

Abb. 6.6: Thermoisoplethendiagramm der Temperaturabweichungen zwischen zwei Klimastationen in Herten/Westfalen (Station Innenstadt – Station Freilandsenke)

In Abbildung 6.6 sind die Temperaturdifferenzen zwischen der Innenstadtstation und der Freilandstation im Tagesverlauf und im Jahresverlauf in Form eines Thermoisoplethendiagramms dargestellt. Abgesehen von wenigen Ausnahmen ist die Innenstadt wärmer als das Freiland. Während des Tages liegt der Unterschied bei nur 0–1 K, in den frühen Morgenstunden ist er am höchsten und erreicht teilweise Werte von über 3 K. Dass der Temperaturunterschied in einigen Monaten deutlicher sichtbar wird, liegt an der Häufigkeit von Strahlungswetterlagen in diesen Monaten. Sowie Bewölkung, Konvektion und Advektion den Temperaturtagesgang stören, überdecken sie auch bestehende mikroklimatische Unterschiede.

6.5 Oberflächentemperaturen

Neben den Lufttemperaturen interessieren für viele Fragestellungen in der Stadt- und Geländeklimatologie auch die Temperaturen der Bodenoberfläche. Da die Sonneneinstrahlung nicht direkt die Luft erwärmt, sondern über die Erwärmung des Bodens mittels Wärmestrahlung vom Boden Energie an die Luft abgegeben wird, kann man die Bodenoberfläche je nach Temperatur als Heiz- oder Kühlplatte für die bodennahen Luftschichten ansehen. Der Wärmeübergang vom Boden in die Luft hängt von vielen Faktoren ab. Die Bodeneigenschaften bestimmen die Wärmeleitfähigkeit. Weitere Einflussgrößen sind die Temperaturdifferenz zwischen Boden und Luft und die Windgeschwindigkeit, die die Wärmeübergangszahl verändert (vgl. Beispiel für die Wärmeübertragung vom Boden in die

Luft in Kap. 6.1.3). Die Oberflächentemperaturen haben also direkte Auswirkungen auf die Lufttemperaturen, welche sich aber nicht direkt aus den Oberflächentemperaturen berechnen lassen.

Messmethoden. Ein Kontaktmessverfahren zur Bestimmung der Bodenoberflächentemperaturen, das einen festen Kontakt zwischen der Oberfläche und dem Messfühler voraussetzt, ist unhandlich und kann durch Störung des Wärmehaushaltes an der Messstelle durch Wärmeableitung zu Messfehlern führen. Deshalb werden die Oberflächentemperaturen berührungslos mit Strahlungsthermometern erfasst. Diese nutzen die Eigenschaften eines Körpers, entsprechend seiner Oberflächentemperatur elektromagnetische Strahlung auszusenden. Diese Energieabstrahlung beginnt bei Temperaturen oberhalb des absoluten Nullpunktes von 0 K (–273,16 °C), und die Wellenlänge der Strahlung liegt bis ca. 700 °C ausschließlich im Infrarotbereich (Wärmestrahlung). Erst bei höheren Temperaturen wird ein Teil der Strahlung auch im sichtbaren Bereich abgegeben. Die Strahlungs- oder Infrarotthermometer erfassen berührungslos die von der Bodenoberfläche ausgesandte Strahlungsenergie und berechnen daraus mit Hilfe des STEFAN-BOLTZMANN-Gesetzes (Gl. 5.1) die Oberflächentemperatur.

Beispiel: Eine gemessene Strahlungsenergie von 479 $W m^{-2}$ ergibt analog zur Gleichung 5.24 folgende Oberflächentemperatur:

$$479\ W m^{-2} = \varepsilon \cdot \sigma \cdot T^4 = 5{,}67 \cdot 10^{-8}\ W m^{-2} K^{-4} \cdot T^4 \Leftrightarrow T = 303{,}17\ K \text{ bzw. } 30\,°C.$$

Material	Emissionsgrad ε
Gold, Silber, poliert	0,01 – 0,03
Blech	0,07
Eisen, blank	0,13
Eisen, verzinkt	0,23
Kupfer, oxidiert	0,76 – 0,78
Eisen, stark verrostet	0,85
Papier	0,8 – 0,9
Wolken	0,9
Sand	0,9
Kalkstein	0,92
Ackerboden	0,92
Dachpappe	0,93
Glas	0,94
Ton, Ziegel	0,94
Holz	0,94
Asphalt	0,96
Pflanzenoberflächen, Blätter	0,94 – 0,98
Eis, Wasser, verschmutzter Schnee	0,96 – 0,98
Rasen	0,98 – 0,99
frischer Schnee	0,99
„Schwarzer Körper“	1

Tab. 6.4: Emissionsgrad von verschiedenen Materialien
Quelle: nach HÄCKEL 1990

In der Berechnung ist der Emissionsgrad $\varepsilon = 1$ gesetzt worden. Die maximale Strahlungsemission tritt nur bei einem „schwarzen Körper“ auf, alle realen Körper haben eine geringere Strahlungsemission. Die tatsächliche Strahlungsemission im Verhältnis zur maximal möglichen wird durch den Emissionsgrad ε ausgedrückt. In der Natur ist der Emissionsgrad immer kleiner als 1. Wasser, Schnee, Ackerböden, Pflanzenoberflächen (z. B. Rasen oder Wald) und Asphalt haben einen Emissionsgrad von nahe an 1, aber es gibt auch Materialien, vorwiegend Metalle, die einen erheblich geringeren Emissionsgrad haben. In Tabelle 6.2 sind die Emissionsgrade von verschiedenen Materialien aufgeführt, die bei der Erfassung von Oberflächentemperaturen eine Rolle spielen können. Ein großer Unterschied besteht zwischen dem Emissionsgrad von natürlichen Bodenmaterialien und künstlichen Oberflächen aus Metall.

Das Verfahren der berührungslosen Oberflächentemperaturmessung eignet sich hervorragend zur Fernerkundung durch Thermalaufnahmen der Bodenoberfläche vom Flugzeug oder Satelliten. Dadurch ist es möglich, eine flächendeckende Temperaturaufnahme eines großen Untersuchungsgebietes zu erhalten. Für kleinräumige stadt- und geländeklimatische Untersuchungen sind allerdings Satelliten-Thermalaufnahmen ungeeignet, da ihre Auflösung zu grob ist. Fehler treten auf, wenn das Strahlungsthermometer mit fest eingestelltem Emissionsgrad natürliche Bodenoberflächen und metallene Flächen wie beispielsweise Hausdächer erfasst. Außerdem haben die mittels Fernerkundung erfassten Oberflächen nicht die gleiche Höhe, da Straßenschluchten neben Hausdächern und Ackerflächen neben Waldkronendach-Oberflächen erfasst werden. Diese Ungenauigkeiten müssen bei der Interpretation der Thermalbilder berücksichtigt werden und sind ein weiterer Grund, warum die Oberflächentemperaturen nicht flächendeckend in Lufttemperaturen umgewandelt werden können. Flächendeckend erfasste Oberflächentemperaturen liefern aber gute Anhaltspunkte über die thermischen Vorgänge zwischen Bodenoberfläche und bodennaher Luftschicht.

Mittels Handgeräten zur Strahlungstemperaturmessung können punkt- oder linienhafte Erfassungen der Oberflächentemperaturen durchgeführt werden. Neben Oberflächentemperaturprofilen entlang von Straßenzügen können auch Thermalaufnahmen von Hauswänden aufgenommen werden. Diese lassen Rückschlüsse auf mangelhafte Wärmeisolierungen an Häusern oder Wärmeverluste durch große Schaufenster zu.

6.6 Bodentemperaturen

Das thermische Verhalten des Erdbodens steuert in entscheidender Weise die Lufttemperaturen der bodennahen Luftschichten, da der Luft Wärme hauptsächlich durch radiative Energieumsätze von der Bodenoberfläche zugeführt wird. Die thermischen Eigenschaften von Böden werden gekennzeichnet durch ihr Speichervermögen von Wärme im Boden und durch verzögerte und abgeschwächte Temperaturschwankungen im Vergleich zur bodennahen Luftschicht. Das Eindringen der Temperatur in den Boden ist abhängig von der Volumenwärme und der Wärmeleitfähigkeit des Bodenmaterials. Ein nasser Boden erwärmt sich also langsamer als ein trockener Boden, da der Wasseranteil im Boden eine höhere Volumenwärme hat als das Bodenmaterial. Böden mit einer hohen Temperaturleitfähigkeit, die das Verhältnis von Wärmeleitfähigkeit zu Volumenwärme wiedergibt, erwärmen sich tagsüber bei Einstrahlung sehr rasch, kühlen nachts jedoch ebenso schnell wieder aus. Die Erwärmung sowie die Abkühlung des Bodens beginnt an der Bodenoberfläche als Grenzfläche der energetischen Komponente des Bodenwärmestroms (vgl. Kap. 9).

Tagesschwankungen. Die Tagestemperaturamplitude lässt sich zeitverzögert und abgeschwächt maximal bis zu einer Tiefe von 1 m im Boden nachweisen. Abbildung 6.7 zeigt den Verlauf der Bodentemperaturen in verschiedenen Tiefen während einer 4-tägigen Strahlungswetterlage mit ungehinderten Ein- und Ausstrahlungsverhältnissen an der Freilandklimastation in Bochum. Dem Lufttemperaturverlauf am ähnlichsten ist die Bodentemperatur in 10 cm Tiefe, bei der schon eine leichte Zeitverzögerung und Amplitudenabschwächung erkennbar ist. Das verzögerte Eintreffen der Maxima und Minima nimmt mit zunehmender Bodentiefe zu, die Tagesschwankungen nehmen entsprechend ab, bis sie in 50 cm Tiefe kaum noch nachweisbar sind. Während die Temperaturen der Luft und der obersten Bodenschichten ab dem 23.10. aufgrund verstärkter Sonneneinstrahlung stark ansteigen, ist dieser An-

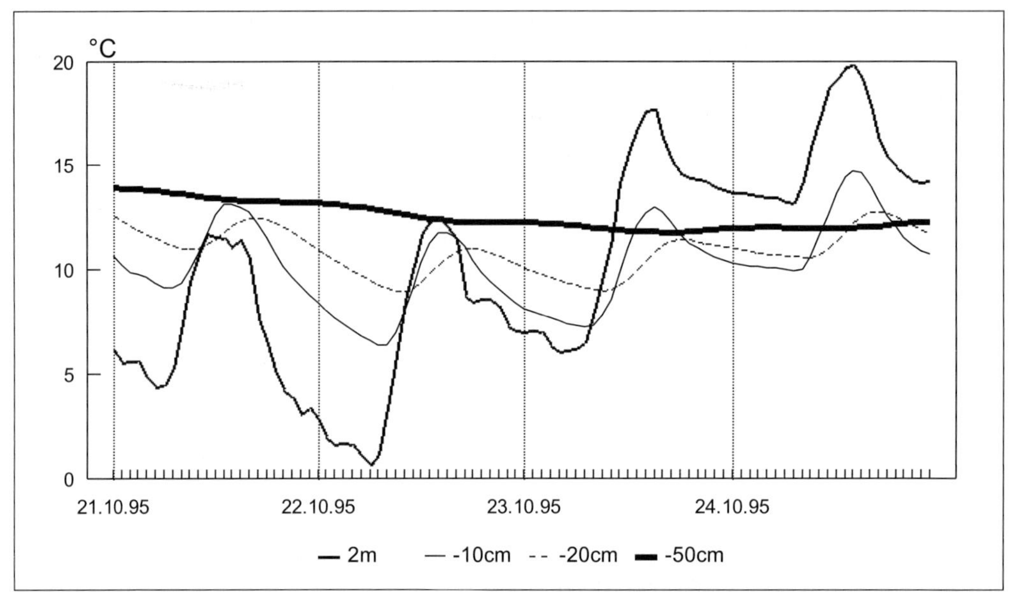

Abb. 6.7: Bodentemperaturen der Bochumer Klimastation in 10 cm, 20 cm und 50 cm Bodentiefe und Lufttemperatur 2 m über Boden vom 21. bis 24. Oktober 1995

stieg in 50 cm Bodentiefe erst einen Tag später erkennbar. Die Zeitverzögerung zwischen der Lufttemperatur und der Erdbodentemperatur in 50 cm Tiefe beträgt rund 12 Stunden.

Jahresschwankungen. Auch die Jahresamplitude der Temperaturen ist mit einer Zeitverzögerung im Boden nachweisbar. Sie reicht bis in eine Tiefe von 10 m bis 15 m, ab dieser Tiefe bleiben die Bodentemperaturen über den Jahresverlauf konstant. Die Zeitverzögerung und Dämpfung der Jahrestemperaturschwankung nimmt mit zunehmender Bodentiefe zu. Dies führt dazu, dass sich im Sommer die höher gelegenen Bodenschichten schneller erwärmen und die Erdbodentemperaturen mit zunehmender Tiefe abnehmen. Im Winter kühlen die oberflächennahen Schichten entsprechend schneller ab. Jetzt nehmen die Bodentemperaturen mit zunehmender Bodentiefe zu.

Die Amplitude der Temperaturschwankungen ist in größerer Bodentiefe deutlich geringer als an der Bodenoberfläche. Dieser Umstand ist bedeutsam, wenn man Frostgefährdungen im Boden untersuchen will. Beispielsweise für das Verlegen von Kabeln oder Rohrleitungen ist es wichtig zu wissen, ab welcher Tiefe der Boden frostfrei ist. Eine Untersuchung an der Bochumer Stadtklimastation hat ergeben, dass der Bodenfrost im Bereich des bebauten Stadtgebietes nicht tiefer als 50 cm in den Boden eindringt. In der Messtiefe 50 cm trat in 69 Messjahren nur ein einziges Mal Bodenfrost mit einer Erdbodentemperatur von –0,1 °C auf, in 100 cm Bodentiefe gab es keinen einzigen Frost. Abbildung 6.8 stellt die Jahresmaxima und Jahresminima der Erdbodentemperaturen von 1962 bis 1998 an der Bochumer Stadtklimastation dar. Deutlich fällt die geringe Jahresamplitude der Temperaturen in 1 m Bodentiefe auf. Die Minima der einzelnen Jahre zeigen für beide Messtiefen einen fast konstanten Verlauf mit Schwankungen um maximal 3 – 4 K, die Maxima sind stärkeren Jahresschwankungen unterworfen.

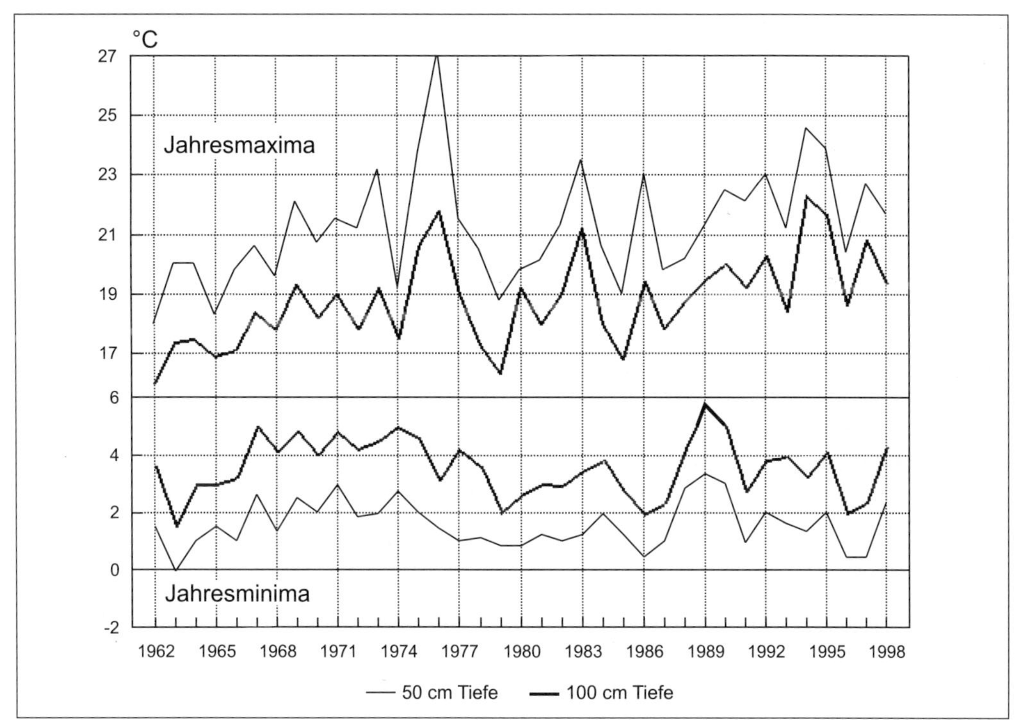

Abb. 6.8: Jahresmaxima und -minima der Bodentemperaturen in 50 und 100 cm Bodentiefe an der Bochumer Stadtklimastation 1962–1998

Messmethoden. Die Bodentemperaturen können wie die Lufttemperaturen mit Flüssigkeitsthermometern oder mit elektrischen Thermometern erfasst werden. Elektrische Thermometer müssen durch ein nicht rostendes Stahlröhrchen, in das sie wasserdicht in eine gut wärmeleitende Substanz eingebettet werden, vor Beschädigung geschützt werden. Häufig ist auch ein Schutz der Kabelzuleitungen vor Zerstörung durch Nagetiere notwendig. Beim Einbringen der Bodenthermometer in das Bodenmessfeld ist darauf zu achten, dass das natürliche Bodenprofil möglichst wenig gestört wird. Dabei ist ein enger Bodenkontakt der Temperaturfühler Voraussetzung für gute Messergebnisse. Das Bodenmessfeld muss von Bewuchs freigehalten werden, da sich sonst der Wärmehaushalt durch veränderte Ein- und Ausstrahlungsverhältnisse und Evapotranspiration im Bewuchs verändern würde. Standardmesstiefen zur Erfassung der Erdbodentemperaturen sind 10 cm, 20 cm, 50 cm und 100 cm Bodentiefe.

6.7 Anwendungen

6.7.1 Wärmeenergie und Wärmeleitung

Beispiel 1

Die Volumenwärme ρc eines Stoffes ist das Produkt aus seiner Dichte ρ und spezifischen Wärmekapazität c_p (vgl. Gl. 6.4). Bei 4°C hat Wasser eine Dichte von ρ = 1000 kg m^{-3} und eine spezifische Wärmekapazität von c_p = 4 180 J kg^{-1}K^{-1}, Luft hingegen eine Dichte von ρ = 1,2 kg m^{-3} und eine spezifische Wärmekapazität von c_p = 1 004 J kg^{-1}K^{-1}. Daraus errechnet sich für die Volumenwärme von Wasser:

$$\rho\, c = 1000 \text{ kg m}^{-3} \cdot 4180 \text{ J kg}^{-1}\text{K}^{-1} = 4180000 \text{ J m}^{-3}\text{K}^{-1} = 4{,}18 \text{ J cm}^{-3}\text{K}^{-1}$$

und für die Volumenwärme von Luft:

$$\rho\, c = 1{,}2 \text{ kg m}^{-3} \cdot 1004 \text{ J kg}^{-1}\text{K}^{-1} = 1204{,}8 \text{ J m}^{-3}\text{K}^{-1} = 0{,}0012 \text{ J cm}^{-3}\text{K}^{-1}$$

Wieviel Energie ist notwendig, um 1 l Wasser und 1 l Luft von 20 °C auf den Siedepunkt des Wassers zu erwärmen (Normaldruck vorausgesetzt)?

Ein Liter entspricht einem Volumen von 1 dm^3 = 10^{-3} m^3. Um den Siedepunkt des Wassers bei Normaldruck zu erreichen, müssen das 20 °C warme Wasser und die 20 °C warme Luft eine Temperaturdifferenz von 80 K überwinden. Dafür ist die folgende Energie notwendig:

Wasser: $\Delta Q = \rho\, c \cdot V \cdot \Delta T = 4{,}18 \cdot 10^6 \text{ J m}^{-3}\text{K}^{-1} \cdot 10^{-3} \text{ m}^{-3} \cdot 80 \text{ K} = 334400 \text{ J}$
In Kilowattstunden ausgedrückt sind das: $\Delta Q = 334400 \text{ J} = 334400 \text{ Ws} = 92{,}89 \text{ Wh} = 0{,}09289 \text{kWh}$

Luft: $\Delta Q = \rho\, c \cdot V \cdot \Delta T = 1204{,}8 \text{ J m}^{-3}\text{K}^{-1} \cdot 10^{-3} \text{ m}^{-3} \cdot 80 \text{ K} = 96{,}384 \text{ J}$
In Kilowattstunden ausgedrückt: $\Delta Q = 96{,}384 \text{ J} = 96{,}384 \text{ Ws} = 0{,}0268 \text{ Wh} = 2{,}67 \cdot 10^{-5} \text{kWh}$

Für die Erwärmung des Wasser auf 100 °C ist im Vergleich zur Luft eine rund 3 500fache Energiemenge notwendig.

Beispiel 2
Wieviel Wärmeenergie wird durch eine Betonwand von 16 cm Dicke und 250 cm · 400 cm Fläche pro Stunde geleitet, wenn die Temperaturdifferenz von innen nach außen 15 K beträgt?

Aus der Tabelle 6.2 kann die Wärmeleitfähigkeit von Beton entnommen werden:

l_{Beton} = Wärmeleitfähigkeit des Beton = 4,6 J m^{-1}s^{-1}K^{-1}
= 4,6 J · (100 cm)$^{-1}$ · 3 600 · (3 600 s)$^{-1}$ · K^{-1} = 165,6 J cm^{-1}h^{-1}K^{-1}

Die Wärmeleitung durch eine Wand beschreibt Gleichung 6.9:

$$Q = l \cdot \frac{A}{s} \cdot (T_A - T_B) \cdot \Delta t = 165{,}6 \text{ J cm}^{-1} \text{ h}^{-1} \text{ K}^{-1} \cdot \frac{100000 \text{ cm}^2}{16 \text{ cm}} \cdot 15\text{K} \cdot 1\text{h} = 15525 \text{ kJ}$$

Innerhalb einer Stunde kommt es zum Energieverlust von 15 525 kJ durch die Wand. Dieses Ergebnis entspricht einer Wärmeenergie von 0,535 SKE.
(1 SKE (Steinkohleneinheit) ≈ Wärmeenergie von 1 kg Anthrazitkohle = 29 000 kJ)

Verschiedene Brennmaterialien haben die folgenden Energiegehalte:

1 kg Torf = 9 300 – 16 400 kJ
1 kg Braunkohle: bis 28 000 kJ
1 kg Anthrazit: bis 35 000 kJ

Der Wärmeverlust einer Stunde durch die Wand entspricht der Energiezufuhr aus der Verbrennung von mindestens 0,44 kg Anthrazit oder 0,55 kg Braunkohle oder 0,95 kg Torf, allerdings unter der Annahme, dass der Ofen die gesamte Wärme aus der Verbrennung an den Raum abgeben würde. In der Realität wird ein erheblicher Teil der Wärme über den Schornstein nach außen abgeleitet.

Besteht die Wand nicht aus Beton, sondern aus Ziegelsteinen, errechnet sich der folgende Wärmeverlust:

l_{Ziegel} = Wärmeleitfähigkeit von Ziegel = 1,0 $\mathrm{J\,m^{-1}s^{-1}K^{-1}}$
= 1,0 J · (100 cm)$^{-1}$ · 3 600 · (3 600 s)$^{-1}$ · K^{-1} = 36 $\mathrm{J\,cm^{-1}h^{-1}K^{-1}}$

$$Q = l \cdot \frac{A}{s} \cdot (T_A - T_B) \cdot \Delta t \;=\; 36\ \mathrm{J\ cm^{-1}\ h^{-1}\ K^{-1}} \cdot \frac{100000\ \mathrm{cm}^2}{16\ \mathrm{cm}} \cdot 15\mathrm{K} \cdot 1\mathrm{h} \;=\; 3375\ \mathrm{kJ}$$

Der Energieverlust innerhalb einer Stunde beträgt bei einer Ziegelwand nur rund 22 % des Energieverlustes durch eine Betonwand.

Dem Bewohner des Raumes ist sein Zimmer zu dunkel. Also setzt er ein 3 m^2 großes Fenster (Glasfläche mit Glasstärke 0,5 cm, den Rahmen lassen wir unberücksichtigt) ein. Wieviel kg Anthrazit werden jetzt durch die Wand verheizt?

l_{Glas} = Wärmeleitfähigkeit von Glas = 1,3 $\mathrm{J\,m^{-1}s^{-1}K^{-1}}$
= 1,3 J · (100 cm)$^{-1}$ · 3 600 · (3 600 s)$^{-1}$ · K^{-1} = 46,8 $\mathrm{J\,cm^{-1}h^{-1}K^{-1}}$

$$Q = 165{,}6\ \mathrm{J\ cm^{-1}h^{-1}K^{-1}} \cdot \frac{70000\ \mathrm{cm}^2}{16\ \mathrm{cm}} \cdot 15\mathrm{K} \cdot 1\mathrm{h} + 46{,}8\ \mathrm{J\ cm^{-1}h^{-1}K^{-1}} \cdot \frac{30000\ \mathrm{cm}^2}{0{,}5\ \mathrm{cm}} \cdot 15\mathrm{K} \cdot 1\mathrm{h}$$
$$= 10867{,}5\ \mathrm{kJ} + 42120\ \mathrm{kJ} = 52987{,}5\ \mathrm{kJ}$$

Aufgrund der dünnen Glasscheibe beträgt der Energieverlust pro Stunde jetzt 1,83 SKE, obwohl die Wärmeleitfähigkeit von Glas geringer ist als die von Beton.

Beispiel 3
Nehmen wir an, zwei Luftpakete treffen sich und – nach einiger Zeit – mischen sie sich vollständig. Das eine hat ein Volumen von 1 000 m^3 und eine Temperatur von 30 °C, das andere 500 m^3 und 10 °C. Welche Mischungstemperatur ergibt sich? Wir nehmen die Luftdichte mit 1,236 $\mathrm{kg\,m^{-3}}$ als konstant an.

Die Mischungstemperatur T_m berechnet sich nach Gleichung 6.7:

$$T_m = \frac{c_A m_A T_A + c_B m_B T_B}{c_A m_A + c_B m_B}$$

wobei $c_A = c_B$ = spezifische Wärmekapazität der Luft = 1 004,16 J kg^{-1}K^{-1},
m_A = 1 000 m^3 · 1,236 kg m^{-3} = 1 236 kg
T_A = 273,16 K + 30 K = 303,16 K
m_B = 500 m^3 · 1,236 kg m^{-3} = 618 kg
T_B = 273,16 K + 10 K = 283,16 K

$$T_m = \frac{1004{,}16\ \mathrm{J\,kg^{-1}\,K^{-1}} \cdot 1236\ \mathrm{kg} \cdot 303{,}16\ \mathrm{K} + 1004{,}16\ \mathrm{J\,kg^{-1}\,K^{-1}} \cdot 618\ \mathrm{kg} \cdot 283{,}16\ \mathrm{K}}{1004{,}16\ \mathrm{J\,kg^{-1}\,K^{-1}} \cdot 1236\ \mathrm{kg} + 1004{,}16\ \mathrm{J\,kg^{-1}\,K^{-1}} \cdot 618\ \mathrm{kg}}$$

$$= \frac{376264536\ \mathrm{J} + 175720850{,}4\ \mathrm{J}}{1861712{,}64\ \mathrm{J\,K^{-1}}} = 296{,}49\ \mathrm{K}$$

Die vollständig durchmischte Luft hat ohne andere Einflüsse eine Endtemperatur von 296,49 K bzw. 23,3 °C.

6.7.2 Stadt- und Geländeklimatologie

Das nächtliche Abkühlungsverhalten

Die Abkühlung der bodennahen Luftschichten beginnt nicht erst bei Sonnenuntergang, sondern setzt schon lange vorher ein. Tagsüber ist die Strahlungsbilanz positiv, solange die Einstrahlung die Ausstrahlung übertrifft. Sobald die Einstrahlung, z. B. bei tief stehender Sonne, unter den Wert der Ausstrahlung sinkt, wird die Strahlungsbilanz negativ und die Abkühlung setzt ein. Die terrestrische Strahlung der Erdoberfläche kühlt bei negativer Strahlungsbilanz zuerst die bodennahen Luftschichten ab. Bei geringem Luftaustausch befindet sich das Lufttemperaturminimum nahe der Bodenoberfläche, dieses verschwindet aber bei zunehmender Luftbewegung und der damit verbundenen Durchmischung der Luftschichten.

Die Abkühlungsgeschwindigkeit ist abhängig von der Ausgangshöhe der Oberflächentemperatur, die nach dem STEFAN-BOLTZMANN-Gesetz (Gl. 5.1) in der vierten Potenz in diese Gleichung eingeht. Je höher demnach die im Boden gespeicherte Wärme ist, umso rascher erfolgt also der Temperaturabfall durch Ausstrahlung. Deshalb ist die Abkühlung der bodennahen Luftschichten in der ersten Nachthälfte schneller und in Sommernächten kräftiger als in den übrigen Jahreszeiten. Eine weitere Folge der Temperaturabhängigkeit der Ausstrahlung ist das Einsetzen der Erwärmung schon kurz nach Sonnenaufgang. Aufgrund der tiefen Oberflächentemperaturen in den frühen Morgenstunden ist die langwellige Ausstrahlung nur noch gering und wird rasch von der beginnenden Einstrahlung bei Sonnenaufgang übertroffen. Ebenso resultiert der frühe Beginn der Abkühlung lange vor Sonnenuntergang aus den hohen Oberflächentemperaturen, insbesondere an Sommertagen, und der damit verbundenen höheren langwelligen Ausstrahlung.

Die erhöhte langwellige Gegenstrahlung bei Horizontabschirmung durch Bäume und Gebäude, aber vor allem durch Wasserdampf in der Atmosphäre, reduziert den nächtlichen Temperaturabfall erheblich. Deshalb nimmt die nächtliche Abkühlung bei zunehmender Bewölkung ab, in Nächten mit geschlossener Wolkendecke findet nach Sonnenuntergang fast keine Abnahme der Lufttemperaturen mehr statt (vgl. Kap. 5.8.1). In der Stadt spielt neben der erhöhten Wärmespeicherkapazität der Baumaterialien auch die Horizontabschirmung durch die Bebauung eine Rolle für die verminderte nächtlichen Abkühlung und damit für den Effekt der nächtlichen Wärmeinsel. Die verschiedenen Oberflächen beeinflussen durch ihre unterschiedlichen Wärmespeicherkapazitäten und Wärmeleitfähigkeiten das Abkühlungsverhalten der darüber liegenden bodennahen Luftschichten entscheidend. Dies soll am nachfolgenden Beispiel verdeutlicht werden.

Während einer Messkampagne wurde eine Route von ca. 1,5 Stunden Dauer zu drei verschiedenen Zeiten innerhalb eines Tag-Nacht-Zyklus befahren. Damit sollte das unterschiedliche Abkühlungsverhalten von verschiedenen Flächen und die Ausbreitung von Kaltluft erfasst werden. Die Wetterlage während dieser Messungen wurde durch ein Hochdruckgebiet bestimmt, tagsüber wie auch nachts war der Himmel wolkenfrei. Die Messroute berührte neben Innenstadtbereichen einer westfälischen Mittelstadt verschiedene locker bebaute Wohnviertel, ein Industrie- und Gewerbegebiet, Freiflächen in Kuppen-, Hang-, und Tallagen und ein Waldgebiet. Die erste Befahrung der Messroute fand zwischen 13:40 und 15:15 MEZ, zur Zeit der größten Erwärmung statt. Die zweite Fahrt begann eine Stunde nach Sonnenuntergang (SU: 19:22 MEZ). Für den Zeitraum der Messfahrt von 20:30 bis 22:00 MEZ wurde eine mittlere Abkühlung von 0,2 K/10 min errechnet. Von 00:00 bis 01:30 MEZ wurde die Messroute ein drittes Mal befahren. Die mittlere Abnahme der Lufttemperaturen betrug jetzt nur noch 0,16 K pro 10 Minuten.

Der Verlauf der Lufttemperaturen in 2 und 0,5 m Höhe über dem Boden ist in der Abbildung 6.9 dargestellt. Die Messwerte sind mit Hilfe der oben angegebenen mittleren Abkühlungsraten zeitkorrigiert und beziehen sich auf einen Zeitpunkt für alle Messungen (15:00 MEZ, 20:30 MEZ und 01:00 MEZ).

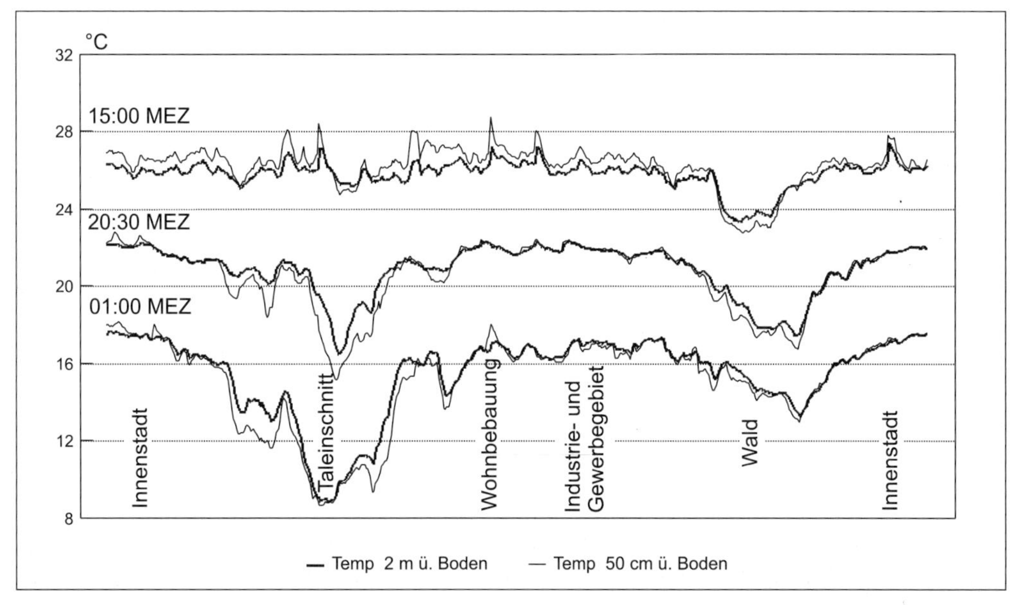

Abb. 6.9: Verlauf der Lufttemperaturen in 2 m und 0,5 m über dem Boden während einer Messkampagne im Sommer 1991

Bei der Betrachtung der Lufttemperatur-Zeitkorrekturfaktoren für die beiden nächtlichen Messfahrten (0,2 K/10 min und 0,16 K/10 min) zeigt sich eine schnellere Abkühlung in den frühen Abendstunden im Vergleich zu den späteren Nachtstunden. Ursache ist die bereits erwähnte Abhängigkeit der langwelligen Ausstrahlung von den Oberflächentemperaturen, die im Verlauf der Nacht abnehmen. Damit verringert sich auch die Ausstrahlung, und die Abkühlung verläuft langsamer. Entlang der Messroute lassen sich Gebiete abgrenzen, die eine vorherrschende Abkühlung in den frühen Abendstunden zeigen, und solche mit höherer nächtlicher Abkühlung. Zu den ersten gehört das Waldgebiet. Das Kronendach des Waldes verhindert eine starke nächtliche Abkühlung. Im Freiland sind die Oberflächentemperaturen aufgrund der geringen Wärmespeicherkapazität schon kurz nach Sonnenuntergang so tief abgesunken, dass die nächtliche Ausstrahlung merklich abnimmt und sich die Abkühlung verlangsamt.

Im Taleinschnitt sinken die Lufttemperaturen nachts am stärksten ab, während sie tagsüber nur wenig unter denen der Innenstadt liegen. Die Messfahrt kurz nach Sonnenuntergang zeigt im Tal noch eine gut ausgebildete Bodeninversion, die Temperaturen in 0,5 m liegen deutlich unter denen in 2 m Höhe. Später in der Nacht steigt die Mächtigkeit der in dem Taleinschnitt angesammelten Kaltluft auf über 2 m an, was eine Verringerung des Temperaturunterschiedes zwischen den beiden Messhöhen zur Folge hat. Im Bereich des Tals wird die Abnahme der Ausstrahlungsstärke im Verlauf der Nacht durch den zunehmenden Einfluss der Kaltluftansammlung auf die weitere Temperaturabnahme mehr als ausgeglichen. Dadurch kommt es auch in den späten Nachtstunden noch zu einer überdurchschnittlichen Abkühlung.

Die dicht bebauten Gebiete der Innenstadt und das Industrie- und Gewerbegebiet zeigen in den frühen Abendstunden eine unterdurchschnittliche Abnahme der Lufttemperaturen. Der hohe Versiegelungsgrad zusammen mit der guten Wärmespeicherkapazität der Baumaterialien verhindern durch Nachführen der tagsüber gespeicherten Energie eine starke Abkühlung bis in die frühen Nachtstunden. Erst spät kommt es auch in diesen Bereichen zu einer normalen Lufttemperaturabnahme.

Um den Einfluss der Flächennutzung und der Geländeform auf das Abkühlungsverhalten zu klassifizieren, wurde für jeden Messpunkt, der entlang der kontinuierlich befahrenen Route alle fünf Sekunden erfasst wurde, der Abkühlungsbetrag zwischen der mittäglichen und der nächtlichen Messfahrt mit dem Lufttemperaturmittel der entsprechenden Messwerte dieser beiden Messfahrten verglichen. Das Ergebnis ist in Abbildung 6.10 dargestellt.

Die Bereiche der dicht bebauten Innenstädte sowie die stark versiegelten Industrie- und Gewerbegebietsflächen zeichnen sich durch hohe mittlere Lufttemperaturen und geringe Abkühlungsbeträge aus. Hier macht sich der Effekt der nächtlichen Wärmeinsel bemerkbar. In die nächste Klasse mit ebenfalls im Vergleich geringen Abkühlungsbeträgen von 8–11 K, aber mit um die 21°C etwas niedrigeren Mitteltemperaturen fallen alle Messpunkte, die in Gebieten mit lockerer Wohnbebauung liegen. Freilandbereiche in Kuppenlage gehören ebenfalls zu dieser Klasse. Die im Freiland verstärkt gebildete Kaltluft fließt von den Kuppen ab, so dass für diese Bereiche geringere Abkühlungsbeträge und höhere Mitteltemperaturen berechnet werden. Die übrigen Freilandflächen liegen mit höheren Abkühlungsraten und tieferen mittleren Lufttemperaturen in der nächstniedrigen Klasse. Freilandböden haben ge-

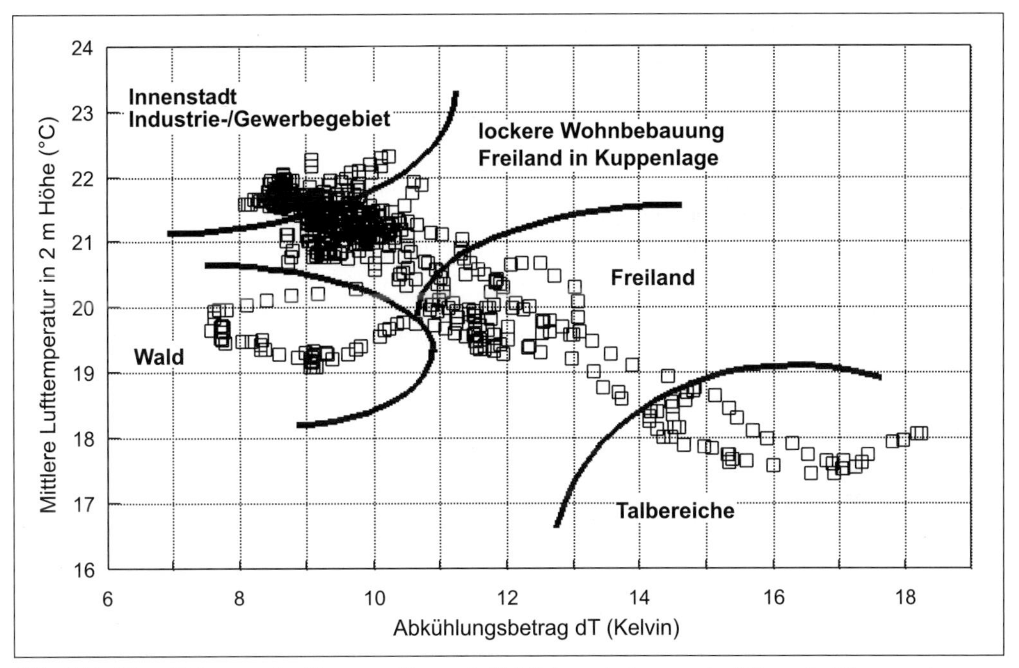

Abb. 6.10: Klassifizierung der Messpunkte nach Abkühlungsbetrag und mittlerer Lufttemperatur (Messkampagne Sommer 1991)

genüber versiegelten Flächen in der Regel kleinere Wärmespeicherkapazitäten und höhere Energieverluste durch Verdunstung, deshalb erfolgt auch an sonnigen Tagen nur eine relativ geringe Energiespeicherung. Bei ungehinderter nächtlicher Ausstrahlung kommt es zu einer schnellen Abkühlung, die kurz nach Sonnenuntergang bereits abgeschlossen ist.

Bereiche in Tallagen bilden eine eigene Klasse, da sie extrem hohe Abkühlungsbeträge und tiefe Mitteltemperaturen aufweisen. Zu der nächtlichen Abkühlung durch langwellige Ausstrahlung kommt hier noch die Temperaturabsenkung durch Ansammeln von Kaltluftabflüssen aus der Umgebung hinzu. Eine Sonderstellung nehmen die Waldflächen ein. Die Abkühlungsbeträge sind mit denen der Innenstädte vergleichbar, die mittleren Lufttemperaturen liegen aber deutlich tiefer. Die geringe Abkühlung im Wald resultiert aus der abschirmenden Wirkung des Kronendaches. Dieses verhindert aber andererseits eine starke Erwärmung tagsüber. Die tieferen Mitteltemperaturen des Waldes sind also eine Folge der niedrigeren Lufttemperaturen am Tage.

Wärmefluss Luft–Boden

Die Temperaturveränderung (ΔT) pro Zeit (Δt) eines Volumens (homogene Substanz) verhält sich wie die zu- oder abgeführte Energiemenge pro Zeit und Fläche (ΔE) zu dem Produkt aus Volumenwärme (ρc) und Schichtdicke (Δz):

$$\frac{\Delta T}{\Delta t} = \frac{\Delta E}{\rho c \cdot \Delta z} \qquad (6.17)$$

Diese Gleichung lässt sich leicht herleiten aus der Definition der Volumenwärme ρc (Gl. 6.4):

$$\rho c = \rho \cdot c_P = \rho \cdot \frac{\Delta Q}{m \cdot \Delta T} = \frac{\Delta Q}{V \cdot \Delta T} \qquad (6.18)$$

ρ Dichte [kg m^{-3}]
c_P spezifische Wärmekapazität [J kg^{-1}K^{-1}]
m Masse des Stoffes [kg]
T Temperatur [K]
Q Wärmemenge [J]
V $= m/\rho = A \cdot \Delta z$ = Fläche · Schichtdicke = Volumen

Die Volumenwärme eines Stoffes ist das Produkt aus seiner Dichte und seiner spezifischen Wärmekapazität. Sie gibt analog zur spezifischen Wärmekapazität an, wieviel Wärmeenergie notwendig ist, um die Temperatur einer Volumeneinheit eines Stoffes um 1 K zu erhöhen.

Durch Umformung der Gleichung 6.18 erhält man die Gleichung 6.19:

$$\rho c = \frac{\Delta Q}{V \cdot \Delta T} \Leftrightarrow \Delta T = \frac{\Delta Q}{\rho c \cdot V} = \frac{\Delta Q}{\rho c \cdot A \cdot \Delta z} \Leftrightarrow \frac{\Delta T}{\Delta t} = \frac{\Delta Q}{A \cdot \Delta t \cdot \rho c \cdot \Delta z} \Leftrightarrow \frac{\Delta T}{\Delta t} = \frac{\Delta E}{\rho c \cdot \Delta z}$$

da $\Delta E = \frac{\Delta Q}{A \cdot \Delta t}$ die zugeführte Energiemenge pro Fläche A und Zeit Δt ist.

Für einen trockenen Lehmboden ist ρc = 2,0 J cm^{-3}K^{-1}, für einen nassen Lehmboden ist ρc = 4,0 J cm^{-3}K^{-1}. Wenn die Strahlungsbilanz an der Oberfläche (ΔE) +90 W m^{-2} beträgt, wie stark erwärmt sich die Fläche von 1 m^2 1) eines trockenen Lehmbodens und 2) eines nassen Lehmbodens in a) 5 cm, b) 30 cm und c) 50 cm Tiefe innerhalb einer Stunde (interne Wärmeverluste unberücksichtigt)?

1a) $$\frac{\Delta T}{3600\ \text{s}} = \frac{90\ \text{J s}^{-1}\ \text{m}^{-2}}{2{,}0 \cdot 10^6\ \text{J m}^{-3}\ \text{K}^{-1} \cdot 0{,}05\ \text{m}} = 0{,}0009\ \text{K s}^{-1} \Leftrightarrow \Delta T = 3{,}24\ \text{K}$$

1b) $$\frac{\Delta T}{3600\ \text{s}} = \frac{90\ \text{J s}^{-1}\ \text{m}^{-2}}{2{,}0 \cdot 10^6\ \text{J m}^{-3}\ \text{K}^{-1} \cdot 0{,}30\ \text{m}} = 0{,}00015\ \text{K s}^{-1} \Leftrightarrow \Delta T = 0{,}54\ \text{K}$$

1c) $$\frac{\Delta T}{3600\ \text{s}} = \frac{90\ \text{J s}^{-1}\ \text{m}^{-2}}{2{,}0 \cdot 10^6\ \text{J m}^{-3}\ \text{K}^{-1} \cdot 0{,}50\ \text{m}} = 0{,}00009\ \text{K s}^{-1} \Leftrightarrow \Delta T = 0{,}32\ \text{K}$$

2a) $$\frac{\Delta T}{3600\ \text{s}} = \frac{90\ \text{J s}^{-1}\ \text{m}^{-2}}{4{,}0 \cdot 10^6\ \text{J m}^{-3}\ \text{K}^{-1} \cdot 0{,}05\ \text{m}} = 0{,}00045\ \text{K s}^{-1} \Leftrightarrow \Delta T = 1{,}62\ \text{K}$$

2b) $$\frac{\Delta T}{3600\ \text{s}} = \frac{90\ \text{J s}^{-1}\ \text{m}^{-2}}{4{,}0 \cdot 10^6\ \text{J m}^{-3}\ \text{K}^{-1} \cdot 0{,}30\ \text{m}} = 0{,}000075\ \text{K s}^{-1} \Leftrightarrow \Delta T = 0{,}27\ \text{K}$$

2c) $$\frac{\Delta T}{3600\ \text{s}} = \frac{90\ \text{J s}^{-1}\ \text{m}^{-2}}{4{,}0 \cdot 10^6\ \text{J m}^{-3}\ \text{K}^{-1} \cdot 0{,}50\ \text{m}} = 0{,}000045\ \text{K s}^{-1} \Leftrightarrow \Delta T = 0{,}16\ \text{K}$$

Die Erwärmung des nassen Lehmbodens ist um die Hälfte geringer, da das im feuchten Boden enthaltene Wasser eine höhere Volumenwärme als das Bodenmaterial selbst hat. Unberücksichtigt bleibt, dass im Fall des nassen Lehmbodens an der Bodenoberfläche ein Teil der eingestrahlten Energie zur Verdunstung verbraucht wird und damit nicht für die Bodenerwärmung zur Verfügung steht. Dadurch fällt die Erwärmung des nassen Lehmbodens noch geringer aus.

7 Luftdruck

Im Laufe der Entwicklungsgeschichte der Erde, also über mehr als 3 Mrd. Jahre, hat sich durch geo-, bio- und atmosphärenchemische Prozesse die Atmosphäre herausgebildet, die mit einem Sauerstoffgehalt von ca. 21 Vol. % seit etwa 350 Mio. Jahren höheres Leben auf dem Planeten ermöglicht (vgl. Tab. 4.1). Die gesamte Masse der Erdatmosphäre beträgt rund $5{,}2 \cdot 10^{15}$ t. Diese Masse übt auf alle Flächen, die unter ihr liegen, einen Druck, den Luftdruck, aus.

7.1 Die Erdbeschleunigung als Ursache des Luftdrucks

Dem Luftdruck und der Tatsache, dass die Luft nicht in den Weltraum entweichen kann, liegt das physikalische Grundprinzip zugrunde, dass sich Massen gegenseitig anziehen. Dieses Prinzip wird im *NEWTON'sche Gravitationsgesetz* beschrieben, aus dem sich die *Erdbeschleunigung* als vereinfachte Konstante herleitet (genaugenommen ist sie, wie sich später zeigen wird, nicht konstant). Die Erdbeschleunigung g ergibt sich aus der *Gravitationskraft* F_g, die aus der Anziehung der Masse der Erde und einer anderen Masse (in diesem Fall der Erdatmosphäre) resultiert, abzüglich der Fliehkraft k, die bei einer rotierenden Masse nach außen wirkt:

$$F_g = \mathrm{G} \cdot \frac{m_1 \cdot m_2}{r^2} \tag{7.1}$$

$$g = \frac{F_g}{m_2} - a_k \tag{7.2}$$

F_g	Gravitationskraft [N]
G	Gravitationskonstante = $6{,}672 \cdot 10^{-11}$ N m^{2}kg^{-2} = $6{,}672 \cdot 10^{-11}$ m^{3}s^{-2}kg^{-1}
m_1, m_2	Massen [kg], m_1 = Masse Erde, m_2 = Masse Atmosphäre oder eines anderen Objektes
r	Abstand der Massen [m]
g	Erdbeschleunigung [m s^{-2}]
a_k	Beschleunigung aus der Fliehkraft [m s^{-2}]

Die *Fliehkraft k* ist eine sehr kleine Größe und resultiert aus der Rotation eines Körpers: bewegt sich eine Masse auf einer kreisförmigen (oder gekrümmten) Bahn mit der Winkelgeschwindigkeit ω, so wirkt auf diese Masse eine Kraft, die vom Mittelpunkt der Bahn nach außen gerichtet ist:

$$k = \omega^2 \cdot r_\varphi \cdot m_2 = \frac{v_\varphi^2}{r_\varphi} \cdot m_2 = a_k \cdot m_2 \tag{7.3}$$

$$v_\varphi = \omega \cdot R \cdot \cos\varphi \tag{7.4}$$

ω	Winkelgeschwindigkeit der Erde [rad s^{-1}]

R	Radius der Erde [m]
m_2	Masse eines Objektes auf der Erde [kg] im Abstand r_φ von der Rotationsachse [m]
φ	Breitengrad
v_φ	Kreisbahngeschwindigkeit [m s^{-1}]

Berücksichtigt man die Masse nicht, so ergibt sich die Beschleunigung, die auf die Massen wirkt. Für die sich drehende Erde mit einer Winkelgeschwindigkeit von $7{,}3 \cdot 10^{-5}$ s^{-1}, dem Radius am Äquator (6 380 000 m) und der geographischen Breite $\varphi = 0°$ bzw. $\cos \varphi = 1$ ergibt sich für die Beschleunigung aus der Fliehkraft $a_k = 0{,}0339$ m s^{-2}.

Die Erdbeschleunigung g ergibt sich dann zu:

$$g = G \cdot \frac{m_{Erde}}{r^2} - a_k = 6{,}672 \cdot 10^{-11}\left[\mathrm{m^3 s^{-2} kg^{-1}}\right] \cdot \frac{6 \cdot 10^{24}[\mathrm{kg}]}{(6.380.000\,\mathrm{m})^2} - a_k$$

$$g = 9{,}8 \text{ m s}^{-2} - a_k \qquad (7.5)$$

Wie man sieht, hat die Beschleunigung aus der Fliehkraft a_k nur einen sehr kleinen Wert im Vergleich zur Erdbeschleunigung. Da die Fliehkraft abhängig vom Abstand r_φ von der Rotationsachse (Erdachse) ist, ändert sich auch die Erdbeschleunigung geringfügig sowohl mit der Höhe als auch mit der geographischen Breite. So beträgt sie am Äquator auf Meeresniveau 9,814 m s^{-2}, auf dem Mount Everest 9,765 m s^{-2} und an den Polen 9,83 m s^{-2}. Allerdings treten auch durch bestimmte Strukturen in der Erdkruste Anomalien der Erdbeschleunigung auf.

Die Variationen der Erdbeschleunigung mit der Höhe und mit der geographischen Breite wie auch Anomalien berücksichtigt das *Geopotential* Φ. Dieses entspricht der Arbeit, die nötig ist, um eine Masse von der Höhe Normal Null (NN) oder von einer bestimmten Höhe um die Höhe dz anzuheben. Flächen gleichen Geopotentials sind eben zur Erdoberfläche. Die Änderung des Geopotentials mit der Höhe z stellt sich dar als:

$$d\Phi = g\, dz \qquad (7.6)$$

Der *Luftdruck p*, mit dem die Atmosphäre auf alle unter ihr liegenden Flächen wirkt, ist gleich der Kraft [N], die die Masse [kg] einer Luftsäule, die mit der Erdbeschleunigung g [m s^{-2}] angezogen (beschleunigt) wird, auf eine Fläche [m^2] ausübt. Der Luftdruck ergibt sich aus der Masse der Luft (M_L), die mit der Erdbeschleunigung (g) auf die Fläche der Erde (A_E) gedrückt wird:

$$p = \frac{M_L \cdot g}{A_E} = 1{,}013 \cdot 10^5 \text{ N m}^{-2} = 1{,}013 \cdot 10^5 \text{ Pa} = 1013 \text{ hPa} \qquad (7.7)$$

M_L	$5{,}27 \cdot 10^{18}$ kg
g	9,8 m s^{-2}
A_E	$510 \cdot 10^6$ km^2

Wie bereits dargestellt, wirken Gravitation und Fliehkraft auf alle Objekte auf der Erde, in der Atmosphäre und im Weltraum. Von großer Bedeutung für die weltweite Kommunikation und

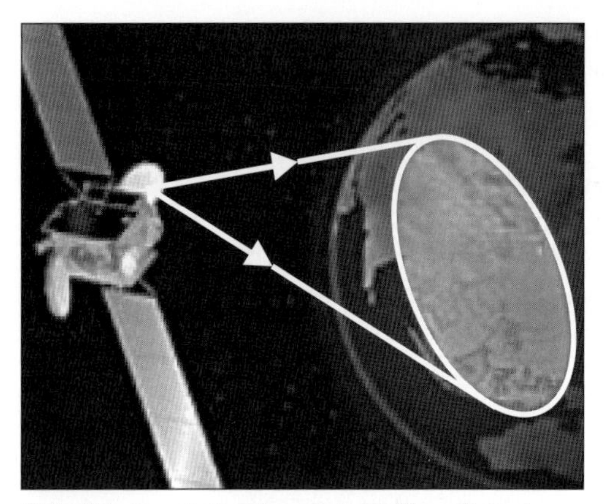

Abb. 7.1: Geostationärer Satellit über Ostasien

die Wettervorhersage sind geostationäre Satelliten. Diese Satelliten werden an einem bestimmten Platz im Weltraum positioniert, um von dort kontinuierlich mit Sensoren die unter ihnen liegende Erdoberfläche bzw. Atmosphäre abzutasten oder elektronische Daten über einem bestimmten Ausschnitt der Erdoberfläche auszusenden (Abb. 7.1). Damit ein geostationärer Satellit (z. B. äquatorstationär, wie die Satelliten der Meteosat-Serie) am Himmel bleibt und nicht durch die Erdanziehung auf die Erde stürzt bzw. durch die Fliehkraft in den Weltraum hinausgeschleudert wird, muss er eine bestimmte Flughöhe auf seiner Kreisbahn haben.

Da er stationär über einem bestimmten Punkt auf dem Globus sein soll, muss seine Winkelgeschwindigkeit derjenigen der Erde entsprechen, d. h. sie muss $\omega = 7{,}3 \cdot 10^{-5}\ s^{-1}$ betragen. Für das Gleichgewicht muss gelten:

$$F_g = G \cdot \frac{m_1 \cdot m_2}{r^2} = m_2 \cdot \omega^2 \cdot r = k \qquad (7.8)$$

$$r = \sqrt[3]{\frac{G \cdot m_1}{\omega^2}} = 42.194 \text{ km} \qquad (7.9)$$

m_1	Masse der Erde
m_2	Masse des Satelliten
r	Abstand zum Erdmittelpunkt
	= Erdradius (6 378 km) + Höhe des Satelliten

Die Masse des Satelliten kürzt sich heraus, spielt also keine Rolle, der Flugabstand muss dann gleich 35 816 km (42 194 km minus Erdradius) sein.

7.2 Luftdruckmessung

E. Torricelli (1608 – 1647), der Nachfolger von G. Galilei in Florenz, führte 1643 die ersten Experimente mit einem Quecksilberbarometer durch, wodurch der Luftdruck erstmals genauer nachgewiesen werden konnte.

Das einfache *Gefäßbarometer* (Torricelli'sches Vakuum) besteht aus einem auf der einen Seite zugeschmolzenen und mit Quecksilber gefüllten Glasrohr, das mit der offenen Seite in einem ebenfalls mit Quecksilber gefüllten offenen Gefäß steht. Der auf der offenen Quecksilberfläche lastende Luftdruck hält das Quecksilber bis zu einer bestimmten Höhe in der Röhre. Diese beträgt auf Meeresniveau ca. 760 mm Quecksilber. Millimeter Quecksilber (kurz: [mm Hg]) wurde früher als physikalische Einheit für den Luftdruck verwendet, zu Ehren von Torricelli auch als

[torr] bezeichnet. Ein vergleichbares Barometer kann auch anstatt mit Quecksilber mit Wasser konstruiert werden. Hier beträgt die Höhe der Wassersäule dann ca. 10 m.

Für exakte Messungen des Luftdrucks finden *Heber-Barometer* Verwendung. Dies sind ebenfalls Quecksilber-Barometer, bei denen der zweite Schenkel eines an einer Seite zusammengeschmolzenen Glasrohres das Gefäß bildet. Beim Stationsbarometer wird der obere Meniskus abgelesen.

Zur fortlaufenden Aufzeichnung des Luftdrucks, aber auch für die Messung des Luftdrucks in tragbaren Geräten und auf Schiffen, werden *Aneroid-Barometer* (Dosen-, Metallbarometer) benutzt. Dieses 1847 von VIDI erfundene Barometer besteht aus einer (oder mehreren) geschlossenen, luftleeren, flachen, zylindrischen Metalldosen mit elastischen wellblechartigen Grundflächen. In der Dose befindet sich eine Feder, die das Zusammendrücken der Dose durch den Luftdruck verhindert. Ändert sich der Luftdruck, wird die Dose so mehr oder weniger zusammengedrückt. Diese Änderung wird über eine Mechanik auf einen Zeiger oder auf einen Schreibarm übertragen. Temperaturschwankungen, die sich sowohl auf Quecksilber- wie auf Aneroid-Barometer auswirken, müssen rechnerisch oder durch eine Mechanik (Aneroid-Barometer) ausgeglichen werden.

7.3 Grundlegende physikalische Gesetzmäßigkeiten

Da sich der Luftdruck aus der Masse einer Luftsäule ergibt, die sich über einem Punkt auf der Erdoberfläche befindet, ist es leicht einleuchtend, dass mit zunehmender Höhe über dem Meeresspiegel (NN) die Höhe der Luftsäule und damit auch ihre Masse abnimmt.

Experimentell nachgewiesen wurde diese Tatsache zuerst auf Veranlassung von B. PASCAL (1623–1662) von dessen Schwager PÉRIER, der 1648 Luftdruckmessungen am Fuß und auf dem Gipfel des Puy de Dôme bei Clermont Ferrand durchführte.

„... Dies verschaffte uns keine geringe Genugtuung, da wir sahen, dass die Höhe der Quecksilbersäule sich entsprechend der Höhe des Ortes verminderte“, so PÉRIER in einem Brief an PASCAL (SCHNEIDER-CARIUS 1955).

Betrachtet man dünne horizontale Schichten der Atmosphäre, in denen die Dichte der Luft konstant ist, so ist der Druck nur abhängig von der Höhe der Luftsäule. Abnehmende Höhe über *Normal Null* (NN), also $-dz$ (= zunehmende Höhe der Luftsäule), führt damit zu einer Zunahme des Druckes $+dp$, wohingegen zunehmende Höhe, also $+dz$ (= abnehmende Höhe der Luftsäule) zu einer Abnahme des Luftdrucks $-dp$ führt. Diesen Zusammenhang beschreibt die *hydrostatische Grundgleichung*:

$$dp = -g \cdot \rho \cdot dz \tag{7.10}$$

Die Druckänderung mit der Höhe ist umgekehrt proportional zur Höhenänderung.

Unter Berücksichtigung der Beziehung, die das Geopotential beschreibt (Gl. 7.6), kann die hydrostatische Grundgleichung auf dieses bezogen werden:

$$dp = -\rho \cdot d\Phi \tag{7.11}$$

Abbildung 7.2 verdeutlicht diesen Zusammenhang unter der Annahme dünner, horizontaler Schichten in der Atmosphäre.

1664 fand R. BOYLE und, unabhängig von ihm, 1676 E. MARIOTTE einen allgemeinen Zusammenhang zwischen Druck und Volumen eines idealen Gases bei konstanter Temperatur (BOYLE-MARIOTTE-Gesetz). Danach ist das Produkt aus Volumen und Druck bei gleichbleibender Temperatur konstant.

$$p \cdot V = p_0 \cdot V_0 \text{, bei } T = \text{const.,} \tag{7.12}$$

$$\frac{p}{\rho} = \frac{p_0}{\rho_0} \text{, bei } T, n = \text{const.} \tag{7.13}$$

p	Druck des Gases [Pa]
V	Volumen des Gases [m^3]
ρ	Dichte des Gases [$kg\,m^{-3}$]
T	Temperatur [K]
N	Stoffzahl [mol]

In diesem Zusammenhang muss der Begriff des idealen Gases eingeführt werden. Bei einem idealen Gas werden seine Teilchen (Atome/Moleküle) wie Punktteilchen der klassischen Mechanik, die zueinander keine Wechselwirkung haben, behandelt. Dies trifft bei niedrig siedenden und einfach zusammengesetzten Gasen bei niedrigen Drücken mit großer Näherung zu, so dass diese wie ideale Gase behandelt werden können. Unter Normalbedin-

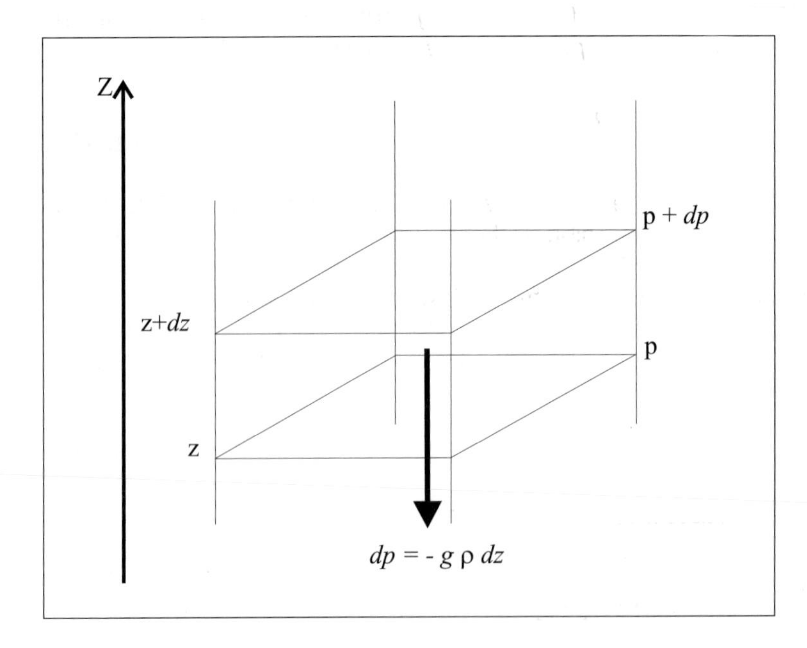

Abb. 7.2: Ableitung der hydrostatischen Grundgleichung unter der Annahme dünner, horizontaler Schichten in der Atmosphäre

gungen können daher die physikalischen Beziehungen von idealen Gasen auf die Luft (trocken und feucht) übertragen werden.

Das GAY-LUSSAC-Gesetz (L.-J. GAY-LUSSAC, franz. Physiker, 1778–1850) beschreibt den Zusammenhang von Volumen und absoluter Temperatur eines Gases. Danach verändert sich das Volumen eines Gases bei konstantem Druck proportional zur absoluten Temperatur:

$$V = V_0 \cdot (1 + \gamma \cdot \Delta T) \quad \text{bei } p = \text{const.}, T \text{ in [K]} \tag{7.14}$$

Dabei ist der *Ausdehnungskoeffizient* γ das Maß für die relative Volumenänderung bei einer Temperaturänderung. Sein Wert ist bei einem idealen Gas konstant (reale, verdünnte Gase verhalten sich fast ebenso):

$$\gamma = 0{,}003661 \ \text{K}^{-1} = \frac{1}{273{,}15} \ \text{K}^{-1} \tag{7.15}$$

Die *Zustandsgleichung eines idealen Gases* – in diesem Zusammenhang angewandt auf das Gasgemisch Luft – beschreibt den Zusammenhang zwischen Druck, Volumen und Temperatur eines Gases in einem Ausgangszustand und den gleichen Größen bei einem beliebigen Endzustand. Aus der Verbindung des GAY-LUSSAC-Gesetzes und des BOYLE-MARIOTTE-Gesetzes ergibt sich, bezogen auf die Masse der Luft, dass das Produkt aus Druck p und Volumen V proportional dem aus Masse m und absoluter Temperatur T ist. Bezogen auf die Molzahl n (Anzahl von Mol) ergibt sich:

$$\frac{p \cdot V}{n} = \text{R} \cdot T \quad \text{bzw.} \quad p \cdot V = n \cdot \text{R} \cdot T \tag{7.16}$$

Wenn statt der Molzahl die Masse der Luft Verwendung findet, wird statt der *allgemeinen Gaskonstanten* ($\text{R} = 8{,}314 \ \text{J mol}^{-1}\text{K}^{-1}$) die spezifische Gaskonstante verwendet:

$$\frac{p \cdot V}{m} = \text{R}_s \cdot T \quad \text{bzw.} \quad p \cdot V = m \cdot \text{R}_s \cdot T \tag{7.17}$$

R_s ist hier die spezifische Gaskonstante für Luft, die sich aus dem Verhältnis der allgemeinen Gaskonstanten zur Molmasse der Luft ergibt. Sie beträgt $286{,}8 \ \text{J kg}^{-1}\text{K}^{-1}$.

Die Dichte der Luft (also ihre Masse pro Volumen) ist, wie man durch Umformung der Zustandsgleichung des idealen Gases sehen kann, umgekehrt proportional der Temperatur sowie abhängig vom Luftdruck. Damit berechnet sich die Dichte der trockenen Luft nach:

$$\rho_t = \frac{\rho_0}{1 + \gamma \cdot t} \cdot \frac{p_t}{p_0} \tag{7.18}$$

$p_{0,t}$	Druck des Gases [Pa]
$\rho_{0,t}$	Dichte des Gases [kg m^{-3}]
t	Temperatur [°C]
γ	Ausdehnungskoeffizient [$°\text{C}^{-1}$]

Trockene Luft, die nur O_2, N_2, Ar und andere Spurengase, aber keinen Wasserdampf $H_2O_{(g)}$ enthält, ist schwerer als feuchte Luft. Die Größe des Unterschiedes kann man erkennen, wenn man den Quotienten aus der Summe der Molekulargewichte der trockenen Luft (bzw. ihrer Dichte) und dem Molekulargewicht des Wasserdampfes (bzw. seiner Dichte) bestimmt (vgl. hierzu auch Gl. 9.11 und 9.12):

$$\frac{\rho_w}{\rho_t} = \frac{M_w}{M_t} = 0{,}622 \tag{7.19}$$

M_w Molmasse des Wasserdampfes
M_t Molmasse der trockenen Luft
ρ_t Dichte der trockenen Luft
ρ_w Dichte des Wasserdampfes

Bei der Bestimmung der Dichte der feuchten Luft muss dieses Verhältnis durch einen zusätzlichen Term $1-0{,}378 \cdot \frac{e}{p_t} = 1-\left(1-\frac{\rho_w}{\rho_t}\right)\cdot\frac{e}{p_t}$ berücksichtigt werden.

Somit ergibt sich für die *Dichte der feuchten Luft*

$$\rho_f = \frac{\rho_0}{1+\gamma \cdot t} \cdot \frac{p_t}{p_0} \cdot \left(1-0{,}378\frac{e}{p_t}\right) \tag{7.20}$$

$p_{0,t}$ Druck des Gases [Pa]
$\rho_{0,t}$ Dichte des Gases [kg m^{-3}]
t Temperatur [°C]
γ Ausdehnungskoeffizient [°C^{-1}]
e Wasserdampfdruck [Pa]

7.4 Die Änderung des Luftdrucks mit der Höhe

Die hydrostatische Grundgleichung – der Zusammenhang zwischen Druck- und Höhenänderung – gilt, wie oben gesagt, nur für geringe Höhenintervalle in der Atmosphäre. Dies wird beispielhaft leicht ersichtlich, wenn man aus der hydrostatischen Grundgleichung versucht, die Höhe der Atmosphäre zu berechnen. Löst man die Gleichung unter der Voraussetzung konstanter Dichte und konstantem Druck nach *z* (der Höhe) auf, so ergibt sich nach

$$z = \frac{p}{\rho \cdot g} = \frac{1{,}013 \cdot 10^5 \text{ Pa}}{1{,}286 \text{ kg m}^{-3} \cdot 9{,}81 \text{ m s}^{-2}} = \frac{1{,}013 \cdot 10^5 \text{ kg m s}^{-2} \text{ m}^{-2}}{1{,}286 \text{ kg m}^{-3} \cdot 9{,}81 \text{ m s}^{-2}} = 8029 \text{ m} \tag{7.21}$$

eine – gemessen an den tatsächlichen Verhältnissen (vgl. Kap. 4.1) – völlig unrealistische Höhenlage der Obergrenze der Atmosphäre.

Unter Berücksichtigung der Dichte- und Temperaturänderung mit der Höhe baut sich die hydrostatische Grundgleichung zur *Barometrischen Höhenformel* aus. Für die Dichteänderung mit der Höhe wird die Zustandsgleichung idealer Gase herangezogen, wobei p_0 der Druck eines Ausgangsniveaus ist:

$$p_0 \cdot V = n \cdot \mathrm{R} \cdot T = \frac{m}{M_L} \cdot \mathrm{R} \cdot T \text{ oder } \frac{1}{V} = \frac{M_L \cdot p_0}{m \cdot \mathrm{R} \cdot T} \qquad (7.22)$$

M_L	Molmasse der Luft = 28,96 kg kmol^{-1}
M	Masse der Luft [kg]
n	Molzahl [mol]
p_0	Druck [Pa]
R	universelle Gaskonstante = 8,315 · 103 J kmol^{-1}K^{-1}
T	Temperatur [K]

Die Beschreibung der Dichte der Luft ρ_L kann danach aus der Zustandsgleichung eines idealen Gases entwickelt werden:

$$\rho_L = \frac{m}{V} = \frac{m \cdot M_L \cdot p_0}{m \cdot \mathrm{R} \cdot T} = \frac{M_L \cdot p_0}{\mathrm{R} \cdot T} \qquad (7.23)$$

Setzt man diesen Term für die Dichte in der hydrostatischen Grundgleichung ein, so erhält man für die Änderung des Druckes *dp* vom Ausgangsniveau p_0 mit der Höhe *dz*:

$$dp = -p_0 \cdot \frac{M_L \cdot g}{\mathrm{R} \cdot T} \cdot dz \qquad (7.24)$$

Die Integration dieser Gleichung unter Vernachlässigung der Höhenabhängigkeit der Temperatur liefert

$$p = p_0 \cdot e^{\left(-\frac{\mathrm{M_L} \cdot \mathrm{g}}{\mathrm{R} \cdot T} \cdot z\right)} = p_0 \cdot \exp\left(-\frac{\mathrm{M_L} \cdot \mathrm{g}}{R \cdot T} \cdot z\right) \qquad (7.25)$$

oder, da M_L, g und R bei zulässiger Näherung Konstanten (zusammengefasst in einer Konstanten C) sind, ergibt sich die Barometrische Höhenformel nach:

$$p = p_0 \cdot \exp\left(-\mathrm{C} \cdot \frac{z}{T}\right) \quad \text{bzw.} \quad \ln p = \ln p_0 - \frac{\mathrm{C} \cdot z}{T} \qquad (7.26)$$

Bezieht man Gleichung 7.26 nicht auf den natürlichen Logarithmus zur Basis e = 2,7183.., sondern auf den dekadischen Logarithmus zur Basis 10, ergibt sich:

$$p = p_0 \cdot 10^{\left(-\mathrm{C}_{10} \cdot \frac{z}{T}\right)} \qquad (7.27)$$

Wird Gleichung 7.27 logarithmiert, erhalten wir eine leicht handhabbare Form der Barometrischen Höhenformel

$$\log p = \log p_0 - \frac{z}{18400 \cdot (1 + \gamma \cdot \bar{t})} \quad (7.28)$$

aus der sich ebenfalls die Höhenlage *z* des Druckniveaus *p* ableiten lässt:

$$z = 18400 \cdot \log \frac{p_0}{p} \cdot (1 + \gamma \cdot \bar{t}) \text{ [m]} \quad (7.29)$$

Dabei ist 1/18400 [m^{-1}] (genauer 1/18388) die Konstante C_{10} für die Verwendung der Temperatur in °C, $\bar{t} = (t_{z0} + t_z)/2$ [°C] die Mitteltemperatur der Schicht der Dicke *z* von p_0 bis *p*, *z* die Höhenlage in [m] und γ der Ausdehnungskoeffizient der Luft 1/273,15°C = 0,00366°C^{-1}. Gleichung 7.28 liefert nach Berechnung von $p = 10^{\log p}$ Werte in [hPa], Gleichung 7.29 Werte in [m].

Die Barometrische Höhenformel dient mit hinreichender Genauigkeit zur Bestimmung von Luftdruck oder Höhe über NN bei bekanntem Luftdruck und Höhe eines Ausgangsniveaus sowie der Mitteltemperatur der Luftschicht zwischen den beiden Höhen. Mit Hilfe der Barometrischen Höhenformel können z. B. die Höhen der in der Wettervorhersage häufig verwendeten Druckniveaus 850, 500 und 100 hPa näherungsweise – unter Vernachlässigung des temperaturabhängigen Dichteterms $(1 + \gamma \cdot \bar{t})$ – berechnet werden. Nimmt man als Druck für Normal Null (NN) den Normalluftdruck von 1 013 hPa an, so ergibt sich für das Druckniveau von 850 hPa eine Höhe von:

$$z = 18\,400 \text{ m} \cdot \log \frac{1\,013 \text{ hPa}}{850 \text{ hPa}} = 1\,401{,}9 \text{ m}$$

für 500 hPa eine Höhe von 5 642 m und für 100 hPa eine Höhe von 18 503 m, was jeweils im Bereich der tatsächlich vorkommenden Höhenlagen dieser Druckniveaus liegt.

Die Temperaturabhängigkeit der Barometrischen Höhenformel zeigt sich sehr anschaulich, wenn man das Höhenintervall, das einer Druckabnahme von 1 hPa nahe dem Meeresspiegel (also NN) entspricht, für verschiedene Temperaturen unter Berücksichtigung des Terms $(1 + \gamma \cdot \bar{t})$ berechnet.

7.5 Anwendungen

7.5.1 Reduzierung des Luftdrucks auf Meeresspiegelniveau

Der Luftdruck ist, wie im vorangegangenen Kapitel gezeigt wurde, eine stark höhenabhängige Größe. Um Luftdruckmesswerte verschiedener Klimastationen vergleichbar zu machen,

Temperatur (°C)	$(1 + \gamma \cdot \bar{t})$	Höhenintervall (m) einer Druckänderung von 1 hPa
30	1,109	8,75
20	1,073	8,46
10	1,036	8,17
0	0	7,89

Tab. 7.1: Temperaturabhängigkeit der Barometrischen Höhenformel

müssen die Originalwerte jeweils auf den entsprechenden Luftdruck in Meeresspiegelniveau umgerechnet werden. Dies geschieht mit Hilfe der Barometrischen Höhenformel (Gl. 7.28). Würde man diese Reduktion, z. B. bei der Herstellung von Bodenwetterkarten, nicht vornehmen, so ergäbe der Verlauf der Isobaren (Isolinien gleichen Luftdrucks) eine Abbildung der orographischen Verhältnisse, mit abnehmendem Luftdruck bei zunehmender Geländehöhe.

Nehmen wir an, an einer Station in 460 m ü. NN wird ein Luftdruck von 960 hPa gemessen. Die Temperatur beträgt hier 25 °C. Um den Luftdruck im Meeresspiegelniveau NN (p_0) berechnen zu können, muss die Barometrische Höhenformel aus Gleichung 7.28 umgestellt werden:

$$\log p_0 = \log p + \frac{z}{18400\ \text{m} \cdot (1 + \gamma \cdot \bar{t})} \tag{7.30}$$

Um diese Gleichung zu lösen, muss zunächst die Mitteltemperatur $\bar{t}$ der Schicht von p_0 bei 0 m ü. NN bis p bei 460 m ü. NN berechnet werden:

$$\begin{aligned} \bar{t} &= \frac{(t_0 + t_1)}{2} = \frac{((25°\text{C} + 460\text{m} \cdot 0{,}01\text{Km}^{-1}) + 25°\text{C})}{2} \\ &= \frac{(29{,}6°\text{C} + 25°\text{C})}{2} = 27{,}3°\text{C} \end{aligned} \tag{7.31}$$

Es ergibt sich für den auf NN reduzierten Luftdruck, der an der Klimastation bei p = 960 hPa liegt:

$$\log p_0 = \log 960\ \text{hPa} + \frac{460\ \text{m}}{18400\ \text{m} \cdot \left(1 + \frac{1}{273{,}15°\text{C}} \cdot 27{,}3°\text{C}\right)} \tag{7.32}$$

und weiter

$$\begin{aligned} \log p_0 &= 2{,}982 + \log \text{hPa} + \frac{460\ \text{m}}{18400\ \text{m} \cdot 1{,}0999} = 2{,}982 + \log \text{hPa} + 0{,}023 \\ &= 3{,}005 + \log \text{hPa} \end{aligned}$$

$$\Leftrightarrow p_0 = 10^{3{,}005 + \log \text{hPa}} = 10^{3{,}005} \cdot 10^{\log \text{hPa}} = 1011{,}6\ \text{hPa} \tag{7.33}$$

Der dem Stationsluftdruck von 960 hPa entsprechende, auf das Meeresniveau bezogene Luftdruck beträgt 1 011,6 hPa. Diese Luftdruckangabe ist nur noch von den Druckverhältnissen in der Atmosphäre, nicht aber von der Höhe des Messortes abhängig.

7.5.2 Bestimmung von Außendruck und Außentemperatur in Flughöhe

Falls der Luftdruck und die Lufttemperatur sowie die Feuchteverhältnisse am Boden bekannt sind, kann man für eine beliebige Flughöhe den ein Flugzeug umgebenen Luftdruck und die Außentemperatur bestimmen.

Wir nehmen an, am Boden liegt ein Luftdruck von 1005 hPa (p_0) und eine Temperatur von 12°C (t_0) vor. Die Flughöhe, für die Luftdruck (p_1) und Lufttemperatur (t_1) bestimmt werden sollen, beträgt 11000 m.

Zunächst ist die Bestimmung der Mitteltemperatur der Luftschicht vom Boden bis in 11000 m Höhe notwendig. Hierbei ist die Höhe des Kondensationsniveaus (vgl. Kap. 9) zu beachten. Unterhalb des Kondensationsniveaus kühlt sich die Luft trockenadiabatisch um 0,01 Km^{-1} ab, darüber beträgt die feuchtadiabatische Abkühlung nur noch rund 0,005 Km^{-1} (vgl. Kap. 6.3.2). Um die Höhe des Kondensationsniveaus zu bestimmen, sind Angaben über die Feuchteverhältnisse am Boden notwendig. Je feuchter die Bodenluft ist, desto niedriger liegt das Kondensationsniveau. Als Feuchtemaß wurde am Boden eine Taupunkttemperatur von 2,5°C bestimmt, das heißt, dass bei dieser Lufttemperatur die relative Feuchte 100% beträgt und das Kondensationsniveau erreicht ist (vgl. Kap. 9).

Um eine Lufttemperatur von 2,5°C zu erreichen, muss sich die Bodenluft um 9,5 K abkühlen, also trockenadiabatisch um 950 m aufsteigen. Das Kondensationsniveau liegt also in einer Höhe von 950 m über dem Boden. Ab dieser Höhe kühlt sich die Luft feuchtadiabatisch um 0,005 Km^{-1} bis zur Flughöhe von 11000 m ab. Also beträgt die Lufttemperatur 12°C am Boden, 2,5°C in 950 m Höhe und −47,75°C in 11 km Höhe (2,5°C − 10050 m · 0,005 Km^{-1} = 2,5°C − 50,25 K)

und die Mitteltemperatur der Luftschicht vom Boden bis in 11 km Höhe:

$$\bar{t} = \frac{(t_0 + t_1)}{2} = \frac{((12\,°C + -47{,}75\,°C)}{2} = \frac{-35{,}75\,°C}{2} = -17{,}875\,°C \qquad (7.34)$$

Jetzt kann mit Hilfe der Barometrischen Höhenformel (Gl. 7.28) der Luftdruck in Flughöhe bestimmt werden:

$$\log p_1 = \log p_0 - \frac{z}{18400\,\text{m} \cdot (1 + \gamma \cdot \bar{t})}$$

$$\log p_1 = \log 1005\,\text{hPa} - \frac{11.000\,\text{m}}{18400\,\text{m} \cdot \left(1 + \frac{1}{273{,}15\,°C} \cdot (-17{,}875\,°C)\right)}$$

$$\log p_1 = 3{,}002 + \log \text{hPa} - \frac{11.000\,\text{m}}{18400\,\text{m} \cdot 0{,}935}$$

$$= 3{,}002 + \log \text{hPa} - 0{,}64 = 2{,}362 + \log \text{hPa}$$

$$\Leftrightarrow p_1 = 10^{2{,}362 + \log \text{hPa}} = 10^{2{,}362} \cdot 10^{\log \text{hPa}} = 230{,}1\,\text{hPa} \qquad (7.35)$$

In der Flughöhe von 11 km liegt bei den vorgegebenen Ausgangsbedingungen ein Luftdruck von 230,1 hPa und eine Außentemperatur von −47,8°C vor.

8 Wind

Wind entsteht aufgrund von Luftdruckunterschieden als horizontale Luftmassen-Ausgleichsbewegung vom hohen zum tiefen Druck. Als Bewegungsgröße ist der Wind somit das einzige Klimaelement, das neben einer skalaren (die Windgeschwindigkeit in [m s^{-1}]) auch eine vektorielle Komponente hat (die Windrichtung; allgemein die horizontale Richtungskomponente in Grad, benannt nach der Richtung, aus der der Wind in Bezug auf einen Messort weht, oder unter Einbeziehung der vertikalen Komponente ein resultierender Raumvektor).

Bei der Betrachtung von Luftbewegungen muss unterschieden werden zwischen

- dem Wind der freien Atmosphäre (nur beeinflusst durch Druckunterschiede, innere Reibung und planetarische Kräfte) und
- dem Wind in Bodennähe, der durch den Strömungswiderstand der Erdoberfläche (die Reibungskräfte der als Bodenrauigkeit bezeichneten Oberflächeneigenschaften) entscheidend beeinflusst wird.

Dementsprechend beschäftigt sich dieses Kapitel zunächst mit den Prinzipien, denen der Wind in der freien Atmosphäre folgt, sodann mit den Besonderheiten des Windes in Bodennähe und geht auf die Möglichkeiten der Windmessung ein. Da der Wind als Ausgleichsströmung zwischen Luftdruckunterschieden immer an entsprechende Druckgebilde gebunden ist, stellt ein weiterer Abschnitt diese Zusammenhänge dar. In verschiedenen Anwendungen werden schließlich insbesondere Beispiele für die Übertragung der Sachverhalte auf Fragen der Geländeklimatologie und der Nutzung von Windenergie diskutiert.

8.1 Grundgrößen der Luftbewegung in der freien Atmosphäre

8.1.1 Gradientkraft

Die Luftbewegung in der freien Atmosphäre, wie auch in der atmophärischen Grundschicht stellt einen Massenfluss dar, also den Fluss einer Masse Luft von einem Punkt zum anderen. Antrieb dieses Massenflusses ist das Streben nach dem Ausgleich von Unterschieden. Dieser Unterschied an Luftmasse ergibt sich in der Atmosphäre durch Druckunterschiede. Man spricht von Hochdruckgebieten, also Orten auf der Erde oder in der Atmosphäre mit relativ höherem Druck als der ihrer Umgebung und Tiefdruckgebieten, in denen der Druck relativ niedriger ist als in der Umgebung. Solche Gebilde können thermisch und dynamisch entstehen (vgl. Kap. 8.4).

Die Kraft, die bei dem Ausgleich von Druckunterschieden auftritt, ist die *Gradientkraft*. Betrachtet man zwei Punkte in der Atmosphäre, zwischen denen die Strecke Δn liegt und eine Druckdifferenz (Druckunterschied) Δp herrscht, so kommt es zu einem Massenfluss der Luftmoleküle vom höheren zum tieferen Druck. Da Druck gleich Kraft F pro Fläche A ist, entspricht eine Druckänderung pro Strecke einer Kraft pro Fläche mal Strecke oder Kraft pro Volumen:

$$\frac{\Delta p}{\Delta n} \mathrel{\hat{=}} \frac{\mathrm{F}}{\mathrm{A} \cdot \mathrm{n}} = \frac{\text{Kraft}}{\text{Fläche} \cdot \text{Strecke}} = \frac{\text{Kraft}}{\text{Volumen}} \qquad (8.1)$$

Teilt man diese Beziehung durch die Dichte der Luft ρ, so erhält man die Gradientkraft als eine Kraft pro Masseneinheit:

$$\frac{\Delta p}{\Delta n} \cdot \frac{1}{\rho} \mathrel{\hat{=}} \frac{F}{V} \cdot \frac{1}{\rho} = \frac{F}{V} \cdot \frac{V}{m} = \frac{F}{m} \tag{8.2}$$

Da nach dem zweiten NEWTON'schen Gesetz (vgl. Gl. 2.3) gilt:

$$F = m \cdot a = m \cdot \frac{\Delta u}{\Delta t} \tag{8.3}$$

(Kraft ist gleich Masseneinheit mal Geschwindigkeitsveränderung Δu pro Zeitveränderung Δt (= Beschleunigung)), ergibt sich für die *Gradientbeschleunigung*:

$$a_G = \frac{\Delta p}{\Delta n} \cdot \frac{1}{\rho} = \frac{F}{m} = \frac{m \cdot \frac{\Delta u}{\Delta t}}{m} = \frac{\Delta u}{\Delta t} \tag{8.4}$$

a_G	Gradientbeschleunigung [m s⁻²]
m	Masse [kg]
n	Strecke, Distanz [m]
p	Luftdruck [hPa]
u	Geschwindigkeit [m s⁻¹]
ρ	Luftdichte [kg m⁻³]

Multipliziert mit der Masse eines so beschleunigten Luftvolumens ergibt sich die wirkende Gradientkraft:

$$G = \frac{\Delta p}{\Delta n} \cdot \frac{1}{\rho} \cdot m \,[\mathrm{N}] \tag{8.5}$$

G	Gradientkraft [N]

Betrachtet man nun zwei übereinander liegende Luftpakete, so hat nach der Barometrischen Höhenformel das höhere einen niedrigeren Druck als das tiefer liegende. Warum strömt nun die Luft nicht von unten (höherer Druck) nach oben? Betrachtet man den Fall, dass Luft vom höheren zum tieferen Druck nach oben beschleunigt würde, ergibt sich folgender Sachverhalt:

Für den Druckunterschied Δp mit der Höhe kann die hydrostatische Grundgleichung (Gl. 7.10) eingesetzt werden:

$$G = \frac{\Delta p}{\Delta n} \cdot \frac{1}{\rho} = \frac{-\rho \cdot g \cdot \Delta z}{\Delta n} \cdot \frac{1}{\rho} \tag{8.6}$$

z	Höhenunterschied [m]
g	Erdbeschleunigung [m s⁻²]
ρ	Luftdichte [kg m⁻³]

Da Δn als Höhenunterschied gleich Δz ist, lässt sich Gleichung 8.6 auch schreiben als:

$$G = \frac{\Delta p}{\Delta n} \cdot \frac{1}{\rho} = \frac{-\rho \cdot g \cdot \Delta z}{\Delta z} \cdot \frac{1}{\rho} = -g \qquad (8.7)$$

Die Gradientbeschleunigung mit der Höhe ist also gleich der negativen Erdbeschleunigung, beide heben sich auf! Damit kann ohne einen externen Antrieb keine vertikale Luftbewegung aufgrund des höhenabhängigen Druckunterschiedes stattfinden.

8.1.2 Corioliskraft und Zentrifugalkraft

Auf jede Masse, sei es die Luft oder Körper in der Atmosphäre oder auf der Erde, die sich in einem mit der Winkelgeschwindigkeit ω rotierendem Bezugssystem mit einer Geschwindigkeit u relativ zu diesem Bezugssystem bewegt, wirkt eine Trägheitskraft, die *Corioliskraft*. Die Winkelgeschwindigkeit der Erde ist im Kapitel 3.1 ausführlich erläutert (Gl. 3.1 – 3.3). Anders als die Winkelgeschwindigkeit ist die Bahngeschwindigkeit (Kap. 3.1, Gl. 3.4 – 3.6 und Abb. 3.3) von der geographischen Breite abhängig. Die Geschwindigkeit auf einer kreisförmigen Bahn um die Erdachse ist bei gleicher Winkelgeschwindigkeit vom Radius der Kreisbahn abhängig. Da der Erdradius vom Äquator zu den Polen abnimmt, verringert sich entsprechend die Mitführgeschwindigkeit eines Teilchens, je höher die geographische Breite seiner Lage ist.

Für jedes Teilchen (jede Masse) auf der Erde lässt sich die Mitführgeschwindigkeit v_φ aus der Erddrehung entsprechend der geographischen Breite berechnen:

$$v_\varphi = \frac{2 \cdot \pi}{86164 \text{ s}} \cdot r \cdot \cos\varphi \qquad (8.8)$$

oder

$$v_\varphi = \omega \cdot r \cdot \cos\varphi \qquad (8.9)$$

wobei

$$\omega = \frac{2 \cdot \pi}{86164 \text{ s}} = 7{,}3 \cdot 10^{-5} s^{-1} \qquad (8.10)$$

Am Äquator ist	$v_{Ä} = 465{,}2 \text{ m s}^{-1} = 1675 \text{ km h}^{-1}$
in Bochum	$v_{Bo} = 289{,}6 \text{ m s}^{-1} = 1043 \text{ km h}^{-1}$
am Pol ($\varphi = 90°$ und $\cos \varphi = 0$)	$v_{Pol} = 0 \text{ m s}^{-1} = 0 \text{ km h}^{-1}$.

Ein Teilchen, das vom Äquator in Richtung eines Pols verlagert wird, behält die aus der größeren Bahngeschwindigkeit am Äquator höhere Mitführgeschwindigkeit bei und bewegt sich daher schneller in Richtung der Erdrotation als die Land-/Seemasse unter dem Teilchen. Relativ zur Erdoberfläche ergibt sich daraus eine Ablenkung nach Osten. Im umgekehrten Fall einer Teilchenverlagerung vom Pol in Richtung Äquator hat das Teilchen eine geringere

Geschwindigkeit als die Erdoberfläche unter ihm. Es wird daher gegen die Erdrotation, also nach Westen abgelenkt. Die scheinbare Kraft, die für diese Ablenkungen verantwortlich ist, nennt man *Corioliskraft*. Da die Corioliskraft keine eigene Kraft ist, sondern nur aus der Bewegung der Erde und von Teilchen auf der Erde entsteht, wird sie richtig auch als Scheinkraft bezeichnet. Die Corioliskraft bewirkt auf der Nordhalbkugel eine Ablenkung in Bewegungsrichtung nach rechts und auf der Südhalbkugel in Bewegungsrichtung nach links.

Wenn man z. B. auf einer sich drehenden Scheibe einen Ball von sich wirft, so scheint der Ball relativ zur eigenen Person einen sich krümmenden Bahnverlauf zu nehmen. Weiß man nichts davon, so muss man annehmen, dass auf den Ball eine Kraft wirkt, die zur Ablenkung führt. Diese scheinbare Kraft ist die Corioliskraft. Als einfachen Versuch kann man mit der Hand ein transparentes Blatt gleichmäßig drehen, während man mit der anderen Hand versucht, eine unter dem Blatt sichtbare Gerade nachzuziehen. Dreht man das Blatt im Uhrzeigersinn ist das Ergebnis eine Linksabweichung, ansonsten eine Rechtsabweichung. Bei dem Blattversuch erfolgt die Abweichung senkrecht zur Drehachse des Blattes und auch auf der Erde wirkt die Corioliskraft senkrecht zu ihrer Rotationsachse. Wenn also, beispielsweise in unseren Breiten, ein Körper horizontal bewegt wird, so bewirkt die Corioliskraft zum Teil ein Andrücken an den Boden oder sie versucht den Körper hochzuheben. Nur ein Rest der Kraft bleibt übrig, um die beobachtete Rechtsdrehung zu erzeugen. An den Polen erfolgt die Ablenkung nur horizontal wie bei einer Scheibe; am Äquator gibt es keinen horizontalen Anteil. Relativ zur Bewegungsrichtung einer Strömung müssen wir zwei Fälle gesondert betrachten:

1. Corioliskraft bei Bewegung mit einer meridionalen Geschwindigkeitskomponente v

Bewegt sich ein Teilchen mit der Masse *m* auf einer Kreisbahn mit dem Radius *r*, so hat es, analog zum Impuls $\vec{p}$ der gradlinigen Bewegung, einen Drehimpuls $\vec{L}$, der sich aus dem Vektorprodukt aus Radiusvektor $\vec{r}$ und linearem (horizontalem) Impuls $\vec{p}$ ergibt. Die Geschwindigkeit auf einer Kreisbahn ist gleich der Winkelgeschwindigkeit $\vec{\omega}$ mal dem Radiusvektor (vgl. Kap. 3.1):

$$\vec{L} = \vec{r} \times \vec{p}$$

$$\vec{p} = m \times \vec{v}$$

$$\vec{L} = m\vec{r} \times \vec{v}$$

$$\vec{L} = m\vec{r} \times (\vec{\omega} \times \vec{r}) \qquad (8.11)$$

$\vec{L}$	Drehimpuls [kg m²s⁻¹]
m	Masse [kg]
$\vec{p}$	linearer Impuls [kg m s⁻¹]
$\vec{r}$	Radiusvektor [m]
$\vec{v}$	Geschwindigkeitsvektor [m s⁻¹] = Bahngeschwindigkeit $(\vec{\omega} \times \vec{r})$ und zonale Teilchengeschwindigkeit *u*
$\vec{\omega}$	Winkelgeschwindigkeit

Zur formalen Herleitung der Corioliskraft bei meridionaler Geschwindigkeitskomponente betrachten wir zuerst eine zonale Bewegung in Ost-West-Richtung bzw. umgekehrt mit

$\Delta\varphi = 0$. Unter Fortlassung der Vektorschreibweise und unter Vernachlässigung der Masse, die gleich 1 gesetzt sei, ergibt sich für ein sich in dieser Form zonal auf der Erde bewegendes Teilchen:

$$L = (\omega \cdot R \cdot \cos\varphi + u) \cdot R \cdot \cos\varphi \tag{8.12}$$

Ist die Bewegung des Teilchens aber nicht konstant in Geschwindigkeit und Richtung, so ist der Drehimpuls eine Funktion der Gesamtgeschwindigkeit des Teilchens, seiner Geschwindigkeit relativ zur Erddrehung und des Cosinus der geographischen Breite:

$$L = \left(f(\omega \cdot R \cdot \cos\varphi) + f(u)\right) \cdot R \cdot f(\cos\varphi) \tag{8.13}$$

Die Ableitung von *L* nach der Zeit *t* (das Drehmoment) ist dann:

$$\frac{\Delta L}{\Delta t} = \left(-\omega R \sin\varphi \frac{\Delta\varphi}{\Delta t} + \frac{\Delta u}{\Delta t}\right) R\cos\varphi + (\omega R\cos\varphi + u) R(-\sin\varphi)\frac{\Delta\varphi}{\Delta t} \tag{8.14}$$

$$= -\omega R^2 \sin\varphi\cos\varphi \frac{\Delta\varphi}{\Delta t} + R\cos\varphi \frac{\Delta u}{\Delta t} + \omega R^2 \cos\varphi(-\sin\varphi)\frac{\Delta\varphi}{\Delta t} + uR(-\sin\varphi)\frac{\Delta\varphi}{\Delta t}$$

Wenn keine Kräfte mit einem Drehimpuls um die Rotationsachse der Erde auftreten, dann ist *L* zeitlich konstant, also für $\frac{\Delta L}{\Delta t} = 0$ ergibt sich aus Gleichung 8.14:

$$R \cdot \cos\varphi \frac{\Delta u}{\Delta t} = \omega R^2 \sin\varphi\cos\varphi \frac{\Delta\varphi}{\Delta t} + \omega R^2 \cdot \cos\varphi \sin\varphi \frac{\Delta\varphi}{\Delta t} + uR\sin\varphi \frac{\Delta\varphi}{\Delta t} \tag{8.15}$$

$$\Leftrightarrow \frac{\Delta u}{\Delta t} = 2\omega \sin\varphi R \frac{\Delta\varphi}{\Delta t} + u\frac{\sin\varphi}{\cos\varphi} \cdot \frac{\Delta\varphi}{\Delta t} \tag{8.16}$$

Für den Fall der hier betrachteten Bewegung mit einer ausschließlich meridionalen Geschwindigkeitskomponente $v > 0$ $v = R\frac{\Delta\varphi}{\Delta t}$ und $u = 0$ gilt:

$$\frac{\Delta u}{\Delta t} = 2 \cdot \omega \cdot \sin\varphi \cdot R \cdot \frac{\Delta\varphi}{\Delta t} = 2 \cdot \omega \cdot \sin\varphi \cdot v \tag{8.17}$$

Bei der Bewegung im Meridian mit der meridionalen Geschwindigkeitskomponente $v = R\frac{\Delta\varphi}{\Delta t}$ erhält das Teilchen also eine Beschleunigung $\frac{\Delta u}{\Delta t}$ in *u* (zonaler) Richtung nach rechts.

Multipliziert man die Formel 8.17 mit der Masse ergibt sich die Corioliskraft:

$$C = \frac{\Delta u}{\Delta t} \cdot m = m \cdot 2 \cdot \omega \cdot \sin\varphi \cdot v \tag{8.18}$$

2. Corioliskraft bei Bewegung mit einer zonalen Geschwindigkeitskomponente u
Jede kreisförmige Bewegung verursacht eine senkrecht von der Rotationsachse nach außen wirkende Kraft, die Zentrifugal- oder Fliehkraft. Bewegt sich ein Luftteilchen in zonaler Rich-

tung (hier einmal angenommen von West nach Ost) bei der geographischen Breite φ in der Atmosphäre, so wirkt auf das Teilchen die *Zentrifugalkraft k*:

$$k = \frac{V^2}{r_\varphi} \cdot m \tag{8.19}$$

mit $V = u + \omega \cdot R \cdot \cos\varphi$ (Eigengeschwindigkeit des Luftteilchens und Bahngeschwindigkeit bei der geogr. Breite φ) und $r_\varphi = R \cdot \cos\varphi$

k	Zentrifugalkraft [N]
V	Gesamtgeschwindigkeit des Teilchens [$m s^{-1}$]
r_φ	Radius bei j [m]
m	Masse [kg]
R	Erdradius [m]
u	zur Erddrehung relative Geschwindigkeit in zonaler Richtung [$m s^{-1}$]
ω	Winkelgeschwindigkeit der Erde

Somit erhält man für die Zentrifugalkraft *k*:

$$k = \frac{(u + \omega \cdot R\cos\varphi)^2}{R\cos\varphi} \cdot m = \left(\frac{u^2}{R\cos\varphi} + \omega^2 R\cos\varphi + 2\omega \cdot u\right) \cdot m \tag{8.20}$$

Für ein unbewegtes Teilchen (u = 0 $m s^{-1}$) ergibt sich *k* nur aus der Mitführgeschwindigkeit, es ist $k_0 = \omega^2 R\cos\varphi \cdot m$.

Die Zentrifugalkraft ist umso größer, je näher man sich am Äquator befindet, da hier die Bahngeschwindigkeit und die die Zentrifugalkraft verursachende Kreisbewegung am größten ist. Die Zentrifugalkraft *k*, die senkrecht zur Rotationsachse wirkt, lässt sich in zwei Komponenten zerlegen, eine Komponente senkrecht und eine tangential zur Erdoberfläche (Abb. 8.1).

Zerlegt man *k* in einem Kräfteparallelogramm in die Kräfte $k \cdot \cos\varphi$ und $k \cdot \sin\varphi$, so hat sie in der Horizontalebene eine Komponente $k \cdot \sin\varphi$, die tangential in Richtung Äquator gerichtet ist und eine weitere Komponente $k \cdot \cos\varphi$, die senkrecht von der Erdoberfläche weg gerichtet ist.

Bei zonaler Strömung (u > 0) entsteht so eine zusätzliche horizontale Komponente *C*, die durch die Zentrifugalkraft aus der zonalen Strömung der Luftteilchen entsteht. Diese zusätzliche horizontale Komponente lässt sich berechnen, indem man von der horizontalen Komponente der Zentrifugalkraft aus der gesamten Kreisbewegung der Luft die horizontale Komponente der Zentrifugalkraft aus der Bahngeschwindigkeit bei unbewegter Luft abzieht:

$$C = k \cdot \sin\varphi - k_0 \cdot \sin\varphi$$

$$C = (k - k_0) \cdot \sin\varphi$$

$$= \left(\frac{u^2}{R \cdot \cos\varphi} \cdot \sin\varphi + 2 \cdot \omega \cdot \sin\varphi \cdot u\right) \cdot m \tag{8.21}$$

Der erste Term mit R = 6 380 000 m unter dem Bruchstrich ergibt wegen der im Verhältnis zu R relativ kleinen Windgeschwindigkeiten u nahezu 0 und kann deshalb vernachlässigt werden, so dass sich die Corioliskraft bei zonaler Bewegung folgendermaßen berechnet:

$$C = 2 \cdot \omega \cdot \sin\varphi \cdot u \cdot m \qquad (8.22)$$

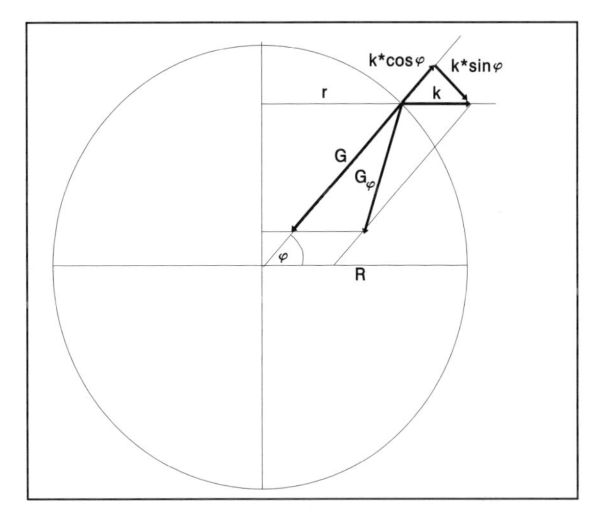

Abb. 8.1: Kräfteparallelogramm bei zonaler Bewegung (Kräfte nicht maßstäblich)

Im Fall einer zonalen Westströmung bewegt sich die Luft in die gleiche Richtung wie die Erddrehung, die Zentrifugalkraft k aus der Gesamtbewegung der Luft ist also höher als die Zentrifugalkraft k_0 nur aus der Bahngeschwindigkeit. Damit erhöht sich sowohl die horizontale ($k \cdot \sin\varphi$) als auch die vertikale Komponente ($k \cdot \cos\varphi$) der Zentrifugalkraft und der Westwind wird in Richtung Äquator (also auf der Nordhalbkugel nach rechts und auf der Südhalbkugel nach links) abgelenkt und vertikal nach oben angehoben. Ostwind hat entsprechend eine Verringerung der Zentrifugalkraft im Vergleich zur Zentrifugalkraft aus der Bahngeschwindigkeit der geographischen Breite zur Folge. Die Verringerung der horizontalen und vertikalen Zentrifugalkraftkomponenten führt zu einer Ablenkung des Ostwindes in Richtung Pole und vertikal nach unten Richtung Erdoberfläche.

Fasst man die Ergebnisse aus der getrennten Betrachtung der meridionalen und der zonalen Luftströmung zusammen, so wird ein Teilchen bei Bewegung sowohl längs eines Breitenkreises wie auch längs eines Meridianes von der Corioliskraft C beeinflusst mit:

$$C = m \cdot 2 \cdot \omega \cdot \sin\varphi \cdot V \qquad (8.23)$$

C	Corioliskraft [N]
m	Masse [kg]
ω	Winkelgeschwindigkeit der Erde
φ	geographische Breite
V	richtungsunabhängige Geschwindigkeit der horizontalen Bewegung [$m\,s^{-1}$]

8.1.3 Der Geostrophische Wind

Wenn, ausgelöst durch große unterschiedliche Druckfelder, die Luft von der Gradientkraft G vom hohen zum tiefen Druck hin bewegt wird, so löst diese Bewegung die Corioliskraft C aus, die zu einer Ablenkung der Luftbewegung führt. Wir hatten im vorhergehenden Kapitel festgestellt, dass die Corioliskraft senkrecht zur Bewegungsrichtung wirkt, was be-

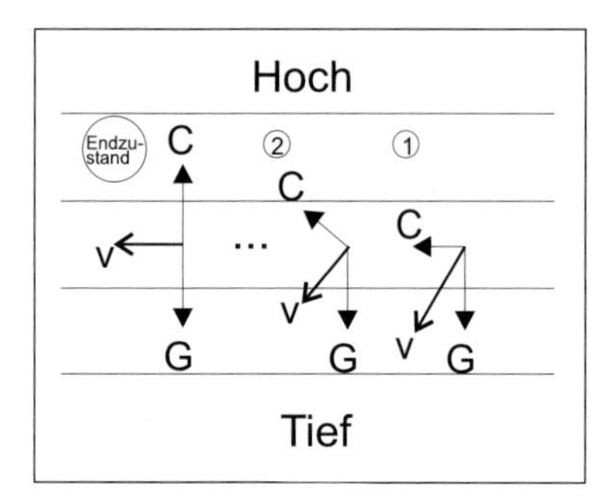

Abb. 8.2: Richtung des Geostrophischen Windes

deutet, dass auf der Nordhalbkugel die Strömung in Bewegungsrichtung nach rechts, auf der Südhalbkugel nach links abgelenkt wird. Diese Ablenkung wirkt solange, bis sich beide Kräfte aufheben und $C = G$ ist. Das hat zur Folge, dass der Vektor der Corioliskraft genau in die Gegenrichtung der Gradientkraft (die vom hohen zum tiefen Druck gerichtet ist und damit die Isobaren immer senkrecht schneidet) zeigt. Dieses Kräftegleichgewicht hat zur Folge, dass der resultierende Wind im rechten Winkel sowohl zur Corioliskraft als auch zur Gradientkraft und damit isobarenparallel weht. Abbildung 8.2 verdeutlicht die Richtungsablenkung dieses *Geostrophischen Windes* der freien Atmosphäre und den resultierenden isobarenparallelen Verlauf. Es liegt in der Atmosphäre offensichtlich das Bestreben vor, den Zustand des Geostrophischen Windes im Kräftegleichgewicht (als isobarenparallele Umströmung von Hoch- und Tiefdruckgebieten oder als zonale Höhenströmung in der außertropischen Westwindzone) zu erhalten (HUPFER/KUTTLER 1998). Tatsächlich liegen aber ständig Störungen der streng geostrophischen Strömung durch die Veränderung von Druckfeldern vor, so dass ein geostrophischer Gleichgewichtszustand kaum erreicht werden kann.

Wenn der Geostrophische Wind das Resultat aus Gradientkraft G und Corioliskraft C, die sich im Kräftegleichgewicht $C = G$ gegenseitig aufheben, ist, dann gilt nach den Gleichungen 8.23 und 8.5

$$C = 2 \cdot \omega \cdot \sin\varphi \cdot V \cdot m = G = \frac{1}{\rho} \cdot \frac{\Delta p}{\Delta n} \cdot m \qquad (8.24)$$

für seine Geschwindigkeit:

$$v_{geostr} = \frac{1}{\rho} \cdot \frac{\Delta p}{\Delta n} \cdot \frac{1}{2 \cdot \omega \cdot \sin\varphi} \qquad (8.25)$$

v_{geostr} Windgeschwindigkeit des Geostrophischen Windes [m s^{-1}]

Da der Geostrophische Wind isobarenparallel weht, tritt bei der kreisförmigen Umströmung von Hoch- oder Tiefdruckgebieten zusätzlich die Zentrifugalkraft in Erscheinung (Abb. 8.3). Auf der Nordhalbkugel werden aufgrund der Rechtsablenkung die Tiefdruckgebiete gegen den Uhrzeigersinn und die Hochdruckgebiete im Uhrzeigersinn umströmt, auf der Südhalbkugel umgekehrt. Diese kreisförmigen Bewegungen verursachen eine Zentrifugalkraft, die senkrecht zu den Isobaren vom Kreismittelpunkt nach außen wirkt. Im Fall des Tiefdruckgebietes (Abb. 8.3 a) wirkt die Zentrifugalkraft in die gleiche Richtung wie die entgegengesetzt zur Gradientkraft wirkende Corioliskraft. Im Fall des Hochdruckgebietes (Abb. 8.3 b) wirken Gradientkraft und Zentrifugalkraft aus dem Kreis nach außen der Corioliskraft entgegen. Das Kräftegleichgewicht des isobarenparallel wehenden Geostrophischen Windes beschreibt die Gleichung 8.26 für ein Tiefdruckgebiet und ein Hochdruckgebiet:

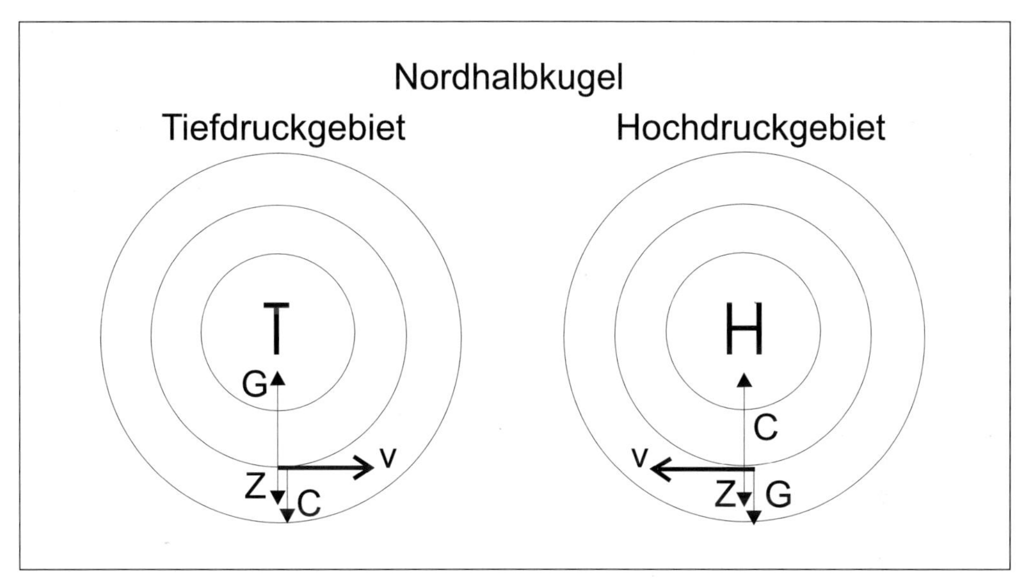

Abb. 8.3: Kräftegleichgewicht des Geostrophischen Windes bei Umströmung von Tief- und Hochdruckgebieten

Tief: $G = C + Z$ Hoch: $C = G + Z$ (8.26)

Die für Tief- und für Hochdruckgebiete resultierenden Geschwindigkeiten des Geostrophischen Windes berechnen sich mit den Gleichungen für die Gradientkraft (8.5), die Corioliskraft (8.23) und die Zentrifugalkraft (8.19) folgendermaßen:

Tief:

$$G = \frac{1}{\rho} \cdot \frac{\Delta p}{\Delta n} \cdot m = 2 \cdot \omega \cdot \sin\varphi \cdot v_T \cdot m + \frac{v_T^{\,2}}{r} \cdot m = C + Z$$

$$\Leftrightarrow \frac{1}{\rho} \cdot \frac{\Delta p}{\Delta n} = v_T \cdot \left(2 \cdot \omega \cdot \sin\varphi + \frac{v_T}{r} \right)$$

$$\Leftrightarrow v_T = \frac{1}{\rho} \cdot \frac{\Delta p}{\Delta n} \cdot \frac{1}{2 \cdot \omega \cdot \sin\varphi + \frac{v_T}{r}} \qquad (8.27)$$

Hoch:

$$G = \frac{1}{\rho} \cdot \frac{\Delta p}{\Delta n} \cdot m = 2 \cdot \omega \cdot \sin\varphi \cdot v_H \cdot m - \frac{v_H^{\,2}}{r} \cdot m = C - Z$$

$$\Leftrightarrow \frac{1}{\rho} \cdot \frac{\Delta p}{\Delta n} = v_H \cdot \left(2 \cdot \omega \cdot \sin\varphi - \frac{v_H}{r} \right)$$

$$\Leftrightarrow v_H = \frac{1}{\rho} \cdot \frac{\Delta p}{\Delta n} \cdot \frac{1}{2 \cdot \omega \cdot \sin\varphi - \frac{v_H}{r}} \qquad (8.28)$$

v_T	Geschwindigkeit des Geostrophischen Windes um ein Tiefdruckgebiet [$m s^{-1}$]
v_H	Geschwindigkeit des Geostrophischen Windes um ein Hochdruckgebiet [$m s^{-1}$]
ρ	Luftdichte [$kg m^{-3}$]
p	Luftdruck [hPa]
n	Strecke, Distanz [m]
ω	Winkelgeschwindigkeit der Erde
φ	geographische Breite
r	Radius der gekrümmten Windströmung um das Druckgebiet

Bei zunehmendem Druckgradienten Δp nimmt der Betrag der Windgeschwindigkeit zu. Auf der anderen Seite nimmt die Windgeschwindigkeit bei gleichbleibendem Druckunterschied mit zunehmender geographischen Breite ab, da der Coriolisparameter $2 \cdot \omega \cdot \sin\varphi$ größer wird und damit der Betrag des Ausdruckes $\frac{1}{2 \cdot \omega \cdot \sin\varphi - \frac{v}{r}}$ abnimmt.

Ändert sich der Radius r der gekrümmten Windströmung um ein Tief- oder Hochdruckgebiet, so ändert sich die Windgeschwindigkeit des Geostrophischen Windes folgendermaßen:

Tief: r größer $\Rightarrow \frac{v_H}{r}$ kleiner $\Rightarrow 2 \cdot \omega \cdot \sin\varphi - \frac{v_H}{r}$ kleiner $\Rightarrow \frac{1}{2 \cdot \omega \cdot \sin\varphi + \frac{v_T}{r}}$ größer
$\Rightarrow$ größere Windgeschwindigkeit

Hoch: r größer $\Rightarrow \frac{v_H}{r}$ kleiner $\Rightarrow 2 \cdot \omega \cdot \sin\varphi - \frac{v_H}{r}$ größer $\Rightarrow \frac{1}{2 \cdot \omega \cdot \sin\varphi - \frac{v_H}{r}}$ kleiner
$\Rightarrow$ kleinere Windgeschwindigkeit

Beim Einströmen der Luft in ein Tiefdruckgebiet wird demnach die Strömung beschleunigt, beim Ausströmen aus einem Hochdruckgebiet hingegen abgebremst. Verdeutlichen wir diese Zusammenhänge anhand eines Beispiels. Ein *Tiefdruckgebiet* mit einem Druckgradienten von 10 hPa auf 150 km und einer geographischen Lage auf a) 10° n. Br. und b) 50° n. Br. wird auf einer Kreisbahn mit dem Krümmungsradius von 1.) 400 km und 2.) 600 km umströmt. Nach Gleichung 8.27 errechnen sich annähernd die folgenden Geschwindigkeiten für den Geostrophischen Wind:

1a)

$$v_T = \frac{1}{\rho} \cdot \frac{\Delta p}{\Delta n} \cdot \frac{1}{2 \cdot \omega \cdot \sin\varphi + \frac{v_T}{r}}$$

$$= \frac{1}{1{,}236\ \mathrm{kg\ m^{-3}}} \cdot \frac{100\ \mathrm{kg\ m^{-1}s^{-2}}}{150000\ \mathrm{m}} \cdot \frac{1}{2 \cdot \omega \cdot \sin 10° + \frac{\mathrm{ca\ 40\ ms^{-1}}}{400000\ \mathrm{m}}}$$

$$= 0{,}00539\ \mathrm{ms^{-2}} \cdot \frac{1}{2{,}526 \cdot 10^{-5}\mathrm{s^{-1}} + 1{,}0 \cdot 10^{-4}\mathrm{s^{-1}}} = 43{,}0\ \mathrm{ms^{-1}} = 154{,}9\ \mathrm{kmh^{-1}} \qquad (8.29)$$

1b)

$$v_T = \frac{1}{1{,}236 \text{ kg m}^{-3}} \cdot \frac{100 \text{ kg m}^{-1}\text{s}^{-2}}{150000 \text{ m}} \cdot \frac{1}{2 \cdot \omega \cdot \sin 50° + \dfrac{\text{ca } 30 \text{ ms}^{-1}}{400000 \text{ m}}}$$

$$= 0{,}00539 \text{ ms}^{-2} \cdot \frac{1}{1{,}114 \cdot 10^{-4}\text{s}^{-1} + 7{,}5 \cdot 10^{-5}\text{s}^{-1}} = 28{,}9 \text{ ms}^{-1} = 104{,}1 \text{ kmh}^{-1} \quad (8.30)$$

2a)

$$v_T = 0{,}00539 \text{ ms}^{-2} \cdot \frac{1}{2 \cdot \omega \cdot \sin 10° + \dfrac{\text{ca } 50 \text{ ms}^{-1}}{600000 \text{ m}}} = 0{,}00539 \text{ ms}^{-2} \cdot \frac{1}{2{,}526 \cdot 10^{-5}\text{s}^{-1} + 8{,}3 \cdot 10^{-5}\text{s}^{-1}}$$

$$= 49{,}8 \text{ ms}^{-1} = 179{,}2 \text{ kmh}^{-1} \quad (8.31)$$

2b)

$$v_T = 0{,}00539 \text{ ms}^{-2} \cdot \frac{1}{2 \cdot \omega \cdot \sin 50° + \dfrac{\text{ca } 35 \text{ ms}^{-1}}{600000 \text{ m}}} = 0{,}00539 \text{ ms}^{-2} \cdot \frac{1}{1{,}114 \cdot 10^{-4}\text{s}^{-1} + 5{,}83 \cdot 10^{-5}\text{s}^{-1}}$$

$$= 31{,}8 \text{ ms}^{-1} = 114{,}3 \text{ kmh}^{-1} \quad (8.32)$$

In den Bereichen niedriger Breite treten um Tiefdruckgebiete höhere Windgeschwindigkeiten auf, die mit größerem Umströmungsradius noch deutlich zunehmen. Die Geschwindigkeitszunahme aufgrund des größeren Krümmungsradius der Isobaren schwächt sich in Richtung der hohen Breiten ab, da der Einfluss von $\frac{v_T}{r}$ im Vergleich zu $2 \cdot \omega \cdot \sin\varphi$ nachlässt.

Der Druckgradient um ein *Hochdruckgebiet* ist erheblich geringer als bei einem Tiefdruckgebiet. Das wird verständlich, wenn man sich das Kräftegleichgewicht für den Geostrophischen Wind beim Umströmen eines Hochs ansieht. Nach Gleichung 8.26 gilt: $C = G + Z$, da Gradientkraft und Zentrifugalkraft in die gleiche Richtung wirken. Da aber der Betrag der Gradientkraft > 0 sein muss (sonst hätten wir kein Druckgebilde), muss die Zentrifugalkraft kleiner sein als die Corioliskraft. Also gilt:

$$Z < C \quad \Leftrightarrow \quad \frac{V^2}{r_\varphi} \cdot m < 2 \cdot \omega \cdot \sin\varphi \cdot v \cdot m \quad (8.33)$$

Daraus folgt für eine geographische Breite von beispielsweise 50° Nord, dass die Geschwindigkeit des Geostrophischen Windes:

$$\frac{{v_H}^2}{r} < 1{,}114 \cdot 10^{-4}\text{s}^{-1} \cdot v \Leftrightarrow v_H < 1{,}114 \cdot 10^{-4}\text{s}^{-1} \cdot r \quad (8.34)$$

bei einem Krümmungsradius von 400 km: $v_H < 44{,}56$ ms^{-1} und bei einem Krümmungsradius von 600 km: $v_H < 66{,}84$ ms^{-1} ist.

Aus diesen maximal möglichen Windgeschwindigkeiten kann der dazugehörige maximale Druckgradient berechnet werden.

Für Δn = 100 km und r = 400 km:

$$G = C - Z = 1{,}114 \cdot 10^{-4}\,\mathrm{s}^{-1} \cdot 44\ \mathrm{ms}^{-1} - \frac{\left(44\ \mathrm{ms}^{-1}\right)^2}{400000\ \mathrm{m}} = 0{,}0000616\ \mathrm{ms}^{-2} = \frac{1}{\rho} \cdot \frac{\Delta p}{\Delta n}$$

$$\Leftrightarrow \frac{\Delta p}{\Delta n} = 0{,}0000616\ \mathrm{ms}^{-2} \cdot 1{,}236\ \mathrm{kg\ m}^{-3} = 0{,}000076\ \mathrm{kg\ m}^{-2}\mathrm{s}^{-2}$$

$$\Leftrightarrow \Delta p = 0{,}000076\ \mathrm{kg\ m}^{-2}\mathrm{s}^{-2} \cdot \Delta n = 7{,}6\ \mathrm{kg\ m}^{-1}\mathrm{s}^{-2} = 0{,}076\ \mathrm{hPa} \quad (8.35)$$

Für Δn = 100 km und r = 600 km

$$G = 1{,}114 \cdot 10^{-4}\,\mathrm{s}^{-1} \cdot 66\ \mathrm{ms}^{-1} - \frac{\left(66\ \mathrm{ms}^{-1}\right)^2}{600000\ \mathrm{m}} = 0{,}0000924\ \mathrm{ms}^{-2} = \frac{1}{\rho} \cdot \frac{\Delta p}{\Delta n}$$

$$\Leftrightarrow \frac{\Delta p}{\Delta n} = 0{,}0000924\ \mathrm{ms}^{-2} \cdot 1{,}236\ \mathrm{kg\ m}^{-3} = 0{,}000114\ \mathrm{kg\ m}^{-2}\mathrm{s}^{-2}$$

$$\Leftrightarrow \Delta p = 0{,}000114\ \mathrm{kg\ m}^{-2}\mathrm{s}^{-2} \cdot \Delta n = 11{,}4\ \mathrm{kg\ m}^{-1}\mathrm{s}^{-2} = 0{,}11\ \mathrm{hPa} \quad (8.36)$$

Der maximal mögliche Druckunterschied auf einer 100 km-Strecke bei 50° n. Br. beträgt für einen 400 km-Krümmungsradius der Isobaren um das Hochdruckgebiet nur 0,076 hPa und für einen 600 km-Krümmungsradius nur 0,11 hPa.

Die theoretische Berechnung der Windgeschwindigkeit für die Umströmung eines Hochs aus dem Beispiel 2b) mit nur halb so starkem Druckgradienten (Druckgradient: 5 hPa auf 150 km, φ = 50°) verlangt einen Krümmungsradius der Isobaren von mindestens r = 900 km:

$$v_H = 0{,}0027\ \mathrm{ms}^{-2} \cdot \frac{1}{2 \cdot \omega \cdot \sin 50° - \dfrac{\mathrm{ca}\ 60\ \mathrm{ms}^{-1}}{900000\ \mathrm{m}}} = 0{,}0027\ \mathrm{ms}^{-2} \cdot \frac{1}{1{,}114 \cdot 10^{-4}\,\mathrm{s}^{-1} - 6{,}67 \cdot 10^{-5}\,\mathrm{s}^{-1}}$$

$$= 60{,}4\ \mathrm{ms}^{-1} = 217{,}3\ \mathrm{kmh}^{-1} \quad (8.37)$$

Ein Hochdruckgebiet mit einem derart starken Druckgradienten in 900 km Entfernung vom Druckzentrum ist unrealistisch. Damit wird deutlich, dass Hochdruckgebiete erheblich geringere Druckgradienten aufweisen als Tiefdruckgebiete.

8.2 Der Wind in Bodennähe

8.2.1 Reibungskräfte

Neben Druckdifferenz, Kräften aus der Erddrehung und der inneren (molekularen) Reibung unterliegt die strömende Luft wie jede reale Strömung äußeren Reibungskräften. Die Abgrenzung der freien Atmosphäre gegen die *atmosphärische Grenzschicht* erfolgt durch den beginnenden Einfluss der Reibung der Erdbodenoberfläche auf die Luftströmung. Während die Luftbewegungen der freien Atmosphäre nur durch Gradientkraft, Corioliskraft und Zentrifugalkraft bestimmt werden (vgl. Kap. 8.1), kommt in der Grenzschicht die *Reibungskraft* hinzu. Der Einfluss der Reibungskraft nimmt mit zunehmender Nähe zur Erdoberfläche zu. Da die Reibungskraft der Windgeschwindigkeit entgegenwirkt, hat sie eine Abbremsung der Luftströmung zur Folge. Die Darstellung einer laminaren Luftströmung in Bodennähe (Abb. 8.4) zeigt, dass die Strömung durch Reibung in Bodennähe stärker abgebremst wird, mit zunehmender Höhe *h* nimmt diese äußere Reibungskraft ab und die Windgeschwindigkeit *u* entsprechend zu.

Die Stärke der Reibungskraft zwischen den einzelnen Schichten einer solchen laminaren Strömung wird durch das NEWTON'sche Reibungsgesetz beschrieben:

$$F_R = \eta \cdot A \cdot \frac{\Delta u}{\Delta h} \qquad (8.38)$$

F_R	Reibungskraft [N]
η	dynamische Viskosität [Pa s]
A	Fläche der Schicht [m^2]
$\Delta u / \Delta h$	Geschwindigkeitsgradient zwischen zwei benachbarten Schichten [s^{-1}]

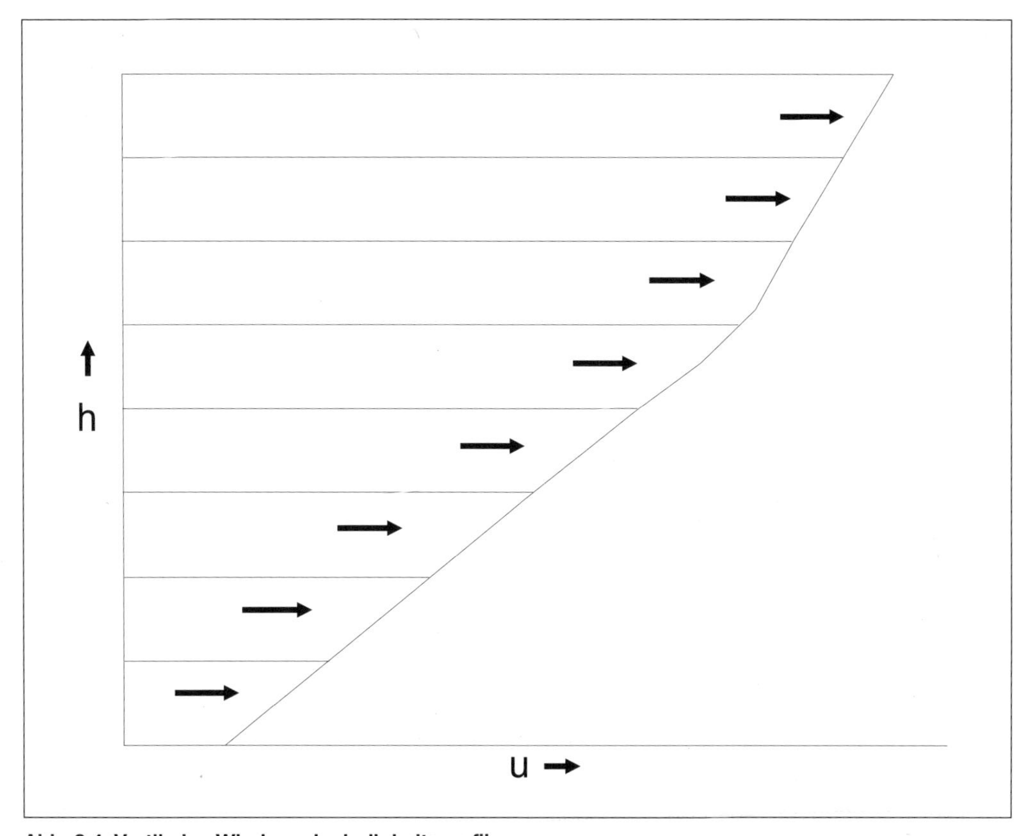

Abb. 8.4: Vertikales Windgeschwindigkeitsprofil

Die Reibungskraft zwischen zwei benachbarten Schichten einer laminaren Strömung ist proportional zum Geschwindigkeitsunterschied zur nächsten Schicht. Das bedeutet auch: Je höher die Windgeschwindigkeit in Bodennähe ist, desto größer wird die auf die Strömung wirkende Reibungskraft.

Das Reibungsgesetz enthält als Proportionalitätskonstante die *dynamische Viskosität*. Sie gibt die Zähigkeit eines Mediums an. Eine hohe Viskosität bedeutet, dass man eine größere Kraft anwenden muss, um Strömungsschichten gegeneinander zu bewegen (z. B. Honig im Vergleich zu Wasser). Die dynamische Viskosität ist definiert als Verhältnis der Produkte aus aufzuwendender Kraft und Schichtabstand zu Schichtfläche und Strömungsgeschwindigkeit:

$$\eta = \frac{F \cdot h}{A \cdot u} \qquad (8.39)$$

η	dynamische Viskosität [Pa s]
F	Kraft [N]
h	Abstand zwischen parallelen Strömungsschichten [m]
A	Fläche der Schicht [m^2]
u	Strömungsgeschwindigkeit [$m\,s^{-1}$]

Die Einheit Pascalsekunde für die dynamische Viskosität ergibt sich aus:

$$\eta = \frac{\mathrm{N \cdot m \cdot s}}{\mathrm{m^2 \cdot m}} = \eta\left[\mathrm{N \cdot m^{-2} \cdot s}\right] = \eta\left[\mathrm{kg \cdot m^{-1} \cdot s^{-1}}\right] = \eta\left[\mathrm{Pa \cdot s}\right] \qquad (8.40)$$

Die dynamische Viskosität ist sehr stark temperatur- und druckabhängig. Bei steigender Temperatur nimmt sie näherungsweise exponentiell ab. Gase haben im Verhältnis zu Flüssigkeiten eine sehr geringe dynamische Viskosität (Wasser bei 20 °C: 1 006 Pa s, Luft bei 20 °C: 18,7 Pa s).

Im Gegensatz zum Geostrophischen Wind, der von der Reibungskraft unbeeinflusst bleibt, nimmt in der planetarischen Grenzschicht der Einfluss der Bodenreibung zu. Die Abbremsung des Windes durch die Reibungskräfte führt zu einer Abschwächung des windgeschwindigkeitsabhängigen Einflusses von Corioliskraft und Zentrifugalkraft. Die planetarische Grenzschicht lässt sich von oben nach unten einteilen in die EKMAN-Schicht, die PRANDTL-Schicht (vgl. Kap. 4) und die Laminarschicht. Die meist nur wenige Zentimeter dicke Laminarschicht soll hier unberücksichtigt bleiben. Innerhalb der PRANDTL-Schicht wird die Windgeschwindigkeitszunahme mit zunehmender Höhe durch das logarithmische Windprofil beschrieben (vgl. Kap. 8.2.2). In der EKMAN-Schicht lässt die Reibungskraft der Erdoberfläche mit zunehmender Höhe nach, ohne dass die unterschiedlichen Rauigkeiten (Felder, Wälder, Bebauung, etc.) wie in der PRANDTL-Schicht noch eine Rolle spielen. Die Windgeschwindigkeitszunahme und Windrichtungsänderung in dieser Schicht lässt sich mit Hilfe der *EKMAN-Spirale* beschreiben. Der zunehmende Einfluss der Reibungskraft mit Annäherung an die Erdoberfläche schwächt die Windgeschwindigkeit ab. Daraus resultieren geringere Coriolis- und Zentrifugalkräfte bei gleichbleibendem Druckgradienten. Die EKMAN-Spirale beschreibt die spiralförmige Drehung des Windes von der Windrichtung an der Bodenoberfläche bis zur Richtung des Geostrophischen Windes in der Höhe.

Das heißt, die Rechtsablenkung des Geostrophischen Windes auf der Nordhalbkugel, bzw. Linksablenkung auf der Südhalbkugel nimmt mit abnehmender Höhe über der Erdoberfläche ab. Am Erdboden weht der Wind deshalb nicht mehr isobarenparallel, sondern in Richtung der Gradientkraft. Wäre dies nicht so, würde sich ein einmal aufgebautes Tief- oder Hochdruckgebiet niemals mehr auflösen.

8.2.2 Logarithmisches Windprofil

Zur Beschreibung der Reibungskraft, die dem Wind von der Bodenoberfläche entgegengesetzt wird, dient eine weitere Größe, die *Schubspannung*. Sie leitet sich aus der Scherung der Strömungsgeschwindigkeit mit der Höhe (also dem Geschwindigkeitsgradienten zwischen übereinander folgenden Strömungsschichten) ab und schließt als Proportionalitätskonstante die dynamische Viskosität mit ein:

$$\tau = \eta \cdot \frac{\Delta u}{\Delta z} \tag{8.41}$$

τ Schubspannung [Pa]
η dynamische Viskosität [Pa s]
u Geschwindigkeit [m s^{-1}]
z Höhe über Grund [m]

Die Schubspannung ist eine Kraft, deren Vektor parallel zur Strömungsschicht der Strömungsrichtung entgegengesetzt wirkt und entspricht somit der NEWTON'schen Reibungskraft. Sie erhält allerdings die Einheit [Pa], weil sich nach der Definition der mechanischen Spannung (Kraft pro Fläche) die gleiche Einheit wie für den Druck ergibt. Allgemein kann man sich vorstellen, dass zwischen unterschiedlich schnell strömenden Schichten (Ursache: äußere Reibung durch Bodenrauigkeit) an der Schichtfläche ein diffusiver Austausch von Luftmolekülen stattfindet: Moleküle der schnelleren Schicht diffundieren abwärts und umgekehrt. Dies ist Reibung zwischen den Schichten, beide Schichten üben eine Scher- bzw. Schubkraft aufeinander aus. Je größer der Geschwindigkeitsgradient, desto größer die Schubspannung zwischen den Schichten. Andererseits bedeutet die Geschwindigkeitsscherung auch, dass neben Reibungs- und Schubkräften auch ein Austausch von Masse zwischen den Schichten erfolgt. Hiermit findet die Übertragung von Impuls (Masse mal Geschwindigkeit) statt; die Schubspannung ist dem horizontalen Impulsfluss proportional.

In Analogie zur horizontalen Windgeschwindigkeit wird bei der Betrachtung des Windprofils die Schubspannung als eine der Windgeschwindigkeit vektoriell entgegengesetzte Geschwindigkeit ausgedrückt (*Schubspannungsgeschwindigkeit*):

$$u_* = \sqrt{\frac{\tau}{\rho}} \tag{8.42}$$

u_* Schubspannungsgeschwindigkeit [m s^{-1}]
τ Schubspannung [Pa]
ρ Luftdichte [kg m^{-3}]

Die Schubspannungsgeschwindigkeit lässt sich als eine der Windgeschwindigkeit proportionale, aber vektoriell entgegengesetzt wirkende Geschwindigkeit vorstellen.

Die weitere Betrachtung und rechnerische Erfassung des bodennahen Windprofils ist weniger theoretischer als empirischer Natur. Sie setzt an der Definition der vertikalen Geschwindigkeitsscherung an:

$$\frac{\Delta u}{\Delta z} = \frac{u_*}{K} \qquad (8.43)$$

u	Windgeschwindigkeit [m s⁻¹]
z	Höhe über Grund [m]
u_*	Schubspannungsgeschwindigkeit [m s⁻¹]
K	KARMÁN-Konstante, dimensionslos (≈ 0,4)

Die dimensionslose *KARMÁN-Konstante* ist eine Kennzahl, die der Beschreibung strömender Medien in Abhängigkeit vom Oberflächenabstand dient. Aus der empirischen Formel 8.43 ergibt sich in erster Näherung (und in guter Analogie zur logarithmischen Geschwindigkeitszunahme mit der Höhe in einer laminaren Strömung) in Form der *Windprofilgleichung* für die mittlere Windgeschwindigkeit in einer beliebigen Höhe über Grund:

$$\overline{u}_z = \frac{u_*}{K} \cdot \ln\left(\frac{z}{z_0}\right) \qquad (8.44)$$

$\overline{u}_z$	mittlere Windgeschwindigkeit in der Höhe z über Grund [m s⁻¹]
u_*	Schubspannungsgeschwindigkeit [m s⁻¹]
K	KARMÁN-Konstante, dimensionslos
z	Höhe über Grund [m]
z_0	Rauigkeitslänge [m]

Die kritische Größe in dieser Näherung ist die *Rauigkeitslänge* z_0. Sie stellt diejenige Höhe über Grund dar, in der das logarithmische Windprofil der (natürlich turbulenten) bodennahen Luftschicht (PRANDTL-Schicht) in die nur wenige Millimeter mächtige laminare Unterschicht an der Bodenoberfläche übergeht. In dieser laminaren Schicht ist $u_{(z_0)} = 0$. Die Bestimmung der Rauigkeitslänge ist empirisch nur möglich, falls Windmessungen an einem Ort in unter-

Bodenrauigkeit (Gelände)	z_0 (m)
Meer	0,0002
sehr glatt, Sandflächen	0,005
offenes Gelände, Grasland	0,03
niedriger Ackerflächenbestand, einzelne Büsche	0,1
hoher Ackerflächenbestand	0,25
Parklandschaft, einzelne Gebäude	0,5
Wald und Vorstadtbebauung	1,0
Innenstadtbebauung	2,0

Tab. 8.1: Empirische Rauigkeitsklassen
Quelle: nach DAVENPORT 1960

schiedlichen Höhen vorliegen. In der Praxis orientiert man sich an den acht von DAVENPORT (1960) definierten Rauigkeitsklassen (Tab. 8.1).

Neben der determinierenden Größe z_0 findet noch die *Verdrängungsschichtdicke d* Eingang in die Berechnung des Windprofils. Sie ist immer dann relevant, wenn die Rauigkeitselemente (Hindernisse) mit ihrer mittleren geometrischen Rauigkeitshöhe ein z_0 von etwa 0,25 m überschreiten. Im Falle von sehr dichter Bebauung oder Vegetationsstrukturen wird die Windströmung über dieses Hindernis gehoben. Dieses Abheben der Strömung findet Ausdruck in einer Nullpunktverschiebung des logarithmischen Windprofils nach oben. Die Verdrängungsschichtdicke wird näherungsweise mit $d = 0{,}66\,h$ (h = Bestands- oder Hindernishöhe) bestimmt. Es handelt sich dabei um die fiktive Ausweitung der laminaren Unterschicht in die Bestands- oder Bebauungshöhe hinein; das logarithmische Windprofil ist bis zur Höhe $d + z_0$ vom Boden abgehoben (Abb. 8.5).

In diesem Fall erweitert sich die Profilgleichung zu:

$$\overline{u}_z = \frac{u_*}{K} \cdot \ln\left(\frac{z-d}{z_0}\right) \tag{8.45}$$

Betrachten wir die Zusammenhänge zwischen der Windgeschwindigkeit und der rauigkeitsbedingten Schubspannungsgeschwindigkeit anhand eines Beispiels. Aus Gleichung 8.44 errechnet sich die Schubspannungsgeschwindigkeit unter Vernachlässigung der Verdrängungsschichtdicke zu:

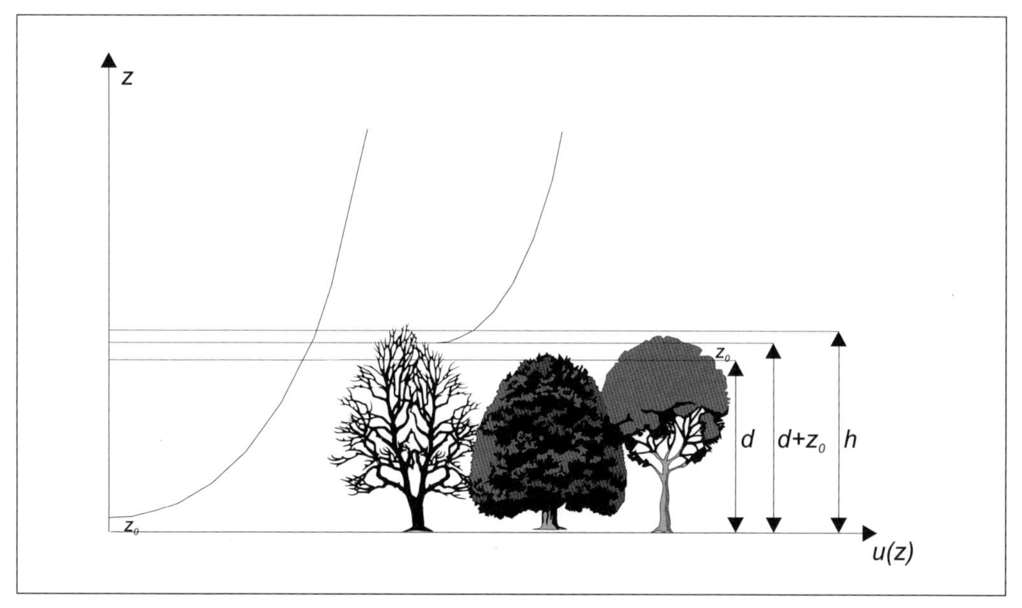

Abb. 8.5: Zusammenhang zwischen Bestandshöhe *h*, Verdrängungsschichtdicke *d* und Rauigkeitslänge z_0

$$u_* = \frac{u_z \cdot K}{\ln\left(\frac{z}{z_0}\right)} \qquad (8.46)$$

Für ein offenes Geländes mit z_0 = 0,03 m ergeben sich für in z = 10 m Höhe gemessene Windgeschwindigkeiten die Werte in Tabelle 8.2.

Bei konstanter Rauigkeitslänge stehen Windgeschwindigkeit und Schubspannungsgeschwindigkeit in einem linear proportionalen Verhältnis zueinander. Die Schubkraft gegen die Strömung steigt mit der Windgeschwindigkeit linear an (Abb. 8.6).

Tab. 8.2: Schubspannungsgeschwindigkeit in Abhängigkeit von der Windgeschwindigkeit

u_z (m s^{-1})	u_* (m s^{-1})
1	0,069
2	0,14
3	0,2
4	0,27
5	0,34
6	0,41
7	0,48
8	0,55
9	0,62
10	0,69

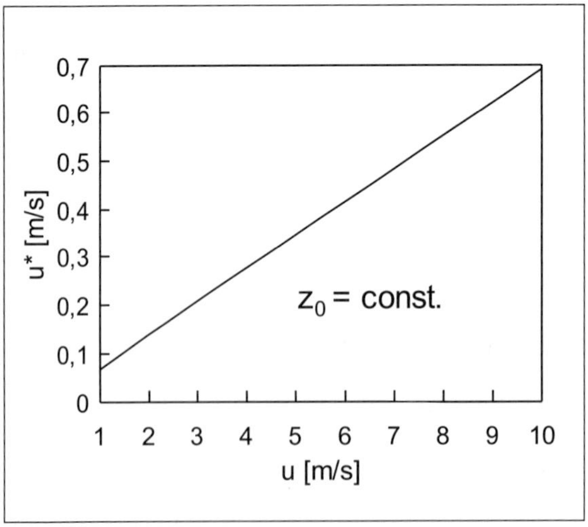

Abb. 8.6: Schubspannungsgeschwindigkeit in Abhängigkeit von der Windgeschwindigkeit

Nehmen wir nun an, dass der Wind in einer Höhe z = 100 m mit konstanter Geschwindigkeit von 10 m s^{-1} über Gelände aller Rauigkeitsklassen weht. Nach Berechnung von u_* nach der Ausgangsgeschwindigkeit ergibt sich für die Windgeschwindkeit in 10 m Höhe nach den Formeln 8.46 und 8.44:

$$1.\quad u_* = \frac{10\ \mathrm{m\ s^{-1}} \cdot 0{,}4}{\ln\left(\frac{100\ \mathrm{m}}{0{,}0002\ \mathrm{m}}\right)} = 0{,}3\ \mathrm{m\ s^{-1}} \qquad (8.47)$$

$$2.\quad u_z = \frac{0{,}3\ \mathrm{m\ s^{-1}}}{0{,}4} \cdot \ln\left(\frac{10\ \mathrm{m}}{0{,}0002\ \mathrm{m}}\right) = 8{,}1\ \mathrm{m\ s^{-1}} \qquad (8.48)$$

Berechnen wir nach der Vorgehensweise sowohl u_* als auch u_z für alle Rauigkeitsklassen der Tabelle 8.1, so ergeben sich bei beiden Parametern erhebliche Veränderungen, obwohl die Ausgangsgeschwindigkeit in der Höhe von 100 m als konstant angenommen wird. Abbildung 8.7 zeigt, dass bei zunehmender Rauigkeitslänge die Schubspannungsgeschwindigkeit logarithmisch zunimmt, während die Windgeschwindigkeit logarithmisch abnimmt. Die Reibungskräfte nehmen bei Rauigkeitssprüngen mit den entsprechenden Auswirkungen auf die horizontale Windgeschwindigkeit exponentiell zu (vgl. Kap. 8.5.2).

8.2.3 Einfluss der thermischen Schichtung auf das Windprofil

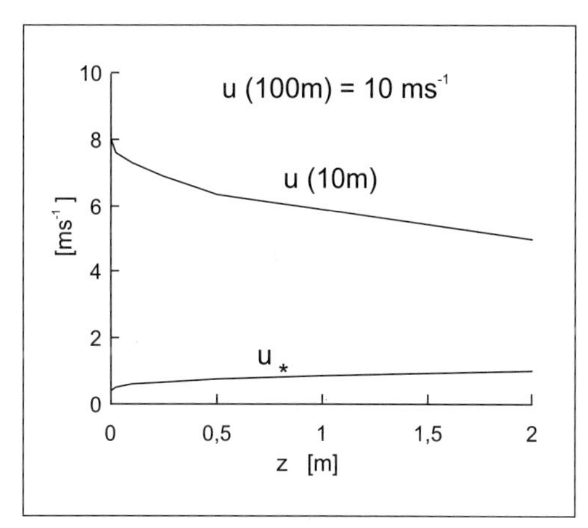

Abb. 8.7: Schubspannungs- und Windgeschwindigkeit in Abhängigkeit von der Rauigkeitslänge

Die Näherung des logarithmischen Windprofils nach Gleichung 8.44 bzw. 8.45 für die Berechnung der bodennahen Windgeschwindigkeiten trifft nur zu, wenn die Temperaturschichtung neutral ist, d.h. die Temperaturabnahme mit der Höhe den trocken- oder feuchtadiabatischen Gradienten folgt (vgl. Kap. 6.3.3). Ist das nicht der Fall, können wesentliche Auswirkungen auf das Windprofil auftreten. Im Fall labiler Schichtung (konvektive Massenbewegungen und daraus folgend bei starker Erwärmung der Oberfläche lokal relativer Tiefdruck am Boden) können durch untere horizontale Ausgleichsströmungen am Boden wesentlich höhere Windgeschwindigkeiten auftreten als bei neutralen Verhältnissen. Im Fall stabiler Schichtung und somit absinkender oder fehlender Luftbewegung (besonders bei tief liegenden Bodeninversionen) treten umgekehrt sehr viel geringere Windgeschwindigkeiten auf.

Im Falle nicht-neutraler Schichtung muss das logarithmische Windprofil folgendermaßen erweitert werden:

$$\overline{u}_z = \frac{u_*}{K} \cdot \left[\ln\left(\frac{z}{z_0}\right) - \Psi\left(\frac{z}{L}\right) \right] \qquad (8.49)$$

$$\text{mit} \quad \Psi\left(\frac{z}{L}\right) = \begin{cases} \left(1 - 16 \cdot \frac{z}{L}\right)^{\frac{1}{4}} - 1 & \text{bei labiler Schichtung} \\ -4{,}7 \cdot \frac{z}{L} & \text{bei stabiler Schichtung} \end{cases} \qquad (8.50)$$

Dabei ist Ψ eine empirische Stabilitätsfunktion und L die *Monin-Obukhov-Länge*, die sich wie folgt berechnet:

$$L = \frac{T_0}{K \cdot g} \cdot \frac{c_p \cdot u_*^3}{H_0} \qquad (8.51)$$

T_0 absolute Temperatur [K]
K Karmán-Konstante, dimensionslos

g	Erdbeschleunigung [m s^{-2}]
c_p	spezifische Wärmekapazität der Luft [J kg^{-1}K^{-1}]
u_*	Schubspannungsgeschwindigkeit [m s^{-1}]
H_0	konvektiver (turbulenter) Wärmefluss [J]

In der Praxis ist die Berechnung der MONIN-OBUKHOV-Länge L meist nicht möglich, da die Parametrisierung von H_0 (zur näheren Definition vgl. ROEDEL 1992) mittels standardisierter Messverfahren schwierig ist. Zur Darstellung solcher nicht-neutralen Windprofile wird in der Praxis auf so genannte Stabilitätsmaße zurückgegriffen, im Allgemeinen auf die *RICHARDSON-Zahl* R_i:

$$R_i = \frac{g}{T_0} \cdot \frac{(\Delta\Theta / \Delta z)}{(\Delta u / \Delta z)^2} \tag{8.52}$$

R_i	RICHARDSON-Zahl, dimensionslos
g	Erdbeschleunigung [m s^{-2}]
T_0	absolute Temperatur [K]
Θ	mittlere potentielle Temperatur [K]
u	Windgeschwindigkeit [m s^{-1}]
z	Höhe [m]

Die praktische Anwendung verlangt neben Profilmessungen der Windgeschwindigkeit auch solche der Temperatur und des Luftdrucks (zur Definition der potentiellen Temperatur vgl. Gl. 6.11). Vereinfacht kann die RICHARDSON-Zahl empirisch bestimmt werden, wenn eine Zuordnung des thermischen Schichtungszustandes zur einer entsprechenden Stabilitätsklasse (vgl. PASQUILL/SMITH 1983) vorgenommen wird (Tab. 8.3).

Für die Erweiterung des logarithmischen Windprofils im Fall nicht-neutraler Schichtung unter Einbeziehung der RICHARDSON-Zahl bedeutet das:

$$\text{labil:} \quad \bar{u}_{(z)} = (1 - 15\,R_i)^{0,5} \cdot \frac{u_*}{K} \ln\left(\frac{z}{z_0}\right) \tag{8.53}$$

$$\text{stabil:} \quad \bar{u}_{(z)} = \left(1 - \frac{5\,R_i}{(1 + 5\,R_i)}\right) \cdot \frac{u_*}{K} \ln\left(\frac{z}{z_0}\right) \tag{8.54}$$

R_i	Stabilitätsklasse
−0,9	sehr labil
−0,5	mäßig labil
−0,15	leicht labil
0,0	neutral
0,05	leicht stabil
0,1	mäßig stabil

Tab. 8.3: Werte der RICHARDSON-Zahl für verschiedene Stabilitätsklassen

Im Fall sehr labiler Schichtung ist die bodennahe Windgeschwindigkeit gegenüber neutralen Verhältnissen etwa um den Faktor 3,8 (= $(1-15R_i)^{0,5}$) erhöht, bei mäßig stabiler Schichtung mit dem Faktor 0,67 (= $\left(1-\frac{5\,R_i}{(1+5\,R_i)}\right)$) vermindert.

Auf diesem Wege lässt sich die RICHARDSON-Zahl auch rechnerisch näherungsweise ermitteln (LITTMANN 1994). Wenn der Windprofilterm für neutrale Schichtung

$$\frac{u_*}{K}\ln\left(\frac{z}{z_0}\right)$$

als $u_{(z)neutral}$ bezeichnet wird, ergibt sich für die RICHARDSON-Zahl:

labil: $$Ri = \frac{1-\left(\frac{\overline{u}_{(z)}}{u_{(z)neutral}}\right)^2}{15} \quad (8.55)$$

stabil: $$Ri = \frac{1}{5}\left(\frac{u_{(z)neutral}}{\overline{u}_{(z)}}-1\right) \quad (8.56)$$

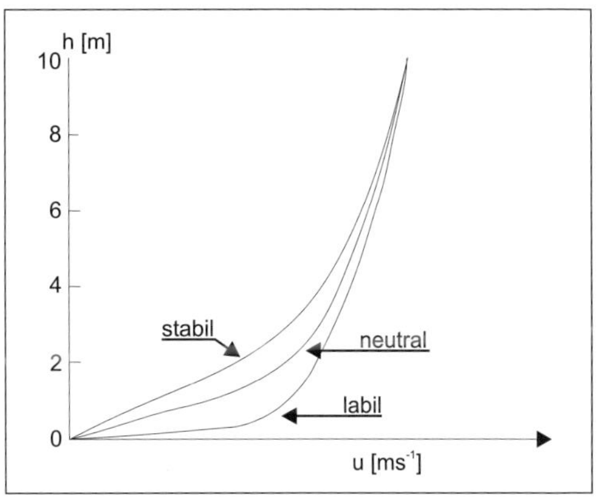

Abb. 8.8: Schematische Windprofile bei neutraler, stabiler und labiler Schichtung

8.3 Windmessung

8.3.1 Messgeräte

Der Wind wird in der Regel getrennt nach *Windrichtung* und *Windgeschwindigkeit* erfasst. Das Standardmessgerät für die Windrichtung ist die *Windfahne*, für die Windgeschwindigkeit kommen *Anemometer* zum Einsatz, zumeist das *Schalenkreuzanemometer*. Die Stellung der Windfahne und die Umdrehungen des Schalenkreuzes können mechanisch oder elektrisch auf eine Anzeige oder ein Registriergerät übertragen werden.

Die Windfahne ist häufig mit einem Kontakt- oder Widerstandsgeber zur elektrischen Registrierung der Windrichtung ausgerüstet. Die windgeschwindigkeitsabhängige Rotation des Schalenkreuzes kann über eine Lichtschranke oder einen Schleifkontakt übertragen werden. Es kommt bei Windgeschwindigkeitsmessungen mit dem Schalenkreuzanemometer zu Abweichungen gegenüber dem tatsächlichen Wind. Zum größten Teil sind diese Abweichungen durch Massenträgheit und Lagerreibung bedingt, so dass die notwendige Anlaufwindgeschwindigkeit des Schalenkreuzes je nach Gerätetyp bei 0,3 – 0,8 $m s^{-1}$ liegt. Außerdem werden durch die Trägheit des Schalenkreuzes die Schwankungen der Windgeschwindigkeiten nicht exakt aufgelöst. Auf einen Windgeschwindigkeitsanstieg kann das Gerät wegen der aerodynamischen Eigenschaften der offenen Halbschalen leichter reagieren als auf eine Windgeschwindigkeitsabnahme. Ein weiteres Problem sowohl der Windrichtungs- als auch der Windgeschwindigkeitsmessungen ist der Eisansatz im Winter. Als Gegenmaßnahme werden insbesondere an Gebirgsstationen die fest stehenden und vor allem die beweglichen Außenflächen des Messgerätes beheizt.

Anders stellt sich die Erfassung des Windes als zwei- oder dreidimensionaler *Windvektor* dar. Hierbei werden die Windgeschwindigkeiten in *x*-Richtung, *y*-Richtung und (im dreidimensionalen Fall) in *z*-Richtung gemessen (die drei Raumachsen werden oft auch mit *u*, *v*, *w* bezeichnet). Als Messgeräte dienen Windvektorgeber bzw. *Komponentenwindgeber* (Messflügel) und die reibungsfreien *Ultraschallanemometer*, die es in zwei- oder dreidimensionalen

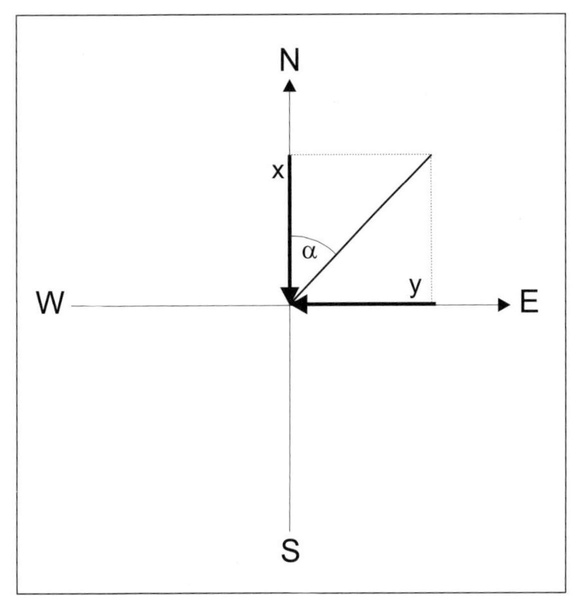

Abb. 8.9: Vektorielle Erfassung der horizontalen Windgeschwindigkeit und Windrichtung

Ausführungen gibt. Aus den Einzelkomponenten des Windes in x- und in y-Richtung kann die resultierende horizontale Windgeschwindigkeit und Windrichtung berechnet werden (Abb. 8.9).

Mit *x* wird der Betrag des Windvektors entlang der Nord-Süd-Achse, mit *y* entlang der Ost-West-Achse bezeichnet. Danach berechnet sich die horizontale Windgeschwindigkeit v zu:

$$v = \sqrt{x^2 + y^2} \tag{8.57}$$

sowie der horizontale Richtungswinkel α:

$$\tan\alpha = \frac{y}{x} \Leftrightarrow \alpha = \arctan\frac{y}{x} \tag{8.58}$$

Definitionsmäßig können Windbewegungen aus Nord und aus Ost mit positiven Vorzeichen des Vektorbetrages, aus Süd und aus West mit negativen Vorzeichen versehen werden. Dann errechnet sich die Windrichtung bei positiven Windgeschwindigkeitswerten des Nord-Süd-Vektors (positivem *x*) nach:

$$\text{Windrichtung} = 0° \text{ (bzw. } 360°) + \alpha \tag{8.59}$$

und bei negativen *x*-Werten (entspricht Wind aus Südrichtung) nach:

$$\text{Windrichtung} = 180° + \alpha \tag{8.60}$$

Im Beispiel der Abbildung 8.9 wird ein Windvektor aus Nord mit dem Betrag +2 $m s^{-1}$ und aus Ost mit dem Betrag +2 $m s^{-1}$ gemessen. Daraus errechnet sich eine horizontale Windgeschwindigkeit nach Gleichung 8.57 von:

$$v = \sqrt{(2\text{ m s}^{-1})^2 + (2\text{ m s}^{-1})^2} = \sqrt{8\text{ m}^2\text{s}^{-2}} = 2{,}8\text{ m s}^{-1} \tag{8.61}$$

und eine Windrichtung nach den Gleichungen 8.58 und 8.59 von:

$$\alpha = \arctan\frac{2\text{ m s}^{-1}}{2\text{ m s}^{-1}} = 45° \Leftrightarrow \text{Windrichtung} = 0°+45° = 45° \tag{8.62}$$

Der Wind weht mit einer Geschwindigkeit von 2,8 $m s^{-1}$ aus Nordost.

Bei gemessenen Windgeschwindigkeiten von 3 $m s^{-1}$ aus Süd und 2 $m s^{-1}$ aus Ost folgt:

$x = -3\ \mathrm{m\,s^{-1}}$ und $y = 2\ \mathrm{m\,s^{-1}}$

$$v = \sqrt{(-3\ \mathrm{m\,s^{-1}})^2 + (2\ \mathrm{m\,s^{-1}})^2} = \sqrt{13\ \mathrm{m^2 s^{-2}}} = 3{,}6\ \mathrm{m\,s^{-1}} \qquad (8.63)$$

und nach den Gleichungen 8.58 und 8.60:

$$\alpha = \arctan \frac{2\ \mathrm{m\,s^{-1}}}{-3\ \mathrm{m\,s^{-1}}} = -33{,}7° \Leftrightarrow \text{Windrichtung} = 180°+(-33{,}7)° = 146{,}3° \qquad (8.64)$$

Der Wind weht mit einer Geschwindigkeit von 3,6 $\mathrm{m\,s^{-1}}$ aus Südsüdost.

8.3.2 Windrichtung

Die Windrichtung ist als die Richtung definiert, aus der der Wind weht. Sie wird in Grad angegeben oder klassifiziert nach einer 8-, 12-, 16- oder 36-teiligen Skala (Abb. 8.10). Die 8-teilige Skala benennt nur die Hauptwindrichtungen Nord (N), Nordost (NE), Ost (E), Südost (SE), Süd (S), Südwest (SW), West (W) und Nordwest (NW). Die häufig verwendete 12- oder 16-teilige Windrose differenziert auch die Nebenwindrichtungen als 30°- oder 22,5°-Klassen. Die 36-teilige Skala beruht auf der Einteilung der 360° in 10-Grad-Klassen.

Windrichtungen können nicht über ein längeres Zeitintervall gemittelt werden. Zur Verdeutlichung folgendes Beispiel: Eine halbe Stunde Wind aus Nord (0°) und eine halbe Stunde Wind aus Süd (180°) würde ein Stundenmittel von 90°, also Wind aus Ost ergeben. Entweder müssen Windrichtungen als Momentanwerte angegeben werden, oder – auf einen längeren Zeitraum bezogen – repräsentiert die häufigste vorgekommene Windrichtung diesen Zeitraum. Geeigneter sind in diesem Zusammenhang Darstellungen der Häufigkeitsverteilung von Windrichtungen nach den Sektoren der Windrose, praktischerweise in prozentualer Form.

8.3.3 Windgeschwindigkeit

Die Angabe der Windgeschwindigkeit kann in vielen verschiedenen Einheiten erfolgen. Üblich ist die Einheit $\mathrm{m\,s^{-1}}$. Die Umrechnung in $\mathrm{km\,h^{-1}}$ erfolgt durch Multiplikation mit dem Faktor 3,6. Auch die Einheit Knoten für die Windgeschwindigkeit ist noch üblich. Ein Knoten entspricht einer Seemeile/Stunde. Eine Seemeile ist definiert als eine Bogenminute auf einem Geographischen Längenvollkreis (1° = 111,1 km), also 1/60 von 111,1 km. Die Umrechnungen werden wie folgt durchgeführt:

1 $\mathrm{m\,s^{-1}}$ = 3 600 $\mathrm{m\,h^{-1}}$ = 3,6 $\mathrm{km\,h^{-1}}$ = 1,9 Knoten
1 $\mathrm{km\,h^{-1}}$ = 0,28 $\mathrm{m\,s^{-1}}$ = 0,54 Knoten
1 Knoten = 1,85 $\mathrm{km\,h^{-1}}$ = 0,5 $\mathrm{m\,s^{-1}}$

Neben der Messung der Windgeschwindigkeit gibt es noch ein Schätzverfahren zur Bestimmung der Windstärke (nach BEAUFORT), das 1805 zunächst für die Seeschifffahrt entwickelt und später auf das Festland übertragen wurde. Die BEAUFORT-Skala der *Windstärke* beruht auf Beobachtungen der Windwirkung auf die Umgebung. Auf dem Festland sind dies

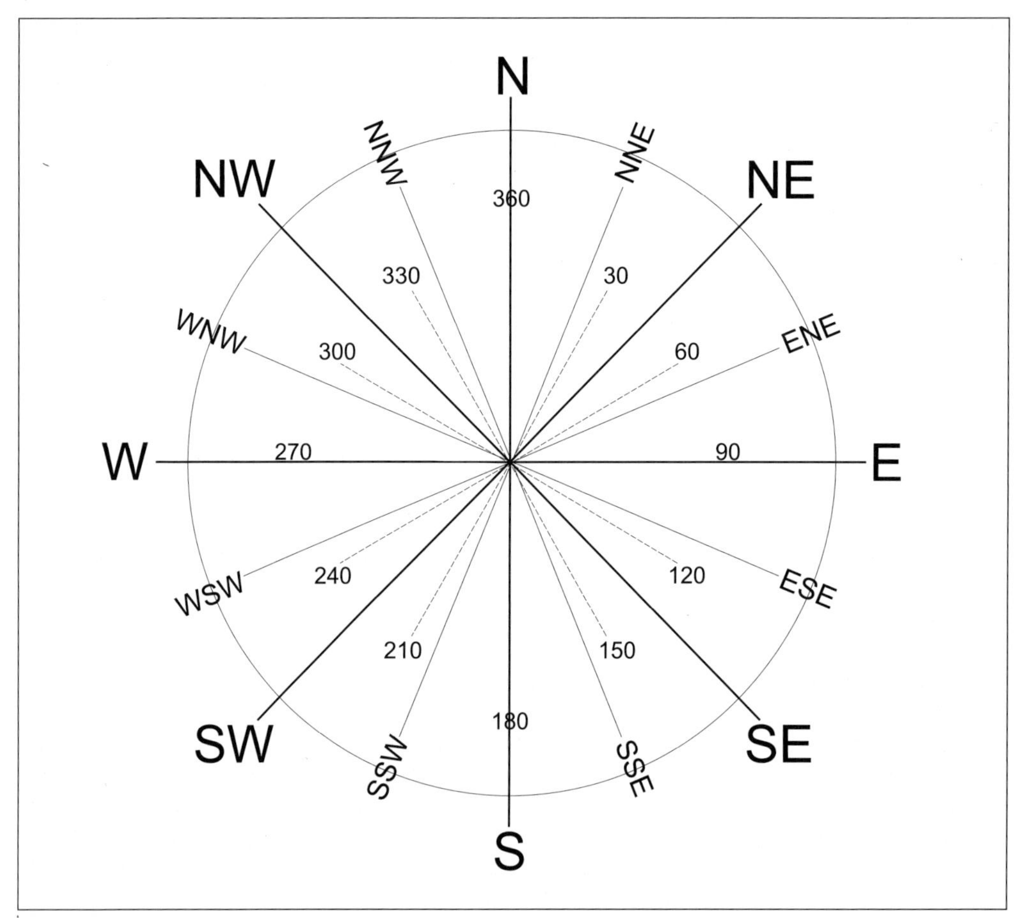

Abb. 8.10: Skaleneinteilungsmöglichkeiten einer Windrose

Bezeichnung	Bft	$m\,s^{-1}$	$\approx km\,h^{-1}$
Windstille	0	0–0,2	<1
Leichter Zug	1	0,3–1,5	1–5
Leichte Brise	2	1,6–3,3	6–11
Schwacher Wind	3	3,4–5,4	12–19
Mäßiger Wind	4	5,5–7,9	20–28
Frischer Wind	5	8,0–10,7	29–38
Starker Wind	6	10,8–13,8	39–49
Steifer Wind	7	13,9–17,1	50–61
Stürmischer Wind	8	17,2–20,7	62–74
Sturm	9	20,8–24,4	75–88
Schwerer Sturm	10	24,5–28,4	89–102
Orkanartiger Sturm	11	28,5–32,6	103–117
Orkan	12	>32,6	>117

Tab. 8.4: BEAUFORT-Skala der Windstärke

hauptsächlich Beobachtungen über die Bewegung von Blättern und Zweigen bis hin zu dicken Ästen und ganzen Bäumen. Anwendung findet die Angabe der Windstärke in BEAUFORT-Graden noch in der Wirtschaft und hier vor allem bei Versicherungen, die Sturmschäden nach ihrer Definition erst ab einer Windstärke von BEAUFORT 8, das entspricht 17,2 – 20,7 $m\,s^{-1}$, anerkennen. Den Zusammenhang zwischen der Windstärke nach BEAUFORT und der Windgeschwindigkeit in $m\,s^{-1}$ und $km\,h^{-1}$ zeigt Tabelle 8.4.

8.4 Entstehung und Aufbau von Druckgebilden und Windsystemen

8.4.1 Thermische Druckgebilde und Windsysteme

Ausgehend von den grundlegenden Gesetzesmäßigkeiten, welche die Zusammenhänge von Temperatur, Höhenlage, Dichte (damit auch dem Wasserdampfgehalt) und dem Luftdruck beschreiben (vgl. Kap. 7), können erste, einfache Druckgebilde eingeführt werden. Bei der Betrachtung des Bodendruckes sind dies Gebiete mit zueinander oder bezogen auf den Normaldruck 1 013 hPa relativ hohem oder niedrigem Druck. Zur Beschreibung des Luftdruckes in der Höhe wird dagegen die Höhe eines bestimmten Druckniveaus (850, 500, 100 hPa) bestimmt und angegeben.

Der einfachste denkbare Fall für die Ausbildung solcher Unterschiede ist die Entstehung *thermischer Druckgebilde*. Man nehme an, dass in einer Landschaft an einem sonnigen Sommertag die verschiedenartigen Oberflächen sich unterschiedlich erwärmen. So wurden aus Thermalbildern bei einer Untersuchung in München am 8. Juli 1982 für Rasenflächen 29,9 °C, bei Nadelwald 23,0 °C und bei Wasserflächen nur 21,0 °C ermittelt. In Abbildung 8.11 ist als Beispiel ein mittägliches Thermalscannerbild aus dem Raum Düsseldorf wiedergegeben. Hier werden auf den Rasenflächen Temperaturen von 33 – 39 °C erreicht. Diese Erwärmung wird auf die darüber liegende Luft übertragen. Wenn ein Luftpaket von 200 m Durchmesser und einer Höhe von 20 m über einer Rasenfläche durch die Aufheizung des Bodens um 2 K gegenüber der Luft in der Umgebung (z. B. über einem angrenzenden Nadelwald) erwärmt wird, so dehnt sie sich aus und ihre Dichte sinkt. Die Masse des Luftvolumens von 200 · 200 · 20 m über dem Feld nimmt um 6 280 kg ab (5 g pro m^3 Luft bei 1 K Erwärmung, Anwendung des GAY-LUSSAC-Gesetzes, Gl. 7.13). Die Ausdehnung der Luft nach oben führt aber dazu, dass in der Höhe nun „mehr" Luft vorhanden ist und damit dort ein entsprechend höherer Druck herrscht als vor der Erwärmung.

Diese Konstellation ist nicht statisch, vielmehr setzen die horizontalen und vertikalen Druckunterschiede einen Ausgleich in Gang. So wird die Luftblase, wenn die Luftdichtedifferenz zu groß wird, aufsteigen (was letztlich in einem Heben der Druckniveaus p_1 bis p_3 mündet, vgl. Abb. 8.12 (1)) und weitere Luft aus der Umgebung nachziehen, wodurch sich über der erwärmten Fläche ein Thermikschlauch in die Höhe ausbildet. Diese Situation wird z. B. im Segelflug ausgenutzt. Das Heben der Druckniveaus über der erwärmten Fläche verursacht eine horizontale Druckdifferenz in der Höhe. Damit setzt dort eine Ausgleichsbewegung vom hohen zum tiefen Druck ein (Abb. 8.12 (2)). Der Massenfluss in der Höhe über der erwärmten Fläche verursacht wiederum ein relatives Tief am Boden und damit auch dort eine horizontale Druckdifferenz. Als Ausgleich strömt Luft am Boden von den relativ kühlen in die erwärmten Bereiche ein (Abb. 8.12 (3)).

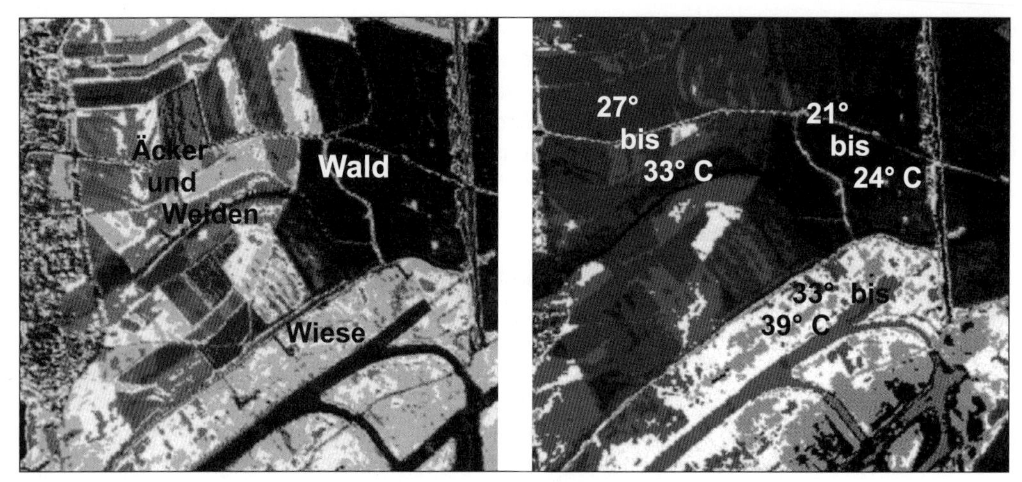

Abb. 8.11: Realnutzung und Oberflächentemperatur (Tagsituation) aus einer Thermalscannerbefliegung in Düsseldorf am 30.06.1993, Situation nördlich des Rhein-Ruhr-Airports.
Quelle: Landeshauptstadt Düsseldorf 1995

Die von diesen Druckunterschieden thermischen Ursprungs angetriebenen Ausgleichsströmungen nennt man *thermische* bzw. *lokale Windsysteme*. Zu den thermischen Winden gehören die Land-Seewind-Zirkulation, die Hangwindzirkulation, die Berg-Talwind-Zirkulation und der Gletscherwind. Die *Land-Seewind-Zirkulation* beruht auf den thermischen Druckgebilden, die sich bei Sonneneinstrahlung und ungehinderter Ausstrahlung über dem

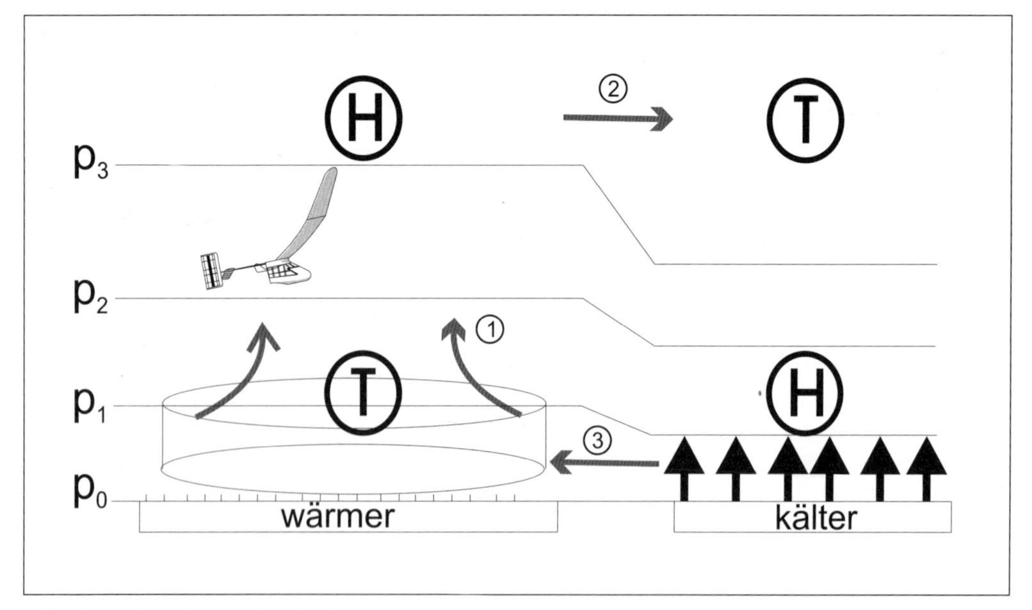

Abb. 8.12: Thermische Druckgebilde

tagsüber im Vergleich zum Meer stärker erwärmten Land bzw. nachts stärker abgekühlten Land ausbilden. Dadurch weht der Wind in Bodenähe tagsüber vom Meer zum Land (Seewind) und nachts mit geringerer Stärke, da die Temperatur- und damit die Druckunterschiede geringer sind, vom Land zum Meer (Landwind). Die gesamte Luftzirkulation einschließlich der Höhenströmung verläuft entsprechend der Abbildung 8.12.

Täler, insbesondere solche in Gebirgen mit ausgeprägten Sonnen- und Schattenbereichen, produzieren ihre eigenen lokalen Windsysteme. Ähnlich wie beim Land-Seewind-System werden diese Winde thermisch angetrieben und sind am besten im Sommer unter einer windschwachen Hochdruckwetterlage ausgebildet. Solche Wetterbedingungen, verbunden mit der Topographie, führen zu unterschiedlichen Erwärmungen und Abkühlungen an den Hängen und im Tal. Daraus resultieren Bodenoberflächentemperatur- und Lufttemperaturunterschiede, die zur Ausbildung von thermischen Druckgebilden führen. Die einsetzenden Ausgleichsströmungen bilden die Komponenten der *Hangwind-* und *Berg-Talwind-Zirkulation*. Tagsüber weht ein Hangaufwind, beginnend am zuerst von der Sonne erreichten Osthang, und der Talwind, da sich die Bergkuppen und -hänge stärker erwärmen als der Talboden. Nachts kehrt sich das Windsystem um und die Luft strömt hangabwärts und das Tal hinunter (Bergwind). Durch die nächtliche Auskühlung der Erdoberfläche (vgl. Kap. 5 und 6) bildet sich eine Kaltluftschicht am Boden, die aufgrund ihrer höheren Dichte schwerer ist als die Umgebungsluft. Ab einer ausreichenden Mächtigkeit beginnt die Kaltluft hangabwärts zu rutschen. Diese aufgrund ihres Gewichtes in Bewegung gesetzte Luftströmung nennt man *katabatischen (=absteigenden) Wind*.

Katabatisch angetrieben sind auch die *Gletscherwinde*, die dicht über dem Gletscher talabwärts wehen. Sie resultieren aus dem Temperaturgegensatz zwischen dem Gletschereis und der besonnten Umgebung. Durch die Kälte des Gletschereises kühlen die unteren Luftschichten stark ab und gleiten aufgrund ihres höheren Gewichtes hangabwärts. Die Abwärtsbewegung erfolgt tropfenweise, sobald eine ausreichende Mächtigkeit der Kaltluftschicht erreicht ist, die die Bodenreibung überwinden kann. Wenn das Tal eng ist, kann der Gletscherwind sehr böig sein. Im Gegensatz zu den Land-Seewind- und Berg-Talwind-Systemen weht der Gletscherwind tagsüber und nachts mit fast der gleichen Stärke.

Auch im kontinentalen Maßstab bilden sich thermische Hoch- und Tiefdruckgebiete aus, die über einen längeren Zeitraum bis zu einer Jahreszeit räumlich stabil sind. Sie gehören zu den Elementen der Dynamik der Atmosphäre.

Relative Luftdruckunterschiede entstehen aber auch, wenn große Mengen Wasserdampf in die Luft gelangen und so die Dichte – wie bei den thermischen Druckgebilden – herabgesetzt wird. Dies kann der Fall sein über stark erwärmten tropischen Meeresgebieten. Der hohe Wasserdampfgehalt der Luft macht sie vergleichsweise sehr leicht und zwingt sie zum Aufsteigen. Eine solche Situation kann neben der Entstehung von mesoskaligen Konvektionszellen (*mesoscale convective areas, MCA*) auch die Keimzelle eines tropischen Wirbelsturmes bilden.

8.4.2 Dynamische Druckgebilde

Das Wetter in den mittleren Breiten, im Bereich der Frontalzonen, wird weitgehend bestimmt durch Hoch- und Tiefdruckgebiete nicht-thermischer Entstehung, durch *dynamische Druckgebilde*.

Dynamische Druckgebilde entstehen aus Bewegungsvorgängen in der Atmosphäre und haben ihren Ursprung dort, wo Luftmassen von unterschiedlichem Charakter aneinander vorbeiströmen. Diese Situation ist im globalen Scale ständig an der planetarischen Frontalzone gegeben. Hier liegen in einer Höhe von im Mittel 10 km die tropische Luftmasse (warm, der Luftdruck nimmt mit der Höhe langsam ab) und die polare Luftmasse (kalt, der Luftdruck nimmt mit der Höhe rasch ab) nah beieinander und bilden im Grenzbereich die *Frontalzone*. Im Bereich der Frontalzone, in der eine sehr starke westliche Strömung herrscht, kommt es immer wieder zur Ausbildung von großen, nach Norden bzw. nach Süden auslenkenden *baroklinen Wellen*. Im Scheitelpunkt dieser Wellen sind die *Isobaren*, wie die Linien gleichen Luftdruckes bezogen auf ein Höheniveau bezeichnet werden, immer gedrängt. Daneben kommt es zu beiderseitigen Drängungen oder zu Aufweitungen der Isobaren.

Wenn die Luft in einen Bereich einströmt, in dem die Isobaren gedrängt sind, kommt es auf der Nordhemisphäre bei vorherrschendem westlichem geostrophischem Wind zu einer Ablenkung nach Nord. Die Luft, bei der sich zuerst Gradientkraft (Abb. 8.13, *G*) und Corioliskraft (*C*) die Waage hielten, ist jetzt (Isobarendrängung, Luftdruckdifferenz *dp* pro Entfernung *l*) einer stärkeren Gradientkraft ausgesetzt und wird daher in Richtung des Gradienten abgelenkt. Die Luft strömt dann mit einer nördlichen Komponente (nach rechts abgelenkt) zusammen, man spricht in diesem Fall von *Konvergenz*. Auf der anderen Seite kommt es beim Herausströmen aus dem Bereich der Isobarendrängung zur Ablenkung der Luft mit einer südlichen Komponente. Hier nimmt nämlich, analog zum ersten Fall, die Gradientkraft ab und der Einfluss der Corioliskraft wird relativ stärker. Indem der Bereich der Isobarendrängung verlassen wird (die Isobaren weiten sich wieder) strömt die Luft mit südlicher Komponente (wiederum nach rechts abgelenkt) auseinander, man spricht von *Divergenz*.

Die aus Konvergenz und Divergenz der Höhenströmung resultierenden Massengewinne bzw. Massenverluste wirken sich auf die gesamte, darunter liegende Atmosphäre aus. Im Fall der Konvergenz (vgl. Abb. 8.14, links) wird der Massenverlust durch seitliches Abfließen nach Norden (vgl. Abb. 8.13) ausgeglichen, indem Luft von oben und von unten angesaugt wird. Das Absinken der Luft von oben hat ein Absinken der Tropopause zur Folge. Am Boden bewirkt das Absaugen der Luft die Ausbildung eines Tiefdruckgebietes. Umgekehrt sinkt Luft aus dem Bereich der Höhendivergenz (Abb. 8.14, rechts) nach unten und bewirkt ein Hoch am Boden und hebt die Tropopause an.

Da die Ausdehnung der Strömung in Richtung Tief am Boden oder aus dem Hoch am Boden mehrere hundert Kilometer erreicht, unterliegt sie der Ablenkung durch die Corioliskraft. Das Bodentief kann aufgrund der Rechtsablenkung nicht durch zuströmende Luft aufgefüllt werden, sondern wird entgegen dem Uhrzeigersinn (zyklonal) umströmt. Damit entsteht ein sich drehendes dynamisches Tiefdruckgebiet (*Zyklone*). Die aus dem Bodenhoch entströmende Luft dreht sich, abgelenkt durch die Corioliskraft, im Uhrzeigersinn (antizyklonal) um das Hoch und führt zur Entstehung eines dynamischen Hochdruckgebietes oder einer *Antizyklone*.

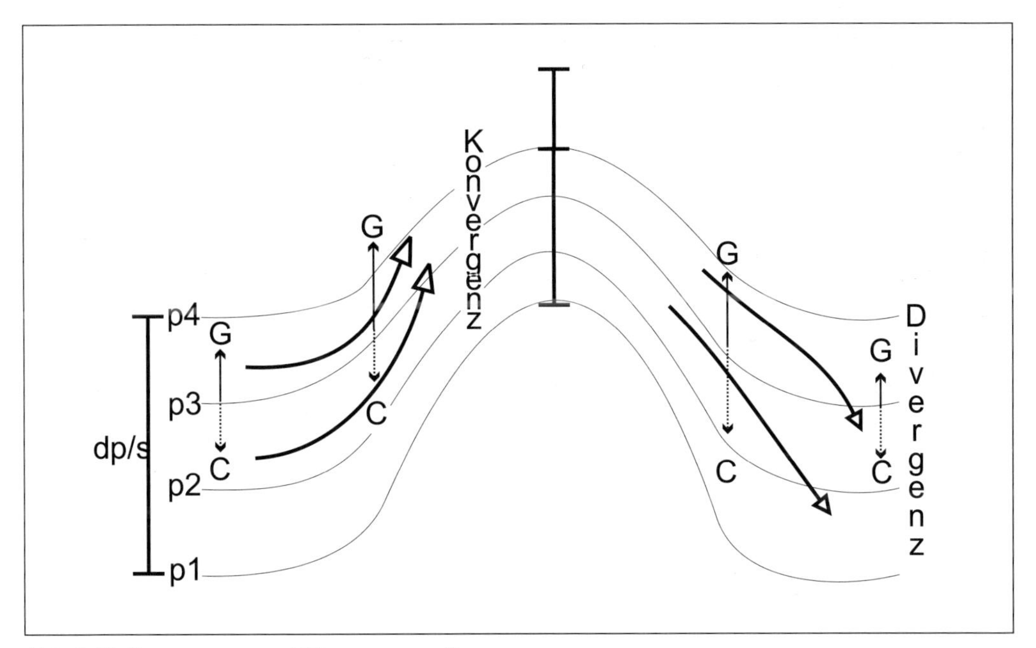

Abb. 8.13: Konvergenz- und Divergenzvorgänge
Quelle: verändert nach HÄCKEL 1990

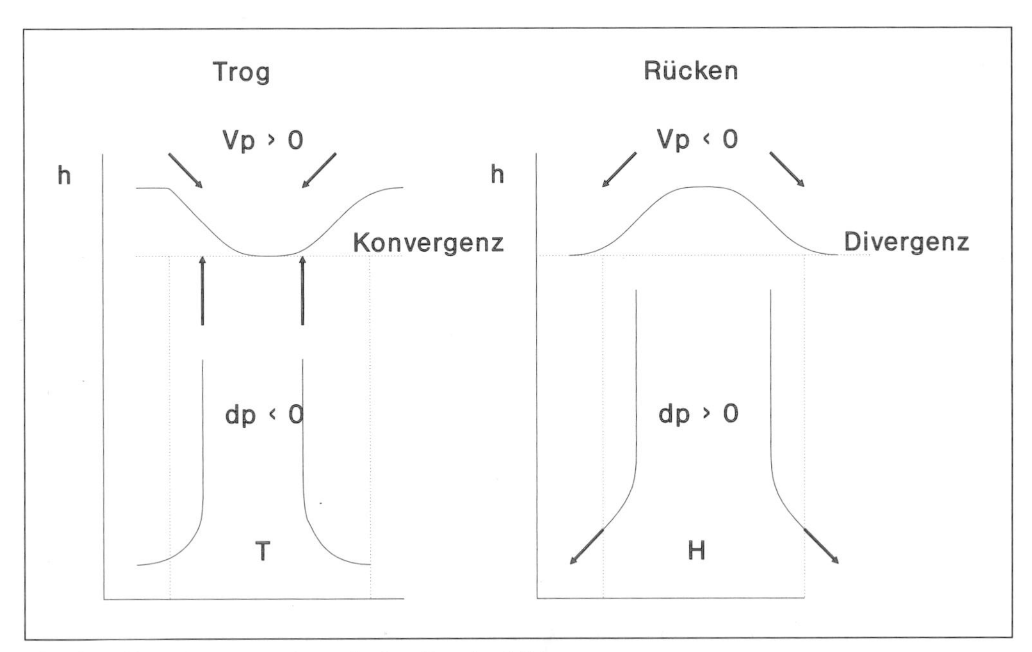

Abb. 8.14: Entstehung von dynamischen Druckgebilden

8.4.3 Vorticity

Beschreibt man die Höhenströmungen formal, muss in diesem Zusammenhang der Begriff der *Vorticity* eingeführt werden. In großen horizontalen Strömungen ist die Vorticity oder Wirbelgröße neben der Gradientkraft und Corioliskraft eine weitere wichtige Erhaltungsgröße. Der Begriff bezieht sich dabei nicht auf eine Verwirbelung im turbulenten Sinn, sondern auf die „innere“ Zirkulation oder Drehbewegung einer Strömung über einer Fläche, wie etwa in den großen Strahlströmen der Troposphäre.

Wenn man die Zirkulation einer horizontalen Strömung über einer bestimmten Fläche betrachtet, so ergibt sich die Vorticity als vertikale Achse der Zirkulation über dem Flächenelement (damit ist die Vorticity auch die sog. Rotorkomponente der Strömungsgeschwindigkeit auf der Fläche). Die Zirkulation ist allgemein als das Integral der Geschwindigkeit über einem geschlossenen Weg definiert. Bezieht man diese Definition auf die überströmte Fläche in kartesischen Koordinaten, ergibt sich daraus für die Vorticity:

$$v_r = \frac{\Delta uy}{\Delta x} - \frac{\Delta ux}{\Delta y} \qquad (8.65)$$

also die Geschwindigkeitsdifferenz entlang der Flächenseiten, bezogen auf die Fläche. Diese relative Vorticity ist dimensionslos. Ihr Vorzeichen wird definitionsgemäß jedoch negativ bei einer Zirkulation im Uhrzeigersinn (antizyklonal, Geschwindigkeitsdifferenz in *y*-Richtung positiv) und positiv bei einer Zirkulation gegen den Uhrzeigersinn (zyklonal, *y*-Differenz negativ).

Wird eine Fläche umströmt, so liegt der Fall einer gekrümmten Bewegung vor. Der allgemeine Fall einer gekrümmten Bewegung ist die starre Rotation. Für die Zirkulation (in einem solchen Strömungskreis) gilt:

$$\begin{aligned} u &= \omega \cdot r \\ s &= 2r \cdot \pi \\ z &= 2 \cdot \pi \cdot \omega \cdot r^2 \end{aligned} \qquad (8.66)$$

u	Strömungsgeschwindigkeit
s	Weglänge der Strömung
ω	Winkelgeschwindigkeit
r	Radius des Strömungskreises
z	Zirkulation

Bezogen auf die Fläche des Kreises ergibt sich für die *Krümmungsvorticity*:

$$v_r = \frac{2 \cdot \pi \cdot \omega \cdot r^2}{r^2 \cdot \pi} = 2\omega \qquad (8.67)$$

Bei einer gekrümmten Zirkulationsbewegung ist die Vorticity das Doppelte der Winkelgeschwindigkeit der Strömung. Das Vorzeichen ergibt sich nach Definition (s. o.).

Der Fall eines solchen geschlossenen Wirbels ist (ausgenommen abgeschnürte Zirkulationszellen der Westwinddrift) relativ selten. Bei Wellenbewegungen liegen meist offene Krümmungsformen (Rücken und Tröge) vor. In einem solchen Kreissegment ergibt sich als allgemeiner Fall einer gekrümmten Bewegung die Vorticity aus der Summe von innerer Bahngeschwindigkeit und der Differenz zur äußeren Bahngeschwindigkeit:

$$v_r = \frac{u_r}{r} + \frac{du}{dr} \tag{8.68}$$

Setzt man $u = r \cdot \omega$, so erhält man wieder den Fall der starren Rotation.

Eine solche Betrachtung der Vorticity bezieht sich allerdings nur auf die Relativbewegung der Strömung. Bei planetarischen Strömungen muss noch der aus der Erddrehung resultierende Anteil (im Grunde auch ein Fall der starren Rotation) addiert werden, und dieser ist durch den Coriolisparameter gegeben. Wir bezeichnen diesen Ausdruck im Gegensatz zur *relativen Vorticity* υ_r auch als *absolute Vorticity* υ_a:

$$v_a = v_r + C$$

$$v_a = \frac{u_r}{r} + \frac{\Delta u}{\Delta r} + 2 \cdot \omega \cdot \sin \varphi$$

$$\text{bzw. } v_a = 2 \cdot \omega + 2 \cdot \omega \cdot \sin \varphi \tag{8.69}$$

Vorticity als Erhaltungsgröße der Zirkulation. Die Vorticity erlangt ihre besondere klimatologische Bedeutung als Erhaltungsgröße in wellenförmigen Strömungen, also etwa in den o. a. baroklinen ROSSBY-Wellen der außertropischen Westwinddrift. Betrachten wir die Bewegung der Strömung in *y*-Richtung (Nord-Südkomponente) nach Norden hin mit positivem Vorzeichen, so ergibt sich nach der abgeleiteten *allgemeinen Vorticity-Gleichung*:

$$\frac{\Delta v_r}{\Delta t} + uy \cdot \frac{\Delta C}{\Delta y} = 0 \tag{8.70}$$

Die Summe der Veränderungen der relativen Vorticity und der Corioliskraft in einer planetarischen Strömung sind gleich Null. Beide Größen sind umgekehrt proportional.

Diese umgekehrte Proportionalität von Vorticity und Coriolisparameter wird auch ausgedrückt durch:

$$\frac{\Delta v_r}{\Delta t} + uy \cdot \frac{2 \cdot \Omega \cdot \cos \varphi}{\mathrm{R}} = 0 \tag{8.71}$$

mit R = Erdradius, und schließlich

$$\frac{\Delta v_r}{\Delta t} = -C \cdot uy \tag{8.72}$$

mit $C = 2 \cdot \Omega \cdot \cos \varphi \cdot R^{-1}$ als Coriolisparameter.

Die Corioliskraft hängt vom Cosinus der geographischen Breite ab, nimmt also vom Äquator in Richtung Pol zu (vgl. Kap. 8.1.2). Wenn die Vorticity nun gegenüber der Corioliskraft eine Erhaltungsgröße darstellt, so muss sie ihr entgegenwirken. Betrachten wir eine ROSSBY-Welle, die zunächst nur durch eine initiale Störung (Hochgebirge) aus der geostrophischen Richtung nach Süden hin abgelenkt wird (u_y wird negativ), so nimmt mit äquatorwärtigem Strömen die Corioliskraft und damit die Rechtsablenkung der Strömung stetig ab. Gleichzeitig nimmt die relative Vorticity ständig höhere positive Werte an, so dass die Strömung eine zyklonale Krümmung erhält, die sie wieder polwärts zurücktreibt: Ein Trog in der Westwinddrift entsteht. Die Vorticity bleibt bis zum Nulldurchgang der Welle positiv, dann kehren sich die Verhältnisse in polwärtiger Richtung um. Der Coriolisparameter erreicht einen maximalen Wert, die relative Vorticity wird jedoch negativ: Die Wirbelgröße wird antizyklonal und treibt in einem solchen Rücken die Strömung wieder in Richtung Äquator zurück.

Gleichfalls kann man die Drehrichtung der Wirbelgröße als horizontale Windscherung darstellen. In einer gekrümmten Strömung muss außen bei längerem Krümmungsradius der Stromlinien eine höhere Bahngeschwindigkeit als innen vorliegen. Entsprechend würde in einem Trog mit u_{max} auf der äquatorwärtigen Seite eine mitgeführte Scheibe in der Strömung eine Linksdrehung (zyklonale Krümmung) erhalten, in einem Rücken umgekehrt.

Potentielle Vorticity und dynamische Druckgebilde. Im geostrophischen Windfeld stellen somit Corioliskraft und Vorticity die wesentlichen Erhaltungsgrößen einer durch die Gradientkraft initiierten Strömung dar. Wie wirken sich solche Vorgänge in der Höhenströmung nun auf die Luftsäule bis zum Erdboden aus?

In diesem Zusammenhang wird der Begriff der *potentiellen Vorticity* eingeführt. Dabei werden die Erhaltungssätze von Vorticity und Masse unter der Voraussetzung einer barotropen Schichtung kombiniert. In vereinfachter Form ergibt sich die potentielle Vorticity zu:

$$v_p = \frac{v_a}{\Delta p} = \frac{v_{r\cdot} \cdot C}{\Delta p} = \text{const.} \qquad (8.73)$$

υ_p	potentielle Vorticity
υ_a	absolute Vorticity
υ_r	relative Vorticity
C	Corioliskraft
Δp	Druckdifferenz in der Luftsäule

Das Verhältnis von absoluter Vorticity und der Druckänderung in der Luftsäule unter dem geostrophischen Wind ist konstant.

Daraus ergeben sich wesentliche Schlussfolgerungen. Wenn in einem Trogbereich (zyklonale positive Vorticity) die Druckdifferenz in der Luftsäule darunter negativ werden muss, bedeutet dies mit der Druckabnahme nach dem BOYLE-MARIOTTE-Gesetz gleichzeitig eine vertikale Streckung (Volumenzunahme) der Luftsäule. Der Effekt: Von oben und unten wird von der Luftsäule zum Konvergenzniveau in der Höhe hin Luft aus der Umgebung angesaugt, am Boden entsteht ein dynamisches Tiefdruckgebiet. Umgekehrt wird in einem Rückenbereich die Druckdifferenz positiv, die Luftsäule wird vertikal gestaucht. Vom Divergenzniveau in der

Höhe strömt Luftmasse ab und am Boden entsteht bei absinkenden Bewegungen ein dynamisches Hochdruckgebiet (vgl. auch Abb. 8.14).

8.5 Anwendungen

8.5.1 Corioliskraft

Der VfL Bochum hat vom letzten zu Verfügung stehenden Kredit den neuseeländischen Nationalspieler JOHN MCSOCKER eingekauft. JOHNNY war zwischen Dunedin und Auckland und im ganzen südpazifischen Raum dafür bekannt, dass er unfehl- und unhaltbar Freistöße aus großer Entfernung so in die obere rechte Ecke des gegnerischen Tores platzieren konnte, dass der Ball vom Pfosten ins Tor gelenkt wurde. JOHNNY nun sollte den VfL wieder in die 1. Bundesliga zurückschießen. Aber dann kam sein erstes Spiel im vollbesetzten Bochumer Stadion. Drei Freistöße sollte er in Tore verwandeln und dreimal prallte der Ball vom Pfosten zurück ins Spielfeld. Trainer und Vorstand des VfL sind außer sich und wissen keinen Rat. Da meldet sich der ewige Ersatzspieler NOBBY KOWALSKI.

NOBBY hat in Bochum Sport und Geographie studiert und erklärt seinen verblüfften Kollegen, welche übermenschliche Kraft nun wieder den Siegen des VfL im Wege steht. Er rechnet mit folgenden Größen:

Entfernung zum Tor:	s = 35 m
Geschwindigkeit des Balles:	v = 85 km h^{-1}
Geographische Breite von Bochum:	51°26'
Geographische Breite von Auckland:	36°50'

Die Lösung dieser unverständlichen Zielschwäche des neuseeländischen Spielers liegt natürlich in der Coriolisbeschleunigung verborgen. Nach Gleichung 8.18 berechnet sich die Coriolisbeschleunigung zu $C_b = 2 \cdot \omega \cdot \sin\varphi \cdot v$. Der Ball wird mit einer Geschwindigkeit von v = 85 km h^{-1} = 23,6 m s^{-1} 35 m weit geschossen, ist also $t = \frac{35\ \text{m}}{23{,}6\ \text{m s}^{-1}} = 1{,}482\ \text{s}$ in der Luft.

Die Endgeschwindigkeit der Rechtsablenkung des Balles berechnet sich nach:

$$C_b \cdot t = 2 \cdot \omega \cdot \sin\varphi \cdot v \cdot t = 2 \cdot \frac{2 \cdot \pi}{86400\ \text{s}} \cdot \sin 51{,}43° \cdot 23{,}6\ \text{m s}^{-1} \cdot 1{,}482\ \text{s} = 0{,}00398\ \text{m s}^{-1} \tag{8.74}$$

Die Ablenkungsstrecke *a* (Abb. 8.15) ist folglich die mittlere Geschwindigkeit mal der Zeit des Ballflugs:

$$a = \frac{1}{2} C_b \cdot t \cdot t = \frac{1}{2} \cdot 0{,}00398\ \text{m s}^{-1} \cdot 1{,}482\ \text{s} = 0{,}00295\ \text{m} = 2{,}95\ \text{mm} \tag{8.75}$$

In Auckland betrug die Strecke der Linksablenkung (Gl. 8.76):

$$a = \frac{1}{2} C_b \cdot t \cdot t = \frac{1}{2} \cdot 2 \cdot \omega \cdot \sin\varphi \cdot v \cdot t^2 = \frac{2 \cdot \pi}{86400\ \text{s}} \cdot \sin 36{,}83° \cdot 23{,}6\ \text{m s}^{-1} \cdot (1{,}482\ \text{s})^2 = 0{,}00226\ \text{m} = 2{,}26\ \text{mm}$$

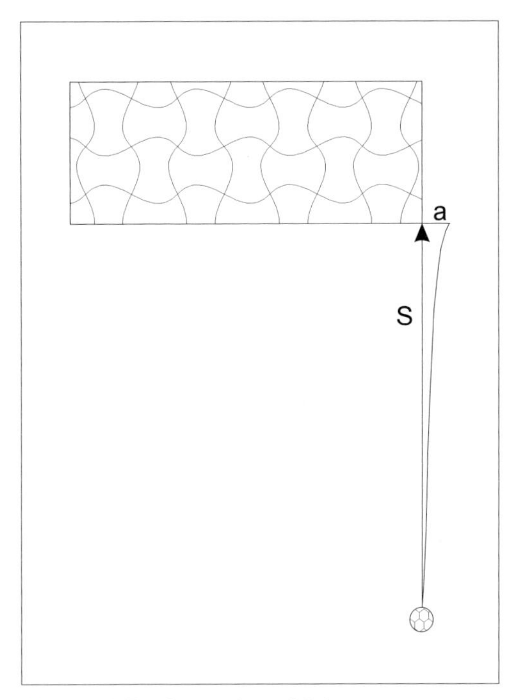

Abb. 8.15: Zur Anwendung 8.5.1

Die Freistöße gehen wegen der „linksdrehenden" Erfahrung des Neuseeländers und der Rechtsablenkung in Bochum jeweils um 5,2 mm daneben.

8.5.2 Wind in strukturiertem Gelände

Nach Gl. 8.44 geht die Rauigkeitslänge als Größe in die Berechnung des logarith. Windprofiles ein. Sie beeinflusst entscheidend, wie sich die Windgeschwindigkeit mit zunehmender Entfernung von der Bodenoberfläche innerhalb der PRANDTL-Schicht ändert.

Aus einer Windgeschwindigkeitsmessung und Bestimmung der Rauigkeitslänge auf einer Wiese (nehmen wir u = 5 m s^{-1} in z = 10 m Höhe über dem Boden an, Rauigkeitslänge der Wiesenfläche: z_0 = 0,03 m) lässt sich die Schubspannungsgeschwindigkeit nach Gleichung 8.46 bestimmen:

$$u_* = \frac{u_z \cdot K}{\ln\left(\frac{z}{z_0}\right)} = \frac{5\ \mathrm{m\ s^{-1}} \cdot 0{,}4}{\ln\left(\frac{10\ \mathrm{m}}{0{,}03\ \mathrm{m}}\right)} = 0{,}34\ \mathrm{m\ s^{-1}} \qquad (8.77)$$

Mit dem Wert lässt sich nach Gleichung 8.44 für das logarithmische Windprofil die Windgeschwindigkeit für jede beliebige Höhe innerhalb der PRANDTL-Schicht über dem Messort bestimmen. Für eine Höhe von 100 m ergibt sich z. B. über Grund die Windgeschwindigkeit:

$$\overline{u}_z = \frac{u_*}{K} \cdot \ln\left(\frac{z}{z_0}\right) = \frac{0{,}34\ \mathrm{m\ s^{-1}}}{0{,}4} \cdot \ln\left(\frac{100}{0{,}03}\right) = 6{,}9\ \mathrm{m\ s^{-1}} \qquad (8.78)$$

Bei einer Änderung der Bodenrauigkeit in Strömungsrichtung von z_{01} nach z_{02} lässt sich die Veränderung der Schubspannung am Boden berechnen. Ab diesem Rauigkeitswechsel baut sich in Richtung der Windströmung eine interne Grenzschicht (*Internal Boundary Layer, IBL*) auf. Innerhalb der IBL gilt das neue, von der Rauigkeit z_{02} beeinflusste, logarithmische Windprofil, oberhalb berechnet sich die vertikale Windgeschwindigkeitszunahme nach dem alten, von der Rauigkeit z_{01} beeinflussten Windprofil (Abb. 8.16).

Mit zunehmender Entfernung x zum Rauigkeitssprung nimmt die Höhe h der IBL zu. Für h gilt (TROEN/PETERSEN 1990):

$$\frac{h}{z`_0} \cdot \left(\ln\frac{h}{z`_0} - 1\right) = 0{,}9 \cdot \frac{x}{z`_0} \qquad (8.79)$$

mit $z`_0 = \max(z_{01}, z_{02})$

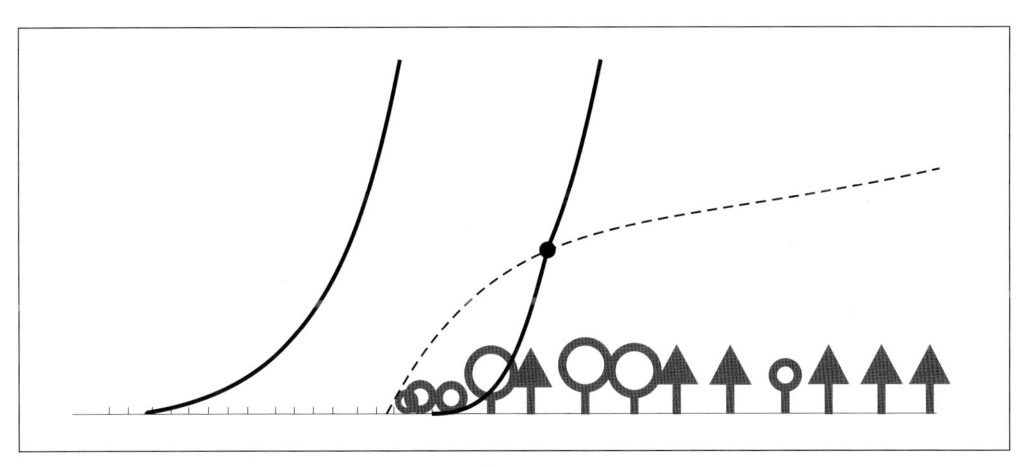

Abb. 8.16: Internal Boundary Layer nach Rauigkeitswechseln

Für die veränderte Schubspannungsgeschwindigkeit u_{*2} nach dem Rauigkeitswechsel gilt:

$$\frac{u_{*2}}{u_{*1}} = \frac{\ln(\frac{h}{z_{01}})}{\ln(\frac{h}{z_{02}})} \tag{8.80}$$

Der Einfluss einer Bodenrauigkeit auf das Windprofil reicht stromaufwärts 10–100 km weit. Experimentelle Untersuchungen und nummerische Berechnungen haben ergeben, dass sich das gestörte Windprofil nach einem Rauigkeitswechsel mit den folgenden drei logarithmischen Funktionen darstellen lässt (TROEN/PETERSEN 1990):

$$u(z) = \begin{cases} (\frac{u_{*1}}{K}) \cdot \ln(\frac{z}{z_{01}}) & \text{für } z \geq 0{,}3h \\ u'' + (u' - u'') \cdot \frac{\ln(\frac{z}{0{,}09h})}{\ln(\frac{0{,}3}{0{,}09})} & \text{für } 0{,}09h < z < 0{,}3h \\ (\frac{u_{*2}}{K}) \cdot \ln(\frac{z}{z_{02}}) & \text{für } z \leq 0{,}09h \end{cases} \tag{8.81}$$

mit: $u' = \frac{u_{*1}}{K} \cdot \ln(\frac{0{,}3h}{z_{01}})$ und $u'' = \frac{u_{*2}}{K} \cdot \ln(\frac{0{,}09h}{z_{02}})$

Wenden wir diese Zusammenhänge anhand unseres Beispiels an. Nach einem Rauigkeitswechsel in Windrichtung von der Wiese (z_{01} = 0,03 m) auf einen Forst (z_{02} = 0,8 m, d = 10 m) soll die Windgeschwindigkeit 3500 m hinter dem Rauigkeitswechsel in 50 m und 100 m Höhe über Grund bestimmt werden (vgl. auch Abb. 8.16, oben).

Die Schubspannungsgeschwindigkeit über der Wiese (Gl. 8.77) beträgt u_{*1}=0,34 m s^{-1}. 3 500 m hinter dem Rauigkeitswechsel liegt die obere Grenze der IBL in einer Höhe von:

$$\frac{h}{0{,}8\text{ m}}\cdot(\ln\frac{h}{0{,}8\text{ m}}-1)=0{,}9\cdot\frac{3500\text{ m}}{0{,}8\text{ m}}=3937{,}5 \Leftrightarrow h\cdot(\ln h-0{,}78)=3150\text{ m} \Rightarrow h=566{,}3\text{ m} \tag{8.82}$$

über der Verdrängungsschicht des Waldes, also 576,3 m über dem Boden.

Für die Schubspannungsgeschwindigkeit u_{*2} über dem Forst ergibt sich demnach (nach Gl. 8.80):

$$u_{*2}=u_{*1}\cdot\frac{\ln(\frac{h}{z_{01}})}{\ln(\frac{h}{z_{02}})}=0{,}34\text{ m s}^{-1}\cdot\frac{\ln(\frac{566{,}3\text{ m}}{0{,}03\text{ m}})}{\ln(\frac{566{,}3\text{ m}}{0{,}8\text{ m}})}=0{,}51\text{ m s}^{-1} \tag{8.83}$$

Die Windgeschwindigkeit 3 500 m hinter dem Rauigkeitswechsel in der Höhe von 50 m über Grund, also in $z-d$ = 40 m über der Verdrängungsschicht des Waldes muss nach dem logarithmischen Windprofil der neuen Schubspannungsgeschwindigkeit u_{*2} (Gl. 8.81, 3. Variante, da $z \leq 0{,}09h$ ist) errechnet werden:

$$u_{50m}=(\frac{u_{*2}}{K})\cdot\ln(\frac{z-d}{z_{02}})=(\frac{0{,}51\text{ m s}^{-1}}{0{,}4})\cdot\ln(\frac{40\text{ m}}{0{,}8\text{ m}})=4{,}99\text{ m s}^{-1} \tag{8.84}$$

In 100 m Höhe über Grund beträgt die Windgeschwindigkeit am selben Ort (2. Variante der Gl. 8.81, da $0{,}09h < z < 0{,}3h$):

$$\begin{aligned} u_{100m} &= u''+(u'-u'')\cdot\frac{\ln(\frac{z}{0{,}09h})}{\ln(\frac{0{,}3}{0{,}09})}=\frac{u_{*2}}{K}\cdot\ln(\frac{0{,}09h}{z_{02}})+\left(\frac{u_{*1}}{K}\cdot\ln(\frac{0{,}3h}{z_{01}})-\frac{u_{*2}}{K}\cdot\ln(\frac{0{,}09h}{z_{02}})\right)\cdot\frac{\ln(\frac{90\text{ m}}{50{,}98\text{ m}})}{1{,}2} \\ &= \frac{0{,}51\text{ m s}^{-1}}{0{,}4}\cdot\ln(\frac{50{,}98\text{ m}}{0{,}8\text{ m}})+\left(\frac{0{,}34\text{ m s}^{-1}}{0{,}4}\cdot\ln(\frac{169{,}9\text{ m}}{0{,}03\text{ m}})-\frac{0{,}51\text{ m s}^{-1}}{0{,}4}\cdot\ln(\frac{50{,}98\text{ m}}{0{,}8\text{ m}})\right)\cdot 0{,}474 \\ &= 5{,}3\text{ m s}^{-1}+(7{,}35\text{ m s}^{-1}-5{,}3\text{ m s}^{-1})\cdot 0{,}474=6{,}3\text{ m s}^{-1} \end{aligned} \tag{8.85}$$

Würde man die Windgeschwindigkeit nur nach dem neuen Windprofil bezogen auf die Rauigkeit z_{02} und Schubspannungsgeschwindigkeit u_{*2} berechnen, so erhielte man eine etwas zu geringe Windgeschwindigkeit in 100 m Höhe von:

$$u_{100m}=(\frac{u_{*2}}{K})\cdot\ln(\frac{z-d}{z_{02}})=(\frac{0{,}51\text{ m s}^{-1}}{0{,}4})\cdot\ln(\frac{90\text{ m}}{0{,}8\text{ m}})=6{,}0\text{ m s}^{-1} \tag{8.86}$$

Zum Vergleich: Über dem Weideland betrug die Windgeschwindigkeit in 100 m Höhe über Grund 6,9 m s^{-1} (Gl. 8.78).

8.5.3 Nutzung von Windenergie

Weitere Anwendung finden diese Berechnungen auf dem Gebiet der Windenergienutzung. Standortanalysen für verschiedene Nabenhöhen der Windkraftanlagen können auf der Grundlage von Messungen in 10 m über Grund, verbunden mit Aufnahme der Rauigkeitslängen und Rauigkeitswechsel in der weiteren Umgebung des Messortes durchgeführt werden.

Die Leistung des Windes, also die *kinetische Windenergie* W_{kin} pro Zeit, berechnet sich nach:

$$\frac{W_{kin}}{t} = \frac{1}{2}\rho_L \cdot A \cdot u^3 \; [\mathrm{kg\,m^2 s^{-3}}] \Leftrightarrow [\mathrm{N\,m\,s^{-1}}] \Leftrightarrow [\mathrm{J\,s^{-1}}] \Leftrightarrow [\mathrm{W}] \quad (8.87)$$

ρ_L	Luftdichte [1,293 kg m^{-3} bei 1 013 hPa und 0 °C]
A	durchströmte Fläche [m^2]
u	Windgeschwindigkeit [m s^{-1}]

Berechnet man die kinetische Windenergie W_{kin} pro Sekunde bei einer Fläche von 1 m^2 und $u = 5{,}3$ m s^{-1}, so ergibt sich eine Energie von:

$$\frac{W_{kin}}{1\,\mathrm{s}} = \frac{1}{2} \cdot 1{,}293\ \mathrm{kg\,m^{-3}} \cdot 1\ \mathrm{m^2} \cdot \left(5{,}3\ \mathrm{m\,s^{-1}}\right)^3 = 96{,}25\ \mathrm{J\,s^{-1}} \Leftrightarrow W_{kin} = 96{,}25\ \mathrm{J} \quad (8.88)$$

Die Windgeschwindigkeit geht in der dritten Potenz in diese Berechnung ein. Eine Verdoppelung der Windgeschwindigkeit hat also eine Verachtfachung (2^3) der kinetischen Energie zur Folge, eine Verdreifachung der Windgeschwindigkeit entsprechend eine 27fache Windenergie.

Durch Windräder oder -turbinen kann der Luft nur ein Teil der enthaltenen kinetischen Windenergie entnommen und in Leistung umgesetzt werden. Bestimmende Größe ist der so genannte Leistungsbeiwert, der maximal 0,5926 oder $^{16}/_{27}$ beträgt und dann erreicht wird, wenn durch die Flügel der Turbine (die die Leistung aufnehmen und übertragen) die Windgeschwindigkeit hinter der Turbine auf $^{1}/_{3}$ der Windgeschwindigkeit vor der Turbine reduziert wird. Es können also im Idealfall nur rund 60 % der Windenergie in mechanische Energie umgewandelt werden. Je nach Gerätetechnik und Reibungsverlusten liegt die Ausbeute aus der Windenergie durch Windkraftanlagen noch deutlich unter diesem Wert.

8.5.4 Reduktion der Windgeschwindigkeit hinter Hindernissen

Normalerweise ist die Strömung in der bodennahen Reibungsschicht turbulent, d. h. es treten ungeordnete Änderungen in Richtung und Geschwindigkeit auf. Diese Änderungen sind vorstellbar als Abweichungen der Momentanwerte der Windgeschwindigkeit vom jeweiligen Zeitmittelwert (Minute, Stunde; vgl. auch Kap. 9.3).

Beim Überströmen eines Hindernisses tritt Wirbelbildung aufgrund von Reibung beim Ablösen von Strömungsschichten auf. Trifft die Strömung z. B. auf eine Kugel, so wirkt bei laminarer Strömung auf die Kugel die Reibungskraft nach dem STOKES'schen Reibungsgesetz:

$$F_R = 6 \cdot \pi \cdot \eta \cdot r \cdot u \qquad (8.89)$$

F_R	Reibungskraft [N]
η	dynam. Viskosität [Pa s]
r	Radius der Kugel [m]
u	Strömungsgeschwindigkeit [m s^{-1}]

Die Reibungskraft beim Umströmen eines Körpers (Kugel) ist proportional zur Größe des Hindernisses und zur Strömungsgeschwindigkeit.

Diese Reibungskräfte bewirken nun eine Abbremsung der Strömung auf dem Weg zwischen Luv- und Leeseite des Hindernisses. Die Teilchen kommen an den Seiten des Hindernisses zur Ruhe und es entstehen im Lee Wirbel, die aufgrund der Erhaltung des Drehimpulses paarweise auftreten.

Eine andere Ursache der Wirbelbildung im Lee eines Hindernisses ergibt sich aus dem BERNOULLI-Gesetz:

$$p + 0{,}5 \cdot \rho \cdot u^2 = const. \qquad (8.90)$$

p	statischer Druck [Pa]
ρ	Luftdichte [kg m^{-3}]
u	Strömungsgeschwindigkeit [m s^{-1}]

Die Summe aus statischem Druck (einschließlich Schweredruck ρgh) und dynamischem Druck (Staudruck $0{,}5 \cdot \rho \cdot u^2$) ist in einer Strömung konstant.

Der *statische Druck* ist dabei der Druck einer Flüssigkeit oder der Luft, der in Strömungsrichtung und auch senkrecht dazu wirkt. Der *Staudruck* wirkt hingegen nur in Strömungsrichtung, d. h. beim Auftreffen auf ein Hindernis direkt auf dieses und ist proportional zum Quadrat der Strömungsgeschwindigkeit.

Auf der Luvseite eines Hindernisses ist der Staudruck wegen der höheren Anströmgeschwindigkeit groß, auf der Leeseite jedoch sehr gering. Dieser Druckunterschied zwischen Luv- und Leeseite stellt gleichzeitig eine *Widerstandskraft* des Körpers auf die Strömung dar, die – analog zum Staudruck – proportional zur Querschnittsfläche des Körpers und zum Quadrat der Geschwindigkeit ist:

$$F_W = c_w \cdot \frac{\rho}{2} \cdot A \cdot u^2 \qquad (8.91)$$

F_W	Widerstandskraft [N]
C_w	Widerstandsbeiwert [dimensionslos]
ρ	Dichte [kg m^{-3}]
A	Querschnittsfläche [m^2]
u	Geschwindigkeit [m s^{-1}]

Typische Werte für den *Widerstandsbeiwert* c_w liegen zwischen 0,05 (Stromlinienkörper) und 1,2 (Platte quer zur Strömung). Druckunterschied bzw. Widerstandskraft führen dazu, dass Masse aus der Strömung in den Leebereich angesaugt wird.

Wirbel im Lee eines Strömungshindernisses sind dreidimensionale Gebilde. Beim Überströmen eines Hindernisses tritt infolge höherer Reibungskraft eine starke Geschwindigkeitsscherung du/dz auf, auf der Leeseite nimmt diese wegen Massendivergenz und Auseinanderlaufen der Stromlinien wieder ab. Denkt man sich eine beim Überströmen mitgeführte Scheibe hinzu, so erhält diese infolge der unterschiedlichen Scherungskräfte auf ihrer Unter- und Oberseite eine vertikale Beschleunigung (Rotorbildung im Lee). Gleichzeitig erfährt die Strömung über dem Hindernis, also im Bereich massenkonvergenter Stromlinien aufgrund des Erhaltungssatzes der potentiellen Vorticity (vgl. Kap. 8.4) ebenfalls eine negative Krümmungsvorticity und damit eine horizontale antizyklonale Komponente (Rechtsablenkung der Strömung über dem Hindernis). Beide (horizontale und vertikale) Komponenten zusammen ergeben somit beim Überströmen eine komplexe dreidimensionale Schrauben- oder Spiralbewegung der Strömung.

9 Wasser in der Atmosphäre

9.1 Einführung

Wasser ist auf der Erde nicht nur lebenswichtig, sondern übernimmt auch in der Atmosphäre eine entscheidende Rolle beim Energietransport in Form latenter Wärme (vgl. Kap. 5 und 6). Nach dem Prinzip der Kontinuitätsgleichung geht Wasser auf der Erde ebensowenig verloren wie Energie und Masse, sondern es wird im Rahmen des globalen Wasserhaushalts durch vielfältige Prozesse umgesetzt und in verschiedenen Reservoirs zwischengespeichert. Das größte dieser Reservoirs stellen die Ozeane dar ($1{,}4 \cdot 10^9$ km^3), gefolgt von den Schnee- und Eismassen der Erde ($43 \cdot 10^6$ km^3), dem Grundwasser ($15 \cdot 10^6$ km^3) und dem Oberflächenwasser ($360 \cdot 10^3$ km^3). Die Atmosphäre folgt als Speicher mit je $8 \cdot 10^3$ km^3 Wassergehalt in Form des Wasserdampfs und des kondensierten Wolkenwassers, während die gesamte Biomasse der Erde hingegen nur schätzungsweise $2 \cdot 10^3$ km^3 Wasser speichert (HUPFER 1996).

Der globale Wasserkreislauf wird durch Umsatzprozesse in Gang gesetzt, an denen die Atmosphäre erstrangig beteiligt ist. Von den Ozeanen verdunsten weltweit nach Angaben in HUPFER (1996) $507 \cdot 10^3$ km^3, während der Niederschlag dort nur etwa $457 \cdot 10^3$ km^3 zum Reservoir zurückführt. Der Verdunstungsüberschuss von $50 \cdot 10^3$ km^3 wird in Form von Wasserdampf auf das Festland transportiert und trägt zum Niederschlag in Höhe von $120 \cdot 10^3$ km^3 bei. Da die Verdunstung von den Kontinenten aber nur etwa $70 \cdot 10^3$ km^3 beträgt, wird der Niederschlagsüberschuss von $50 \cdot 10^3$ km^3 als Abfluss wieder den Ozeanen zugeführt. Angaben über die Größenordnung dieser Flüsse variieren je nach Bezugszeitraum (vgl. Angaben in ROEDEL 1992, BAUMGARTNER/LIEBSCHER 1996). Global betrachtet ist der Wasserhaushalt demnach ausgeglichen. Allerdings existieren große räumliche Unterschiede in der Wasserbilanz, wie sie in den humiden Gebieten (Niederschlag höher als die Verdunstung) und ariden Gebieten (Verdunstung höher als der Niederschlag) der Erde in Erscheinung treten. Eine entscheidende Rolle für die Verdunstung vom Festland spielt im Übrigen die Vegetation. Schätzungen nehmen einen Anteil von 12 % an der globalen Verdunstung an (HUPFER 1996).

Wenn man das gesamte Flüssigwasseräquivalent der Atmosphäre von $13 \cdot 10^3$ km^3 (ROEDEL 1992, nach der o. a. Speichergröße nach HUPFER (1996) wären es $16 \cdot 10^3$ km^3) durch die Erdoberfläche ($560 \cdot 10^6$ km^2) dividiert, dann erhält man eine mittlere Wassersäulenhöhe von 25 mm. Auch der Niederschlag wird üblicherweise als Wassersäulenhöhe im mm angegeben, dieses leitet sich aus der Definition des Niederschlags als Volumeneinheit pro Flächeneinheit, also m^3m^{-2} ab, was wiederum die Einheit der Länge (m) ergibt. Die Niederschlagshöhe in mm entspricht somit l/m^2. Bezogen auf die globale Verdunstungs- bzw. Niederschlagshöhe von näherungsweise 1 100 mm pro Jahr bedeutet dies, dass das Wasser in der Atmosphäre mehr als 40-mal im Jahr umgesetzt wird bzw. eine mittlere Verweildauer von nur ca. 8–9 Tagen besitzt. Diese Abschätzung verdeutlicht einerseits die Kurzfristigkeit, mit der die Umsatzprozesse Verdunstung und Niederschlag in der globalen Dimension ablaufen, andererseits aber auch die elementare Bedeutung des Wassers in der Atmosphäre, denn eben diese Umsatzprozesse des Wassers sind gleichzeitig auch immer Energieumsatzprozesse. Somit stellt das Wasser in der Atmosphäre die Schnittstelle zwischen dem Wasserhaushalt und dem Energiehaushalt des Gesamtsystems Erde–Atmosphäre dar.

Vor diesem Hintergrund beschäftigt sich dieses Kapitel zunächst mit dem Wasserdampf als einer Zustandsgröße der Luft sowie der Diskussion der gebräuchlichen Größen zur Beschreibung des Wasserdampfgehaltes der Luft und verfolgt dann die Prozesse, die den atmosphärischen Teil des Wasserkreislaufs ausmachen. Wir diskutieren einige Überlegungen zur Bestimmung der Verdunstung, gehen auf die Vorgänge der Kondensation und Taubildung ein und betrachten anschließend den Niederschlag. Einige Beispiele verdeutlichen abschließend die Anwendung der wesentlichen Grundlagen.

9.2 Wasserdampf als Zustandsgröße der Luft

Die Bedeutung des Wasserdampfs als Eigenschaft und energetische Zustandsgröße der Luft wurde bereits im Kapitel 6 im Zusammenhang mit der latenten Wärmeenergie und der Äquivalenttemperatur diskutiert. Die Phasenübergänge des Wassers und die damit verbundenen Energieumsätze sind jedoch für die Prozesse, denen der Wasserdampf in der Atmosphäre unterliegt, von so fundamentaler Bedeutung, dass an dieser Stelle genauer auf die Größenordnungen eingegangen werden soll (Abb. 9.1).

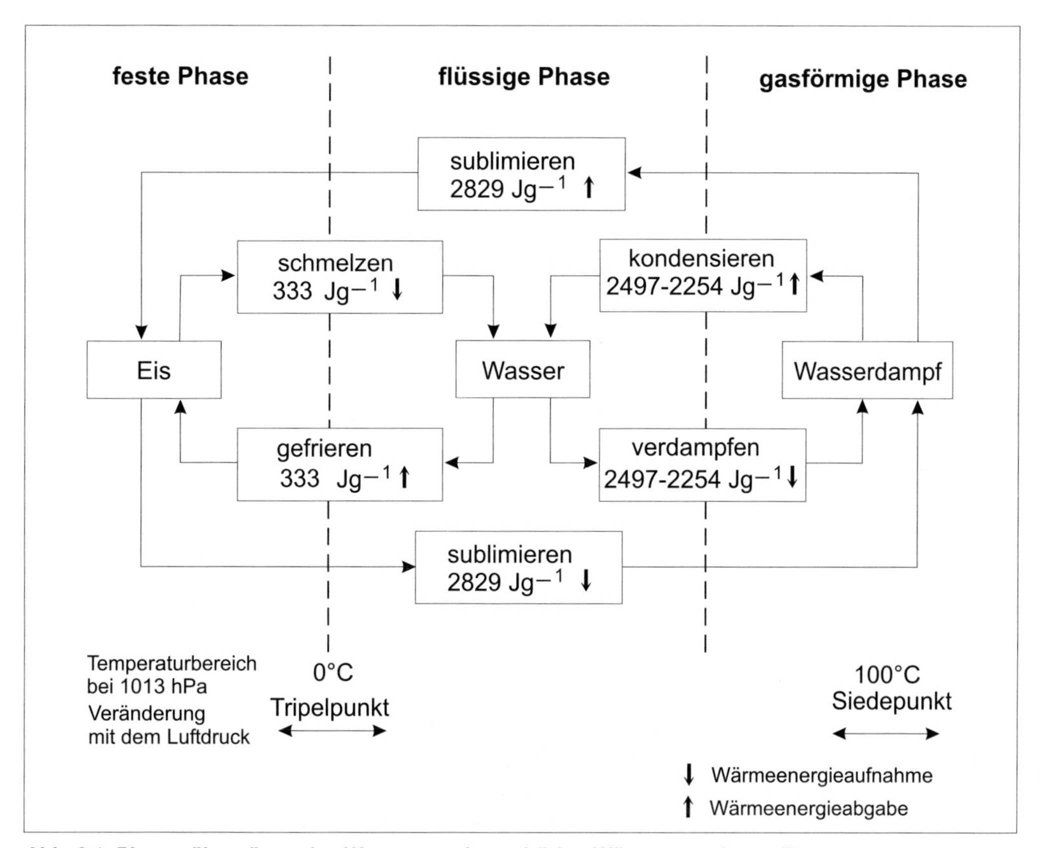

Abb. 9.1: Phasenübergänge des Wassers und zugehörige Wärmeenergieumsätze

Wenn Wasser von einer Oberfläche verdampft, wird dazu relativ viel Energie als *Verdampfungswärme* benötigt ($2{,}497 \cdot 10^6\ J\,kg^{-1}$ bei 0°C und atmosphärischem Normaldruck), die dieser Oberfläche entzogen wird. Dieser Sachverhalt wird z. B. im Regelkreis der physiologischen Transpirationskühlung bei Warmblütern und natürlich auch beim Menschen ausgenutzt, indem durch Wärmeenergieentzug von der Hautoberfläche ein weitergehender Anstieg der Körpertemperatur verhindert wird. Die Verdampfungswärme ist nicht konstant, sondern eine temperaturabhängige Größe. Sie nimmt bei Normaldruck mit steigender Temperatur des Wassers ab (bei 100°C beträgt sie noch $2{,}254 \cdot 10^6\ J\,kg^{-1}$) und erreicht bei der kritischen Temperatur von 374°C den Wert 0. Im Intervall der in der unteren Troposphäre und in Bodennähe auf der Erde vorkommenden Temperaturen (etwa von −80°C bis 60°C) sind die Veränderungen der Verdampfungswärme hingegen eher gering, so dass als Richtwert für weitere Verwendungen der Verdampfungswärme $2{,}5 \cdot 10^6\ J\,kg^{-1}$ bzw. $2\,500\ J\,g^{-1}$ als Energie angenommen werden kann, die zum Verdampfen (Verdunsten) der entsprechenden Masseneinheit Wasser aufgebracht werden muss. Der thermodynamische Umkehrprozess der Verdampfung – die Kondensation – setzt wiederum die im Wasserdampf gespeicherte latente Wärme als effektiven Energiegehalt des Wasserdampfs in Form von *Kondensationswärme* frei. Die entsprechende Zunahme der fühlbaren Wärme in der Umgebungsluft kondensierenden Wasserdampfs und die Konsequenzen für den feuchtadiabatischen Temperaturgradienten wurde ebenfalls bereits in Kapitel 6 diskutiert. Wenn wir uns die Flüsse der latenten Wärme in den Tropen und Subtropen mit Größenordnungen von $2-3 \cdot 10^{15}\ J\,s^{-1}$ vergegenwärtigen, dann wird die Bedeutung der beteiligten Prozesse des Verdampfens und Kondensierens in der globalen Dimension ersichtlich.

Im Gegensatz zu den vorgenannten Prozessen spielen die Energieumsätze durch *Gefrierwärme*, die beim Gefrieren des Wassers freigesetzt wird und der *Schmelzwärme*, die zum Schmelzen von Eis zugeführt werden muss mit je $0{,}333 \cdot 10^6\ J\,kg^{-1}$ eher im lokalen (z. B. im Massenhaushalt von Gletschern) oder im regionalen Kontext kalter Klimate eine Rolle. Ähnliches gilt für den mikroskaligen Bereich, wo durch den Prozess der Sublimation (das Überspringen der flüssigen Phase wie etwa beim Andiffundieren von Wasserdampf an Eiskerne in kalten Wolken) allerdings erhebliche *Sublimationswärme* ($2{,}829 \cdot 10^6\ J\,kg^{-1}$) umgesetzt wird.

Der Wasserdampf ist ein unsichtbares Gas. Was z. B. über einem Topf mit kochendem Wasser sichtbar wird und landläufig als „Dampf" bezeichnet wird, ist bereits kondensierter Wasserdampf, also ein Schwarm kleiner Wassertröpfchen. Als Bestandteil des Gasgemisches Luft hat der Wasserdampf ebenso wie alle anderen Komponenten einen bestimmten Druck, der zum Gesamtdruck der Luft beiträgt. Den Druck einer einzelnen Gaskomponente bezeichnet man dementsprechend als *Partialdruck*. Die Summe aller Partialdrücke eines Gases mit verschiedenen Komponenten ergibt seinen Gesamtdruck. Diesen Sachverhalt drückt das DALTON'sche Gesetz aus:

$$p = \sum_{i=1}^{k} p_i \qquad (9.1)$$

p Partialdruck der Gaskomponente i [Pa]
p_i Gesamtdruck des Gases [Pa]

Den Partialdruck der Gaskomponente „Wasserdampf" bezeichnen wir als *Dampfdruck e*. Auch der Dampfdruck gehorcht der allgemeinen Gasgleichung in der Form:

$$e = R_W \cdot \rho_W \cdot T \qquad (9.2)$$

e	Dampfdruck [Pa]
R_W	Gaskonstante des Wasserdampfs [461, 5 $J kg^{-1} K^{-1}$]
ρ_W	Dichte des Wasserdampfs [0,75 $kg m^{-3}$]
T	Temperatur [K]

Die Gaskonstante des Wasserdampfs leitet sich ebenfalls aus der allgemeinen Gaskonstanten ab (8 314,36 $J kmol^{-1} K^{-1}$), denn wenn wir sie mit der Molmasse des Wasserdampfs (18 $kg kmol^{-1}$) multiplizieren, ergibt sich wiederum die allgemeine Gaskonstante (Baumgartner/Liebscher 1996). Stellen wir uns nun ein wassergefülltes Gefäß vor, so kann daraus immer nur so viel Wasser verdampfen, wie die Luft über der Wasseroberfläche Wasserdampf aufnehmen kann. Wenn der Fall eintritt, dass genauso viele Wassermoleküle durch Stöße bei Zufuhr von Wärmeenergie die Oberfläche des Wassers verlassen, wie aus dem Dampf darüber wieder zur Wasseroberfläche zurückkehren, kann die Luft keinen weiteren Wasserdampf mehr aufnehmen. Es liegt ein Gleichgewicht von flüssiger und gasförmiger Phase vor, der Dampf in der Luftschicht über der Wasseroberfläche ist gesättigt. In einem solchen Fall spricht man von Dampfsättigung. Es ist üblich, analog zum Dampfdruck den Zustand der Dampfsättigung als Partialdruck des Wasserdampfs bei Dampfsättigung, als *Sättigungsdampfdruck E* anzugeben. Entscheidend ist in diesem Zusammenhang, dass der Sättigungsdampfdruck ausschließlich temperaturabhängig ist, wenn man von Luftdruckänderungen absieht. Den Partialdruck des Wasserdampfs beim Phasenübergang von Wasserdampf in Wasser als Funktion der Lufttemperatur beschreibt die Clausius-Clapeyron-Gleichung:

$$\frac{de}{dT} = \frac{H_V \cdot \rho_W}{T} \qquad (9.3)$$

H_v	spezifische Verdampfungswärme [$J kg^{-1}$]
ρ_W	Dichte des Wasserdampfs [0,75 $kg m^{-3}$]
T	Temperatur [K]

Nach dieser Beziehung ändert sich der Dampfdruck des Phasenübergangs (Kondensation) proportional zum Verhältnis von Verdampfungswärme und Dichte des Wasserdampfs und der Temperatur. Da sowohl die Verdampfungswärme als auch die Dichte des Wasserdampfs unter Außenbedingungen als annähernd konstant angenommen werden können, ist der Phasenübergang in der Atmosphäre der Temperatur umgekehrt proportional: Mit steigender Temperatur nehmen die Intervalle de/dT ab.

Beziehen wir den in Gleichung 9.3 formulierten Zusammenhang von Dampfdruck und Lufttemperatur auf den Sättigungsdampfdruck, so steigt dieser mit der Temperatur exponentiell an. Dieser wesentliche Sachverhalt wird durch eine explizite Form der Clausius-Clapeyron-Gleichung ausgedrückt, nämlich durch die Magnus-Gleichung:

$$E = 6{,}107 \cdot 10^{\left(\frac{7{,}5 \cdot t}{237 + t}\right)} \qquad (9.4)$$

E	Sättigungsdampfdruck [hPa]
t	Lufttemperatur [°C]

Die exponentielle Form der Abhängigkeit des Sättigungsdampfdrucks von der Temperatur (Abb. 9.2) ist von fundamentaler Bedeutung für das Verdunstungs- und Niederschlagsgeschehen über den Ozeanen und dem Festland. Warme Luft (z. B. in den Tropen) kann erheblich mehr Wasserdampf durch Verdunstungsvorgänge aufnehmen als kalte Luft, ohne dass es zur Kondensation kommen müsste. Die tropischen Meeresoberflächen sind demnach nicht nur aus Gründen der Strahlungsbilanz die bedeutendste Wasserdampfquelle auf der Erde, sondern die tropische Atmosphäre zeichnet sich durch das ganzjährig größte Aufnahmevermögen und somit durch die größten Wasserdampfgehalte und -transporte aus. Andererseits tritt nach Gleichung 9.4 beim Abkühlen der Luft eine exponentielle Reduktion des Sättigungsdampfdrucks ein. Kapitel 9.4 geht auf diese Situationen näher ein.

Über Eis stellt sich die MAGNUS-Gleichung etwas anders dar:

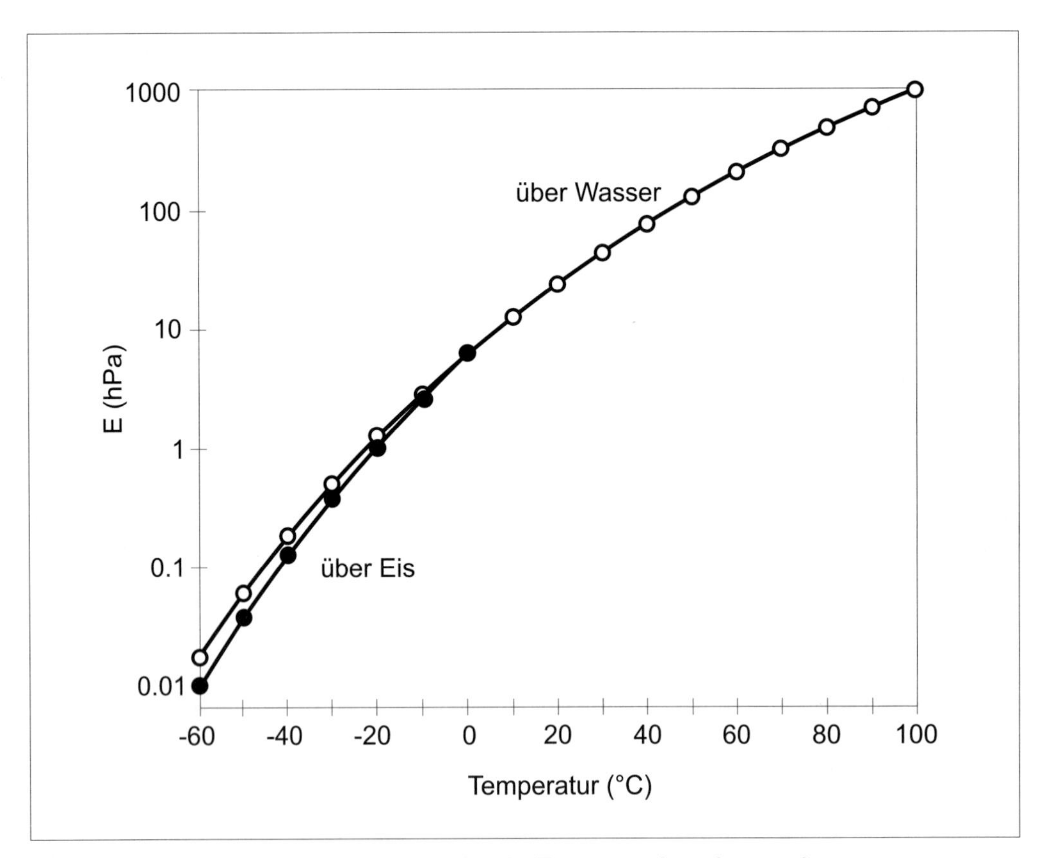

Abb. 9.2: Sättigungsdampfdruck *E* als Funktion der Temperatur, berechnet nach der MAGNUS-Gleichung

$$E = 6{,}107 \cdot 10^{\left(\frac{9{,}5 \cdot t}{265{,}5 + t}\right)} \qquad (9.5)$$

Bei Temperaturen $< 0\,°C$ liegt über Eis wegen dessen höherer Bindungsenergie der Sättigungsdampfdruck etwas niedriger als über Wasser. Dieser Umstand hat weniger Auswirkungen auf das Verdunstungsverhalten über einer Eisfläche oder einem Eispartikel, als auf das Kondensationsverhalten, denn bei gleichem Dampfdruck liegt nach Gleichung 9.5 über einem Eiskern möglicherweise schon Dampfsättigung vor, während über einem Wassertröpfchen der Sättigungsdampfdruck noch nicht erreicht wird (Abb. 9.2). Weitere Abweichungen des Sättigungsdampfdrucks von seiner strengen Temperaturabhängigkeit werden in den Kapiteln 9.3 und 9.4 diskutiert. Abbildung 9.2 zeigt im Übrigen auch die Verhältnisse, die sich beim Siedepunkt des Wassers (100 °C bei Normaldruck von 1 013 hPa) einstellen. Der Sättigungsdampfdruck entspricht in diesem Fall dem Luftdruck und der Siedepunkt tritt genau dann ein, wenn über dem (siedenden) Wasser ein Dampfdruck erreicht wird, der sowohl dem Sättigungsdampfdruck als auch dem Luftdruck entspricht bzw. diesen sogar überschreitet. Bei niedrigem Luftdruck liegt der Siedepunkt bekanntlich etwas niedriger, weil in diesem Fall eben auch der Sättigungsdampfdruck erniedrigt ist.

Abgesehen vom Dampfdruck existieren weitere *Feuchtemaße* zur Beschreibung des Wasserdampfgehaltes der Luft. Das gebräuchlichste Feuchtemaß ist sicherlich die *relative Luftfeuchte*

$$f = \frac{e}{E} \cdot 100 \qquad (9.6)$$

f relative Luftfeuchte [%]
e Dampfdruck [hPa]
E Sättigungsdampfdruck [hPa]

als Verhältnis von tatsächlichem Dampfdruck und Sättigungsdampfdruck, ausgedrückt als prozentualer Anteil des Dampfdrucks am Sättigungsdampfdruck. Messungen des Wasserdampfgehaltes der Luft erfolgen zumeist als relative Luftfeuchte. Dazu werden die Messgeräte (Haarhygrometer oder kapazitative Elemente) auf den Sättigungsdampfdruck bei verschiedenen Temperaturen des Messbereichs geeicht.

Ein anderes, temperaturunabhängiges Feuchtemaß ist die *absolute Feuchte a*. Sie wird ausgedrückt als die in einem Luftvolumen tatsächlich vorhandene Masse des Wasserdampfs:

$$a = \frac{m_W}{V_l} \qquad (9.7)$$

a absolute Feuchte [$kg\,m^{-3}$]
m_w Masse Wasserdampf [kg]
V_l Volumen Luft [m^3]

Die absolute Feuchte als Maß für die Wasserdampfkonzentration nimmt somit die Einheit der Dichte an, die Gesamtdichte der feuchten Luft ergibt sich aus der Summe der Dichte der trockenen Luft und der absoluten Feuchte. Damit ist die absolute Feuchte tatsächlich unabhängig von der Temperatur, nicht aber vom Luftdruck, da das Bezugsvolumen der Luft nach dem BOYLE-MARIOTTE-Gesetz (vgl. Kap. 7) kompressibel ist. Empirisch lässt sich die absolute Feuchte bestimmen zu:

$$a = \frac{k_1 \cdot e}{1 + \frac{t}{k_2}} \tag{9.8}$$

a	absolute Feuchte [g m^{-3}]
k_1	Konstante [0,793, in $10^{-5}s^2m^{-2}$]
e	Dampfdruck [hPa]
t	Lufttemperatur [°C]
k_2	Konstante [273 in °C]

Abbildung 9.3 verdeutlicht, wie relativ die relative Luftfeuchte als Feuchtemaß tatsächlich ist. Nehmen wir den Fall der Dampfsättigung an, also eine relative Luftfeuchte von 100 % über das Temperaturintervall von −40 °C bis 40 °C, dann erhalten wir bei 0 °C eine absolute Feuchte von gerade 4,8 g m^{-3}, bei 30 °C hingegen von 30,4 g m^{-3}, also bereits den 6,3fachen Wasserdampfgehalt der Luft. Deshalb macht die Angabe der relativen Luftfeuchte ohne gleichzeitige Angabe der Lufttemperatur, auf die sie sich bzw. der Sättigungsdampfdruck bezieht,

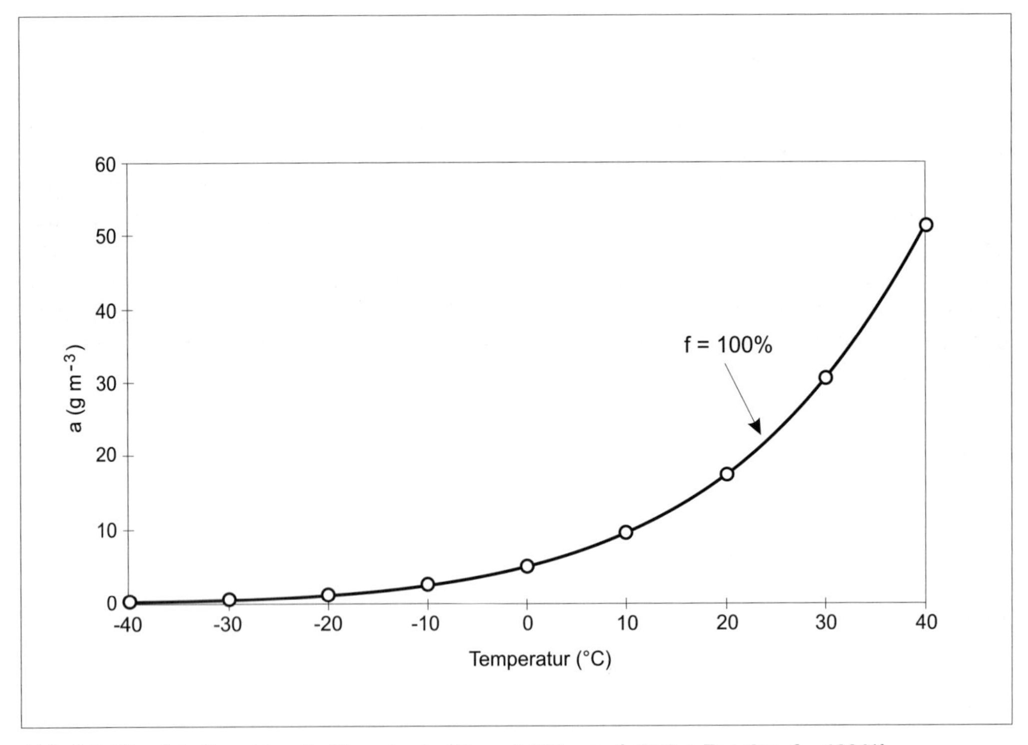

Abb. 9.3: Absolute Feuchte *a* bei konstanter Dampfsättigung (relative Feuchte *f* = 100 %) als Funktion der Temperatur

wenig Sinn. Kritisch wird die Verwendung der relativen Luftfeuchte besonders dann, wenn Stationsdaten aus unterschiedlichen Klimazonen der Erde verglichen werden: 50 % relative Feuchte bedeuten für den Wasserdampfgehalt der Luft an einer tropischen Messstation etwas völlig anderes im Vergleich zu einer arktischen Station.

Ein völlig druckunabhängiges Feuchtemaß existiert wegen der Kompressibilität der Luft nicht. Selbst wenn das *Mischungsverhältnis*

$$M = \frac{m_w}{m_l} \tag{9.9}$$

nur die Massen von Wasserdampf und Luft in Beziehung setzt, wird nach der Definition des Wasserdampfbruchteils

$$\frac{m_w}{m_l + m_w} = \frac{\rho_w}{\rho_l} \tag{9.10}$$

deutlich, dass das dem Mischungsverhältnis äquivalente Verhältnis der Partial- und Gesamtdichte nicht mehr unabhängig vom Luftdruck ist. Dieser Einfluss kann strenggenommen nur bei sehr kleinen Luftvolumina vernachlässigt werden (BAUMGARTNER/LIEBSCHER 1996). Gleichung 9.10 stellt gleichzeitig die Definition der *spezifischen Feuchte* q dar

$$q = \frac{\rho_w}{\rho_l} = \frac{M}{(1+M)} \tag{9.11}$$

die eigentlich wie das Mischungsverhältnis dimensionslos in der Größenordnung von 10^{-2} ist, in der Klimatologie üblicherweise aber als $g\,kg^{-1}$ angegeben wird. Ihre Dimensionslosigkeit macht die spezifische Feuchte jedoch zu einem idealen Feuchtemaß zur Verwendung in Gleichungen, mit denen andere Parameter (Verdunstung, Kondensation) berechnet werden können. Wenn man in Gleichung 9.11 die Partial- und Gesamtdichten durch die entsprechenden Drücke substituiert und mit einem Faktor, der sich aus dem Verhältnis der jeweiligen Gaskonstanten ergibt (vgl. die Definition der so genannten virtuellen Temperatur in Lehrbüchern der Meteorologie und Hydrologie), multipliziert, so lässt sich die spezifische Feuchte recht praktisch bestimmen zu:

$$q = 0{,}622 \cdot \frac{e}{p} \tag{9.12}$$

q spezifische Feuchte [$kg\,kg^{-1}$]
p Luftdruck [hPa]

bzw.

$$q = \frac{622 \cdot e}{p - 0{,}377 \cdot e} \tag{9.13}$$

q spezifische Feuchte [$g\,kg^{-1}$]

Wir werden in der Anwendung 9.7.1 zeigen, dass im Intervall der in Bodennähe auftretenden, möglichen Luftdruckänderungen deren Auswirkungen auf die rechnerische Bestimmung der spezifischen Feuchte recht gering bleiben.

Ein weiteres Feuchtemaß stellt das *Sättigungsdefizit* dar:

$$D_s = E - e \qquad (9.14)$$

Das Sättigungsdefizit gibt in Analogie zur relativen Luftfeuchte die Größenordnung an, in der die Luft bis zur Dampfsättigung noch Wasserdampf aufnehmen kann. Es erlangt praktische Bedeutung im Zusammenhang von Bodenverdunstung und Pflanzentranspiration (wobei hier die Dampfdruckdifferenz zwischen den Interzellularen im Blattaerenchym und der Umgebungsluft entscheidend ist).

9.3 Verdunstung

Die Verdunstung als der Phasenübergang des Wassers von der flüssigen in die gasförmige Phase steht als Umsatzprozess von Masse und Energie am Anfang des globalen Wasserkreislaufs und stellt somit die eigentliche Schnittstelle von Energie- (latenter Wärmefluss, vgl. Kap. 5) und Wasserhaushalt der Erde dar. Die Verdunstung ist als ein energieverbrauchender Prozess abhängig von der absorbierten Strahlungsenergie (d. h. im engeren Sinne von der Globalstrahlung bzw. von der effektiven Strahlung auf ein Flächenelement), dem Sättigungsdefizit der Luft sowie der Luftbewegung und ggf. auch der Wasserbewegung. Wie im Kapitel 9.2 bereits diskutiert wurde, ist die Masse Wasserdampf, welche die Luft aufnehmen kann, nur eine Funktion der Lufttemperatur. Demnach bestimmt das Sättigungsdefizit nicht nur die Masse Wasserdampf, die bis zur Sättigung noch aufgenommen werden kann, sondern gleichfalls die Masse Wasser, die potentiell noch von einer Oberfläche verdunsten könnte. Nun gilt diese Vorstellung strenggenommen nur für eine laminare Grenzschicht über der verdunstenden Oberfläche, die störungsfrei (ohne turbulente Durchmischung und advektive Einflüsse) der Wasserdampfdiffusion in Abhängigkeit vom Sättigungsdefizit gehorcht. Eine solche laminare Diffusionsschicht würde in etwa der Rauigkeitslänge (vgl. Kap. 8) entsprechen und nur im Fall einer stabilen Schichtung eine größere vertikale Mächtigkeit annehmen können (BAUMGARTNER/LIEBSCHER 1996). In allen anderen Fällen wird die Verdunstung zusätzlich auch eine Funktion der turbulenten Durchmischung und somit zum turbulenten Wasserdampftransport von der Oberfläche in die Luft.

Stellen wir uns ein kleinvolumiges Luftpaket über einer verdunstenden Oberfläche vor, dann wird dieses Luftpaket bis zur Sättigung Wasserdampf aufnehmen, bei Luftbewegung aber entfernt werden. Das neu herangeführte Luftpaket hat allerdings neue Eigenschaften (Temperatur, Sättigungsdefizit) und nimmt ebenfalls bis zur Sättigung Wasserdampf auf. Dies bedeutet, dass Luftbewegung, d. h. advektive Prozesse immer zu einer Erhöhung der tatsächlichen Verdunstung führen, da sich Dampfsättigung in der bodennahen Luftschicht nicht einstellen kann, wenn wir einmal vom Fall der Advektion dampfgesättigter Luft absehen. Dieser Umstand liegt z. B. auch dem Effekt zugrunde, dass sich die heiße Suppe auf dem Löffel schneller durch Verdunstungskühlung abkühlt, wenn man darauf bläst. Ebenfalls ist über kleineren Wasserflächen die turbulente Diffusion durch den Wind wesentlich größer als über größeren, denn es kann dort proportional mehr Wasserdampf der laminaren Grenzschicht durch Luftbewegung entfernt werden. Diese Beobachtung ging als *Oaseneffekt* in die Literatur ein (BAUMGARTNER/LIEBSCHER 1996). Gleichzeitig nimmt bei Luftbewegung natürlich der Wasserdampfgehalt in der Luftschicht über der verdunstenden Oberfläche ab.

Die wesentliche Erkenntnis, dass die Verdunstung eine strenge Funktion des Sättigungsdefizits und eine variable Funktion der Ventilation ist, wurde bereits 1802 von DALTON formuliert:

$$E_t = (E - e) \cdot f(u) \qquad (9.15)$$

u	Windgeschwindigkeit

Während die Abhängigkeit vom Sättigungsdefizit recht einfach zu formulieren ist, liegt die Schwierigkeit der Bestimmung der tatsächlichen Verdunstung in der extremen Variabilität des turbulenten Austauschs. Wir werden diese Problematik im Zusammenhang mit verschiedenen Ansätzen zur Bestimmung der tatsächlichen Verdunstung später aufgreifen.

Grundsätzlich findet der Vorgang der Verdunstung im Spannungsfeld von Saugkräften und Widerständen statt. Analog zum Sättigungsdefizit definiert das VAN'T HOFF'sche Gesetz die Saugkraft der Luft:

$$S_l = \frac{\rho_W \cdot R \cdot T}{\mu} \cdot \ln \frac{E}{e} \qquad (9.16)$$

S_l	Saugkraft [bar]
ρ_W	Dichte des Wassers
R	allgemeine Gaskonstante [8,13 $J mol^{-1} K^{-1}$]
T	Temperatur [K]
μ	Molgewicht des Wassers [18 $g mol^{-1}$]
$ln (E/e)$	relatives Sättigungsdefizit (= $1 - D_s$)

Die Saugkraft nimmt somit im Verhältnis zu den Saugspannungen im Boden und in Pflanzen sehr große Werte an. Deswegen reicht bereits die geringste Untersättigung zum Einsetzen der Verdunstung aus. So liegt etwa bei einer relativen Luftfeuchte von 99,9 % bereits eine Saugkraft von 1 bar (1 000 hPa) vor, bei 80 % relativer Luftfeuchte sind es bereits 300 bar. Nur im Fall der vollständigen Dampfsättigung (die es aber nur in der laminaren Grenzschicht gibt) tritt die Saugkraft zurück. Dies bedeutet jedoch auch, dass die laminare Grenzschicht als eine Schicht des ausschließlich molekular-diffusiven Wasserdampftransports einen effektiven Verdunstungswiderstand darstellt, weil sie dampfgesättigt und turbulenzfrei ist.

Der Widerstand, welcher der Saugkraft der Luft vom Boden entgegengebracht wird, ist komplex. Er nimmt grundsätzlich mit der Korngröße des Substrats ab, aber nur solange, wie kapillare Ströme ununterbrochen in der ungesättigten Zone vorliegen. Dies bedeutet, dass Tone und Schluffe einen größeren Verdunstungswiderstand als Sande oder Kiese haben, letztere demnach einen höheren Verdunstungsverlust zeigen sollten. Reißt der kapillare Strom des Bodenwassers in Richtung Verdunstungsfront ab, wie es im Fall der raschen Austrocknung von Sanden an der Oberfläche vorliegt, wird die Saugspannung im Porenvolumen (genauer: das Matrixpotential) wesentlich größer als die Saugkraft der Luft und die tatsächliche Verdunstung wird sehr klein, denn sie bezieht dann noch lediglich den Wasserdampf im Porenvolumen mit ein. Dieser Umstand erklärt z. B., warum in Trockengebieten der Bodenwasservorrat in Sandgebieten immer größer ist als im Vergleich zu feinkörnigeren Substraten. Zur Diskussion der bodenphysikalischen Zusammenhänge vgl. Lehrbücher der Bodenkunde (z. B. SCHEFFER/SCHACHTSCHABEL 1992).

Auch Pflanzen bringen der Saugkraft der Luft bestimmte Widerstände entgegen. Entscheidend ist bei der Parametrisierung der Transpiration von Vegetationsbeständen vor allem der stomatäre Widerstand r_s, nachgeordnet der cuticuläre Widerstand r_c sowie der Grenzschichtwiderstand an der Blattoberfläche zur Atmosphäre r_a. Wenn auch der Vorgang der Pflanzentranspiration im Wesentlichen von der Verfügbarkeit an Bodenwasser und dem Sättigungsdefizit der Luft bzw. von Blattaerenchym zur Umgebungsluft gesteuert wird, so kann dieser rein physikalische Vorgang durchaus durch die genannten Widerstände, etwa bei partiellem Stomataschluss modifiziert werden. BAUMGARTNER und LIEBSCHER (1996) unterstreichen die Bedeutung von r_c, der zumindest bei xeromorph adaptierten Pflanzen r_s um das 100fache übersteigen kann, jedoch ist dies praktisch auszuschließen, da die cuticuläre Transpiration selbst bei völligen Stomataschluss höchstens 5 % der Gesamttranspiration ausmacht (VESTE/BRECKLE 1996).

Die angesprochenen Widerstände sowie die endlichen Bodenwasservorräte führen zu dem Umstand, dass – sehen wir einmal von einer freien Wasserfläche mit sehr großem Volumen ab – in der Realität immer weniger Wasser zur Verdunstung kommt, als potentiell entsprechend des Sättigungsdefizits der Luft möglich wäre. Deswegen wird terminologisch die *tatsächliche Verdunstung* (vielfach auch als *aktuelle Verdunstung* wegen der unscharfen Übersetzung des englischen Begriffs „actual evaporation" bezeichnet) von der potentiellen Verdunstung freier Wasserflächen unterschieden. Die potentielle Verdunstung gibt den in Abhängigkeit vom Sättigungsdefizit theoretisch möglichen Wasserdampfstrom von der verdunstenden Oberfläche in die Luft an und wird mit der Verdunstung von freien Wasserflächen gleichgesetzt. Die Wasserdampfabgabe von Pflanzen (Transpiration) wird von der rein physikalischen Verdunstung von Wasser- und Bodenoberflächen (Evaporation) unterschieden und die Gesamtverdunstung eines Standortes als *Evapotranspiration* bezeichnet.

Abbildung 9.4 fasst die beteiligten Prozesse und steuernden Größen zusammen. Den einfachsten Fall stellt die Verdunstung von einer freien Wasserfläche dar. Bereits bei der Bodenevaporation kommen die relevanten bodenphysikalischen Eigenschaften (Bodenwassergehalt, Korngröße, Kapillarität) modifizierend hinzu. In einem Pflanzenbestand wird die tatsächliche Verdunstung zusätzlich beeinflusst durch den pflanzenverfügbaren Bodenwassergehalt, die Transpirationswiderstände sowie die Größenordnung der *Interzeptionsverdunstung*, d. h. die Verdunstung von Niederschlagswasser von benetzten Blattoberflächen.

Bevor auf die Probleme und Lösungsansätze zur Bestimmung der tatsächlichen Verdunstung näher eingegangen wird, betrachten wir einige Möglichkeiten der Bestimmung der *potentiellen Verdunstung*. Diese erlangt als klimatologischer Parameter insofern Bedeutung,

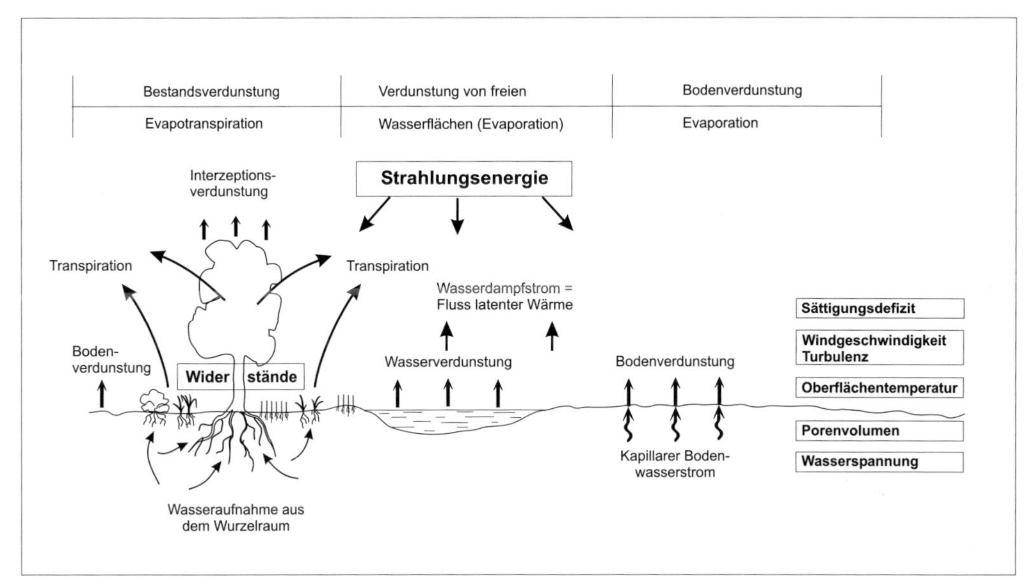

Abb. 9.4: Prozesse der Verdunstung und steuernde Größen (eingerahmt)

als sie für alle Klimate und Regionen der Erde eine vergleichbare Größe darstellt. Über die tatsächlichen Verhältnisse erlaubt sie natürlich keine Aussage. Die potentielle Verdunstung kann durch Messverfahren oder durch auf einen Untersuchungsraum bezogene empirische Ansätze näherungsweise ermittelt werden. Hierzu existiert vielfältige Literatur (vgl. SCHRÖDTER 1985, BAUMGARTNER/LIEBSCHER 1996).

Messverfahren basieren auf der Wasserverdunstung bei uneingeschränktem Wasservorrat. Dies kann realisiert sein in Form von feuchtgehaltenen Probekörpern wie dem PICHE-Evaporometer (die Wasserverdunstung erfolgt über ein feucht gehaltenes Filterpapier) oder dem Evaporometer nach CZERATZKI (Verdunstung über eine feucht gehaltene, poröse Keramikscheibe). Andererseits können offene Wasserbehälter eingesetzt werden, etwa die WILD'sche Waage (Wägung des Wasserverlustes in der Klimahütte) oder die *Class-A-pan* als ein offen stehender Verdunstungstank, der den Witterungseinflüssen ausgesetzt ist und mit Nadelpegeln die Verdunstungsverluste bestimmbar macht, wenn der Niederschlag abgezogen wird. Natürlich unterliegen alle Verfahren systematischen Ungenauigkeiten, die nicht zuletzt wegen des Oaseneffekts zu einer Überschätzung der potentiellen Verdunstung führen (zur eingehenden Diskussion vgl. BAUMGARTNER/LIEBSCHER 1996).

Aufgrund des Zusammenhangs von Lufttemperatur, Sättigungsdampfdruck, relativer Luftfeuchte und Sättigungsdefizit hat es verschiedene Versuche gegeben, die potentielle Verdunstung aus Klimadaten abzuleiten, wie sie als Stationsdaten (Tages-, Monats-, Jahreswerte) für große Teile der Landflächen vorliegen. Es handelt sich dabei um halbempirische Verfahren, die zumeist für einen spezifischen regionalklimatischen Kontext entwickelt wurden und sich daher oft nur schlecht auf andere Klimate übertragen lassen. Einen Ansatz, der eine Annäherung der Energiebilanz mit einbezieht, stellt die adaptierte TURC-Formel dar:

$$E_p = \frac{0{,}39 \cdot \bar{t}}{\bar{t}} \cdot \left(R_{g\max} \cdot \left(0{,}21 + 0{,}61 \cdot \frac{S}{S_{\max}} \right) + 50 \right) \qquad (9.17)$$

E_p	potentielle Verdunstung [mm]
$\bar{t}$	Monatsmitteltemperatur [°C]
R_{gmax}	maximale Globalstrahlung ($R_{ex} \cdot \sin h$) [$W m^{-2}$]
S	tatsächliche Sonnenscheindauer [h/Monat]
S_{max}	maximal mögliche Sonnenscheindauer [h/Monat]

Die potentielle Verdunstung wird in dem Fall als mittlere Monatssumme angegeben, wobei der empirische Charakter der Formel durch verschiedene Koeffizienten deutlich wird. Eine Abschätzung ebenso der mittleren monatlichen potentiellen Verdunstung auf der Basis von Temperaturdaten formuliert in Anlehnung an das VAN'T HOFF'sche Gesetz die THORNTHWAITE-Formel:

$$E_p = 1{,}6 \cdot \left(\frac{10\,\bar{t}}{I} \right)^a \qquad (9.18)$$

$\bar{t}$	Monatsmitteltemperatur [°C]
I	Wärmeindex [Jahressumme]
a	Exponent [$\cong 0{,}5$]

Die Formel enthält den Wärmeindex I, der als Jahressumme der auf den Monatsmitteltemperaturen basierenden Monatswerte

$$I = \sum_{1}^{12} \left(\frac{\bar{t}}{5} \cdot e^{1{,}514} \right) \qquad (9.19)$$

den Jahreszeiten sowie dem unterschiedlichen Gewicht der Temperatur in kalten und warmen Klimaten Rechnung trägt. Der Wärmeindex geht im Übrigen auch in die Definition des Exponenten a ein, der hier der Einfachheit halber nur als nummerischer Wert angegeben ist. Es wird deutlich, dass die Temperatur als indirekter Ausdruck des energetischen Verdunstungspotentials den THORNTHWAITE-Ansatz dominiert. Eine Übertragung auf Trockenklimate führt naturgemäß wegen des fehlenden Feuchteterms (z. B. die Einführung des Sättigungsdefizits) zu schlechten Ergebnissen (BAUMGARTNER/LIEBSCHER 1996).

Andere Ansätze zur Bestimmung der potentiellen Verdunstung, die neben dem Sättigungsdefizit nun auch die Ventilation mit einbeziehen, basieren auf der allgemeinen DALTON-Struktur (vgl. auch Gl. 9.15):

$$E_p = c \cdot f(u) \cdot (E - e) \qquad (9.20)$$

wobei das Sättigungsdefizit einmal das bereits diskutierte Sättigungsdefizit der Luft sein kann, andererseits aber auch die Differenz des Sättigungsdampfdrucks über der verdunstenden Oberfläche und des Dampfdrucks der Luft darstellen kann. Der Ventilationsterm kann als einfache Funktion der Windgeschwindigkeit, des Windweges oder als Diffusionskoeffizient ausgedrückt werden. Die dimensionslose Konstante c nimmt dabei verschiedene empirische Werte an, hängt aber im engeren Sinn von der Windgeschwindigkeit und dem

Schichtungszustand ab, wie es bei der Parametrisierung der tatsächlichen Verdunstung offensichtlich werden wird. Zur allgemeinen Diskussion dieser Verfahren vgl. SCHRÖDTER 1985. Für den mitteleuropäischen Kontext wurde aus der DALTON-Gruppe besonders die HAUDE-Formel bekannt:

$$E_p = k \cdot E \cdot \left(1 - \frac{f}{100}\right) \qquad (9.21)$$

k	Monatskoeffizient [Nov. – Feb. 0,2; März 0,21; April – Mai 0,29; Juni 0,28; Juli 0,26; Aug. 0,25; Sep. 0,23; Okt. 0,22]
E	Sättigungsdampfdruck, Monatsmittel [hPa]
f	relative Luftfeuchte, Monatsmittel [%]

Die Formel gibt die mittlere monatliche potentielle Verdunstung ebenfalls in mm an. Die Verwendung des Koeffizienten *k* ist insofern nicht unproblematisch, da er für verschiedene Vegetationsbestände und landwirtschaftliche Kulturen individuell bestimmt werden muss (BAUMGARTNER/LIEBSCHER 1996). Außerdem stellt sich die Übertragung des HAUDE-Ansatzes auf andere Klimate schwierig dar, weil er bei hohen Sättigungsdefiziten unrealistische Werte liefert.

Ebenfalls dem DALTON-Typ zuzuordnen, jedoch im Vergleich strenger physikalisch konzipiert stellt sich die PENMAN-Kombinationsgleichung dar:

$$E_p = \frac{s}{s+\gamma} \cdot R_n + \left(1 - \frac{s}{s+\gamma}\right) \cdot (E - e) \cdot 0{,}27 \cdot \left(1 + \frac{u_l}{100}\right) \qquad (9.22)$$

s	Steigung der Sättigungsdampfdruckkurve bei der Tagesmitteltemperatur *t* [°C °C^{-1}]
γ	Psychrometerkonstante [0,666 hPa °C^{-1}]
E	Sättigungsdampfdruck bei Temperatur *t* [hPa]
e	mittlerer täglicher Dampfdruck [hPa]
R_n	mittlere tägliche Summe positiver Strahlungsbilanzwerte [W m^{-2}]
u_l	mittlerer täglicher Windweg [km]

Diese Gleichung schließt die radiative Energiebilanz von Sonnenaufgang bis zum -untergang, das Sättigungsdefizit und den Ventilationsterm auf der Basis von Tageswerten ein und wurde vielfach als äquivalente Verdunstung von freien Wasserflächen für einen großen Bereich verschiedener Klimate berechnet (HENNING/HENNING 1980), wobei sich auch eine relativ gute Entsprechung mit den Messwerten aus Class-A-pans ergab (BAUMGARTNER/LIEBSCHER 1996). Der Nachteil des Ansatzes liegt darin, dass keine höhere zeitliche Auflösung als der Tagesmittelwert erreicht werden kann und dass die Ergebnisse bei schlecht entwickelten Tagesgängen der Windgeschwindigkeit und des Sättigungsdefizits, wie es in advektiven Situationen und bei großen Rauigkeitslängen der Fall ist, extrem verzerrt werden (SCHRÖDTER 1985). Abbildung 9.5 zeigt die globale Verteilung der potentiellen Verdunstung nach der PENMAN-Kombinationsgleichung. Es wird deutlich, dass in Gebieten mit hoher positiver Strahlungsbilanz (Tropen) hohe Werte errechnet werden, besonders hohe aber in den tropischen Trockengebieten, wo zusätzlich hohe Sättigungsdefizite auftreten. Die Darstellung macht aber auch den fiktiven Charakter der potentiellen Verdunstung deutlich, denn z. B. wird im äquatorialen Afrika im Bereich des

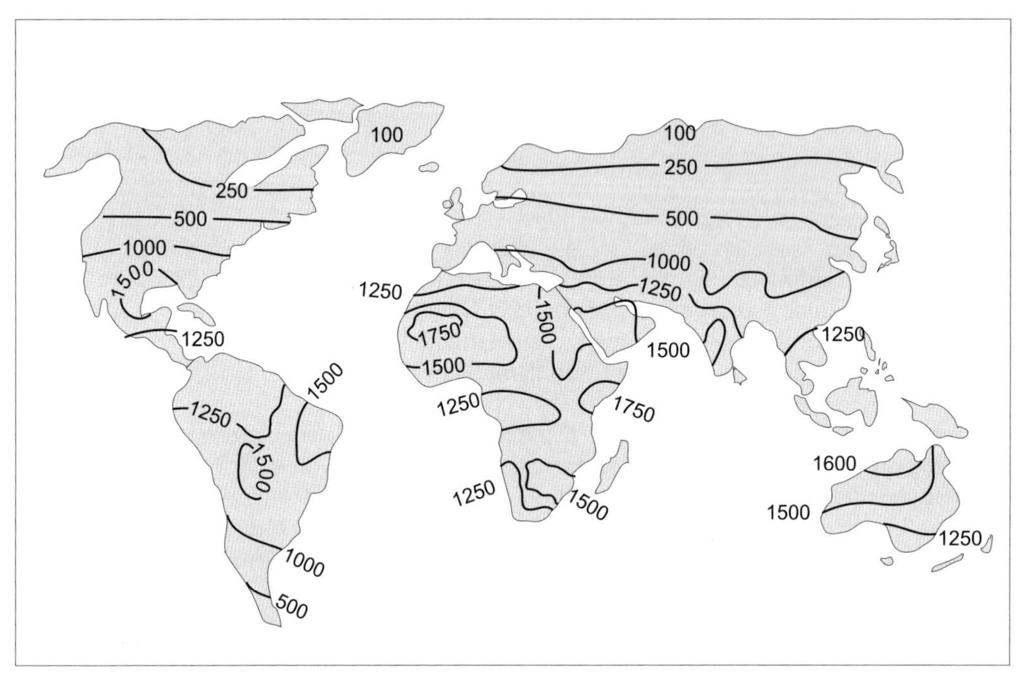

Abb. 9.5: Vereinfachte Weltkarte der potentiellen Evapotranspiration nach der PENMAN-Kombinationsgleichung
Quelle: nach BAUMGARTNER/LIEBSCHER 1996

humiden Kongobeckens eine wesentlich höhere tatsächliche Verdunstung als etwa in den trockenen Teilen Ostafrikas vorliegen, obwohl die potentielle Verdunstung dort höher ist.

Die Bestimmung der *tatsächlichen Verdunstung* gestaltet sich schwierig. Das Hauptproblem ist, dass die tatsächliche Verdunstung prinzipiell nicht oder nur indirekt gemessen werden kann und zudem die hier zu diskutierenden Parametrisierungen auf vertikalen Wasserdampftransporten basieren, wobei advektive Störungen (horizontale Transporte wasserdampfhaltiger Luft) nicht berücksichtigt werden können. Die zuverlässigste Methode zur indirekten Messung der tatsächlichen Evapotranspiration liegt in Form von *Lysimetern* vor. Dabei handelt es sich entweder um wägbare, kleinere Töpfe oder Bodenmonolithe, die in den natürlichen Boden der Umgebung eingelassen sind und den gleichen Pflanzenbestand tragen oder um größere Sickerwasserlysimeter, bei denen der Sickerwasserabfluss des Lysimeterblocks und das darin enthaltene Bodenwasser gemessen werden. Die tatsächliche Evapotranspiration lässt sich bei diesen Anlagen nach der Lysimetergleichung (BAUMGARTNER/LIEBSCHER 1996) bestimmen zu:

$$E_t = P - S_i - \Delta W_b \qquad (9.23)$$

E_t tatsächliche Evapotranspiration
P Niederschlag
S_i Sickerwasserabfluss
ΔW_b Veränderung des Bodenwassergehalts

Von der gemessenen Niederschlagshöhe wird in diesem Verfahren der Sickerwasserabfluss sowie der Bodenwassergehalt abgezogen. Der verbleibende Rest stellt als der dem Lysimeter entzogener Wasserdampfstrom die tatsächliche Verdunstung dar. Wenn auch diese Messung nur eine Punktaussage zulässt, so liefern Lysimeter doch wichtige Informationen über die Evapotranspiration verschiedener Pflanzenbestände und natürlicher Oberflächen (SCHROEDER 1986, LITTMANN 1997 b). Eine weitere, indirekte, ungenauere, aber auf eine größere Fläche (ein kleineres Einzugsgebiet) bezogene Methode lässt sich aus der *Wasserhaushaltsgleichung* ableiten. In einem Einzugsgebiet ist die Wasserbilanz durch das Verhältnis von Gebietsniederschlag, Gebietsabfluss (oberirdisch und unterirdisch), den Wasserspeichern (Oberflächenwasser, Bodenwasser, Grundwasser) und der Gebietsverdunstung gegeben. Betrachtet man dieses Verhältnis über einen längeren Zeitraum (mindestens ein Jahr), so können die Speicher als konstant angenommen werden und der Gebietsabfluss (wie er am Vorfluter bestimmt werden kann) wird auch den Grundwasserabfluss beinhalten, falls ober- und unterirdische Wasserscheiden nicht zu stark differieren. In diesem Fall leitet sich die Gebietsverdunstung aus der Wasserhaushaltsgleichung ab:

$$E_t = P - (A_o + S_i + A_g) - \Delta S \qquad (9.24)$$

bzw.

$$E_t = P - A \qquad (9.25)$$

P Gebietsniederschlag
A_o oberirdischer Abfluss
S_i Sickerwasserstrom
A_g Grundwasserabfluss und Interflow
ΔS Speicheränderung
A Gebietsabfluss

Die Definition der tatsächlichen Evapotranspiration nach Gleichung 9.25 macht es recht einfach, für kleinere und mittlere Einzugsgebiete mittlere Verdunstungshöhen anzugeben. Allerdings ergeben sich etliche Ungenauigkeiten durch die Schwierigkeiten der Berechnung des Gebietsniederschlags, des Gebietsabflusses sowie der Speicheränderungen, sofern kürzere Zeiträume betrachtet werden. Es sei in diesem Zusammenhang auf die hydrologische Literatur verwiesen.

Darüber hinaus existieren verschiedene Ansätze zur Parametrisierung des vertikalen Wasserdampfstroms von der verdunstenden Oberfläche eines Standortes in die Luft. Da dieser Wasserdampfstrom mit dem Fluss latenter Wärme identisch und somit Teil der Energiebilanz der Oberfläche ist:

$$\begin{aligned} R_n - H_b &= H_f + H_l \\ R_n - H_b &= H_f + H_v \cdot E_t \end{aligned} \qquad (9.26)$$

R_n Strahlungsbilanz [W m^{-2}]
H_b Bodenwärmestrom [W m^{-2}]
H_f Fluss fühlbarer Wärme [W m^{-2}]

H_l	Fluss latenter Wärme [W m^{-2}]
H_v	Verdampfungswärme des Wassers [2,45 · 106 J kg^{-1}]
E_t	tatsächliche Verdunstung [mm]

wobei das Produkt $H_v E_t$ aus der Verdampfungswärme und dem von der Oberfläche weg gerichteten Wasserdampfstrom dem latenten Wärmefluss bzw. der latenten Enthalpie entspricht, lässt sich die tatsächliche Verdunstung ableiten als:

$$E_t = \frac{(R_n - H_b - H_f)}{H_v} \tag{9.27}$$

Nun sind die Flüsse der fühlbaren und latenten Wärme aufgrund ihrer näheren Definition

$$H_f = c_p \cdot A \cdot \frac{d\Theta}{dz} \tag{9.28}$$

und

$$H_l = H_v \cdot A \cdot \frac{dq}{dz} \tag{9.29}$$

c_p	spezifische Wärmekapazität der Luft [1 000 J kg^{-1} K^{-1}]
A	Austauschkoeffizient
Θ	potentielle Temperatur [K]
q	spezifische Feuchte [dimensionslos]
z	Höhe [m]

messtechnisch nicht leicht zu erfassen. Eine wesentliche Vereinfachung ergibt sich durch die Einführung der *Bowen-Ratio*:

$$\beta = \frac{H_f}{H_l} \tag{9.30}$$

wonach sich die Energiebilanzgleichung 9.27 in der Form

$$E_t = -\frac{R_n + H_b}{1 + \beta} \tag{9.31}$$

ausdrücken lässt. Weiterhin lässt sich die Bowen-Ratio nach den Definitionen der Wärmeflüsse und der spezifischen Feuchte unter Ersetzung der spezifischen Feuchte durch den Dampfdruck und der potentiellen Temperatur durch die Lufttemperatur vereinfacht formulieren als:

$$\beta = \frac{H_f}{H_l} = \frac{c_p \cdot p}{H_v \cdot 0{,}623} \cdot \frac{dt/dz}{de/dz} \tag{9.32}$$

p	Luftdruck [hPa]
t	Lufttemperatur [°C]

Der Term

$$\gamma = \frac{c_p \cdot p}{H_v \cdot 0{,}623} \qquad (9.33)$$

wird auch als *Psychrometerkonstante* mit dem Näherungswert 0,666 hPa °C^{-1} definiert.

Diese Parametrisierung der Energiebilanzgleichung bildet den Ausgangspunkt für die von SVERDRUP (1936) eingeführte Gleichung zur Berechnung der tatsächlichen Verdunstung aus der Energiebilanz:

$$H_v \cdot E_t = -\frac{R_n + H_b}{1 + \gamma \cdot \frac{dt/dz}{de/dz}} \qquad (9.34)$$

und mit weiterer Umrechnung des Flusses latenter Wärme aus Gleichung 9.34 in die tatsächliche Verdunstung

$$E_t = \frac{(H_v \cdot E_t)}{H_v} \qquad (9.35)$$

E_t tatsächliche Verdunstung [mm]

Ansätze dieser Art, die unter Verwendung einer Parametrisierung der BOWEN-Ratio die tatsächliche Verdunstung aus dem vertikalen Wasserdampfstrom in Analogie zum Fluss latenter Wärme errechnen, werden unter dem Begriff *BREB-Techniken* (BOWEN-Ratio-Energy-Balance) zusammengefasst. Sie setzen eine höchst genaue Messung der Lufttemperatur und des Dampfdrucks (bzw. der relativen Luftfeuchte) in zwei Höhen über der Oberfläche voraus. In der Geländeklimatologie wählt man in der Regel neben der Standardhöhe von 2 m eine zweite Höhe in der Nähe der Oberfläche, bei Verwendung konventioneller, strahlungsgeschützter Messwertgeber wird dies 0,2 m nicht unterschreiten. Der SVERDRUP-Ansatz schließt außerdem Messwerte der Strahlungsbilanz und des Bodenwärmestroms (die Messung mittels einer heat flux plate in etwa 10 cm Bodentiefe reicht dazu meist aus) mit ein, die nachts negativ werden. In diesem Fall liefert Gleichung 9.35 ebenfalls negative Werte, bezieht sich also auf eine umgekehrte Flussrichtung des Wasserdampfstroms zur Oberfläche hin. Wir werden im Kapitel 9.7.3 diesen Fall im Zusammenhang der Verwendung von Verdunstungsformeln zur Bestimmung des Tauniederschlags diskutieren. Dies bedeutet aber auch, dass zur Berechnung der tatsächlichen Evapotranspiration nur die positiven Werte zwischen Sonnenaufgang und Sonnenuntergang berücksichtigt werden dürfen; ein Postulat, das nicht immer zutrifft, denn bei entsprechendem Sättigungsdefizit kann auch nachts noch in geringem Umfang Pflanzentranspiration vorliegen.

Einen weiteren Ansatz aus der BREB-Gruppe stellt die PENMAN-MONTEITH-Gleichung dar, die sich unter Einbeziehung der Pflanzenwiderstände, wie sie aus Transpirationsmessungen zu bestimmen sind, auf die tatsächliche Evapotranspiration von Vegetationsbeständen bezieht:

$$E_t = \frac{s \cdot (R_n - H_b) + \rho \cdot c_p \cdot \frac{E - e}{r_a}}{s + \gamma \cdot \frac{1 + r_s}{r_a}} \qquad (9.36)$$

s Steigung der Sättigungsdampfdruckkurve
r_a Grenzschichtwiderstand
r_s Stomatawiderstand

Neben der für die Verdunstung zur Verfügung stehenden Energiebilanz besteht prinzipiell auch die Möglichkeit, die tatsächliche Verdunstung direkt aus dem Wasserdampfgradienten zwischen zwei Messhöhen zu bestimmen. Betrachten wir einen solchen Gradienten als Differenzenquotienten, so ist dieser durch die Differenz des Dampfdrucks der gesättigten laminaren Grenzschicht und des Dampfdrucks der Luft in einer zweiten Höhe bzw. durch die entsprechende Differenz der spezifischen Feuchte definiert:

$$\Delta e = \frac{E_{z_0} - e_{z_1}}{z_1 - z_0} \qquad (9.37)$$

bzw.

$$\Delta q = \frac{q_{z_0} - q_{z_1}}{z_1 - z_0} \qquad (9.38)$$

Dieser im DALTON-Gesetz postulierte Gradient zwischen der laminaren Grenzschicht und der (turbulenten) Luft ist insofern schwer zu ermitteln, da der vertikale Wasserdampftransport oberhalb der Grenzschicht, d. h. in diesem Fall oberhalb der Rauigkeitslänge in jedem Fall turbulent erfolgt. Da die praktisch möglichen Messhöhen z_1 und z_2 sich beide verständlicherweise immer oberhalb der laminaren Grenzschicht befinden müssen, wird der vertikale Wasserdampftransport zwischen diesen beiden Höhen unter Hinzunahme des turbulenten Austauschkoeffizienten durch die allgemeine Wasserdampfstromgleichung beschrieben:

$$E_v = A \cdot \frac{\partial q}{\partial z} \qquad (9.39)$$

E_v vertikaler Wasserdampfstrom [$g\,m^{-2}s^{-1}$]
A turbulenter Austauschkoeffizient [$g\,m^{-1}s^{-1}$]

Der turbulente Austauschkoeffizient kann auf verschiedene Weise parametrisiert werden, und zwar im Wesentlichen als Funktion der Luftdichte, Schubspannungsgeschwindigkeit und Mischungsweglänge (vgl. Kap. 8, ausführ. Darstellung in BAUMGARTNER/LIEBSCHER 1996):

$$A = \rho \cdot k \cdot (z - z_0) \cdot u^* \qquad (9.40)$$

A turbulenter Austauschkoeffizient
ρ Luftdichte [$kg\,m^{-3}$]

k	KARMÁN-Konstante [≅ 0,4]
z	Messhöhe [m]
z_0	Rauigkeitslänge [m]
u^*	Schubspannungsgeschwindigkeit [m s^{-1}]

Durch Einführung dieser expliziten Form von A stellt der THORNTHWAITE-HOLZMAN-Ansatz (THORNTHWAITE/HOLZMAN 1942) eine bekannte Form der *gradient-flux-Verfahren* oder allgemein Gradientenverfahren zur Bestimmung der tatsächlichen Verdunstung dar:

$$E_t = \rho \cdot k \cdot \frac{\left(q_{z_1} - q_{z_2}\right) \cdot \left(u_{z_2} - u_{z_1}\right)}{\ln\left(\frac{z_2}{z_1}\right)^2} \tag{9.41}$$

u	horizontale Windgeschwindigkeit [m s^{-1}]

Es ist zu erkennen, dass diese Lösung die Parametrisierung des Austauschkoeffizienten über das logarithmische Windprofil vornimmt, wobei der aufwärts gerichtete Verdunstungsstrom (Fluss spezifischer Feuchte) durch die vertikale Windscherung (Turbulenz) erzwungen wird. Die Methode verlangt demnach auch die Bestimmung des logarithmischen Windprofils zwischen den beiden Messhöhen unter Berücksichtigung der jeweils verschiedenen Schichtungszustände (vgl. Kap. 8) sowie der Dichte der feuchten Luft. Die THORNTHWAITE-HOLZMAN-Beziehung liefert positive Werte im Fall eines aufwärts gerichteten Wasserdampfgradienten im Sinne der tatsächlichen Verdunstung und negative Werte im umgekehrten Fall. Auch hier ergibt sich somit die Möglichkeit, über den turbulenten, zur Oberfläche gerichteten Wasserdampfstrom (dieser Fall tritt i. d. R. nur nachts auf) zumindest den potentiell möglichen Tauniederschlag zu berechnen.

Wie bereits erörtert, erfolgt der vertikale Transport von Wasserdampf ebenso wie der anderer Eigenschaften außerhalb der laminaren Diffusionsschicht turbulent. Turbulenz ist jedoch ein Merkmal, das unter der Annahme eines über die betrachtete Zeiteinheit als konstant angenommenen Wasserdampfgradienten nur ungenau erfasst werden kann. Sie ist vielmehr durch Fluktuationen der horizontalen und vertikalen Windgeschwindigkeit gekennzeichnet, die das blasen- oder schlierenförmige Ablösen von Luftpaketen unterschiedlicher Größe andeuten, etwa so, wie erwärmte Luft über dem Heizkörper aufsteigt. Dabei zeigt die vertikale Windkomponente w ebenso wie die spezifische Feuchte q Fluktuationen um ihre jeweiligen Mittelwerte über eine Messreihe, die wiederum in ihrem Mittel den turbulenten vertikalen Massen- bzw. Feuchtefluss ausmachen. Diese Struktur turbulenten Transports wird als *Eddy-Transport* bezeichnet. Während der zuvor erwähnte turbulente Austauschkoeffizient solche turbulenten Vertikaltransporte mittels der angesprochenen Größen parametrisiert, basiert die *Eddy-Correlation-Technik* (SWINBANK 1951, FRANKENBERGER 1955) auf den Fluktuationen der vertikalen Windgeschwindigkeit. Dahinter steht die strömungsmechanische Definition der REYNOLD'schen Kovarianz (weswegen auch die Bezeichnung „Eddy Covariance-Technik" existiert), wonach sich die gesamte vertikale Windgeschwindigkeit aus der Summe des Mittelwertes und des Mittelwertes der Abweichung der jeweiligen Momentanwerte vom Reihenmittelwert zusammensetzt. Während die Summe der Abweichungen der Momentanwerte vom Reihenmittelwert immer Null wird (in quadrierter Form ist sie die statistische Varianz), ist deren Mittelwert immer > 0. Da sich der vertikale Massenfluss der Luft nun aus dem Produkt von Dichte und Geschwindigkeit zusammensetzt:

$$m = \rho \cdot w \tag{9.42}$$

m	Massenfluss [$kg\,m^{-2}s^{-1}$]
ρ	Luftdichte [$kg\,m^{-3}$]
w	vertikale Windgeschwindigkeit [$m\,s^{-1}$]

ergibt sich als zeitliches Mittel für den gesamten Wasserdampfstrom in Erweiterung von Gleichung 9.42:

$$E_t = \overline{\rho \cdot w \cdot q} \tag{9.43}$$

Nach dem Eddy-Ansatz kommen im Sinne des turbulenten Transports aber nur die Fluktuationen $(\rho \cdot w)'$ und q' um ihre jeweiligen Mittelwerte $(\overline{\rho} \cdot \overline{w})$ bzw. $\overline{q}$ im Sinne des vertikalen Wasserdampfstroms in Frage. Bildet man nun für jeden Momentanwert des Produkts aus Luftdichte und vertikaler Windgeschwindigkeit die Abweichung vom Reihenmittelwert dieses Produkts, multipliziert diese Werte mit den entsprechenden Abweichungen der spezifischen Feuchte und dieses Gesamtprodukt, dann ergibt sich die Berechnung der tatsächlichen Verdunstung aus dem Eddy-Correlation-Ansatz:

$$E_t = \overline{(\rho \cdot w)' \cdot q'} \tag{9.44}$$

E_t	tatsächliche Verdunstung [mm]
$(\overline{\rho} \cdot \overline{w})$	mittlerer vertikaler Massenfluss [$kg\,m^{-2}s^{-1}$]
w	vertikale Windgeschwindigkeit [$m\,s^{-1}$]
$\overline{(\rho \cdot w)'}$	mittlere Abweichung des Massenflusses vom Reihenmittel
$\overline{q'}$	mittlere Abweichung der spezifischen Feuchte vom Reihenmittel

Die Berechnung erfolgt zusammengefasst in 5 Schritten:
1. Bildung des Produkts $\rho \cdot w$ für jeden Momentanwert (Sekunden, Minuten)
2. Berechnung der Reihenmittelwerte $(\overline{\rho} \cdot \overline{w})$ bzw. $\overline{q}$
3. Berechnung der Fluktuation der Momentanwerte $(\rho \cdot w)' = \rho \cdot w - (\overline{\rho} \cdot \overline{w})$ bzw. $q' = q - \overline{q}$
4. Berechnung des Produkts der Fluktuationen aus Schritt 3
5. Berechnung des Reihenmittelwerts der Produkte aus Schritt 4

Der Vorteil dieses gradientfreien Ansatzes liegt darin, dass die Messung der vertikalen Windgeschwindigkeit und der spezifischen Feuchte in nur einer Höhe erfolgen muss, dafür aber in hoher Präzision und zeitlicher Auflösung (zumeist mit Ultraschall-Anemometern). Wir werden diese Technik im Kapitel 9.7.3 vergleichend diskutieren.

9.4 Wasserdampf in der Atmosphäre

Das Ergebnis der Verdunstungsprozesse auf der Erde ist die Abgabe von Wasserdampf und latenter Wärmeenergie von der Erdoberfläche an die Atmosphäre. Wir hatten im Kapitel 9.1

bereits die Rolle des Wasserdampfs im globalen Wasserhaushalt ebenso angesprochen wie den Umstand, dass aus Kontinuitätsgründen Wasser in der Atmosphäre weder vernichtet noch erneuert werden kann. Als Quelle des atmosphärischen Wasserdampfs kommt also nur die Verdunstung in Frage, als Senke nur die Kondensation. Im Sinne einer allgemeinen Erhaltungsgleichung folgt der atmosphärische Wasserdampftransport den Prinzipien der *Kontinuitätsgleichung*. Diese enthält in ihrer allgemeinen Form zwei Glieder: die zeitliche Dichteänderung in einem strömenden Medium und die Divergenz des Geschwindigkeitsvektors:

$$\frac{1}{\rho} \cdot \frac{d\rho}{dt} + \frac{du}{dx} + \frac{dv}{dy} + \frac{dw}{dz} = 0 \qquad (9.45)$$

wobei u, v, w die Geschwindigkeitskomponenten im kartesischen Koordinatensystem x, y, z darstellen. Es ist üblich, die Bewegungskomponenten in kartesischen Koordinaten in vektorieller Schreibweise durch den Nabla-Operator und den Geschwindigkeitsvektor zu ersetzen:

$$\frac{1}{\rho} \cdot \frac{d\rho}{dt} + \vec{\nabla} \cdot \vec{v} = 0 \qquad (9.46)$$

BAUMGARTNER und LIEBSCHER (1996) verdeutlichen die Rolle der Divergenz in einer eindimensionalen Strömung ($\vec{\nabla} \cdot \vec{v} = du/dx$) anhand einer Autoschlange. Wenn die Autos an einer Ampel anfahren, setzen sich die ersten früher in Bewegung als die hinteren, d. h. die Schlange zieht sich auseinander, das Geschwindigkeitsfeld ist divergent und der Geschwindigkeitsvektor ist > 0. In diesem Fall wird die Zunahme des Divergenzterms jedoch kompensiert durch die Abnahme der Fahrzeugdichte in der Schlange, der Dichteterm wird < 0. Umgekehrt steigt beim Auflaufen der Fahrzeuge auf einen Stau die Dichte mit der Zeit ($1/\rho \cdot d\rho/dt$), das Geschwindigkeitsfeld wird aber konvergent.

Bezogen auf den Wasserdampftransport in der Atmosphäre lässt sich eine separate Kontinuitätsgleichung ableiten:

$$\frac{1}{\rho_w} \cdot \frac{d\rho_w}{dt} + \vec{\nabla} \cdot \vec{v} = \frac{1}{q} \cdot \frac{dq}{dt} \qquad (9.47)$$

Dichteänderungen des Wasserdampfs (der absoluten Feuchte) in der Atmosphäre werden durch Geschwindigkeitsänderungen des Flussfeldes (divergent, konvergent) hervorgerufen, entsprechen aber immer Veränderungen der spezifischen Feuchte (im Sinne von Verdunstung und Kondensation). Betrachtet man nun die zeitlichen Veränderungen der spezifischen Feuchte für das gesamte Wasser in allen Phasen (Dampf, Wassertröpfchen, Eis), so müssen diese über einen hinreichend langen Zeitraum, d. h. länger als das bereits erwähnte Austauschintervall, in ihrer Summe Null werden. Nach dem Prinzip der Massenerhaltung ist demnach auch die Gesamtmasse des Wassers in der Atmosphäre konstant.

Wenn wir nicht die zeitliche Änderung der spezifischen Feuchte in einem Luftpaket auf seinem Weg im Geschwindigkeitsfeld (dies wäre der LAGRANGE-Ansatz der Kontinuitätsgleichung), sondern nur die zeitliche Änderung der spezifischen Feuchte an einem ortsfesten Messpunkt betrachten (EULER-Ansatz), so kann dies im Fall einer eindimensionalen horizontalen Strömung in der Form

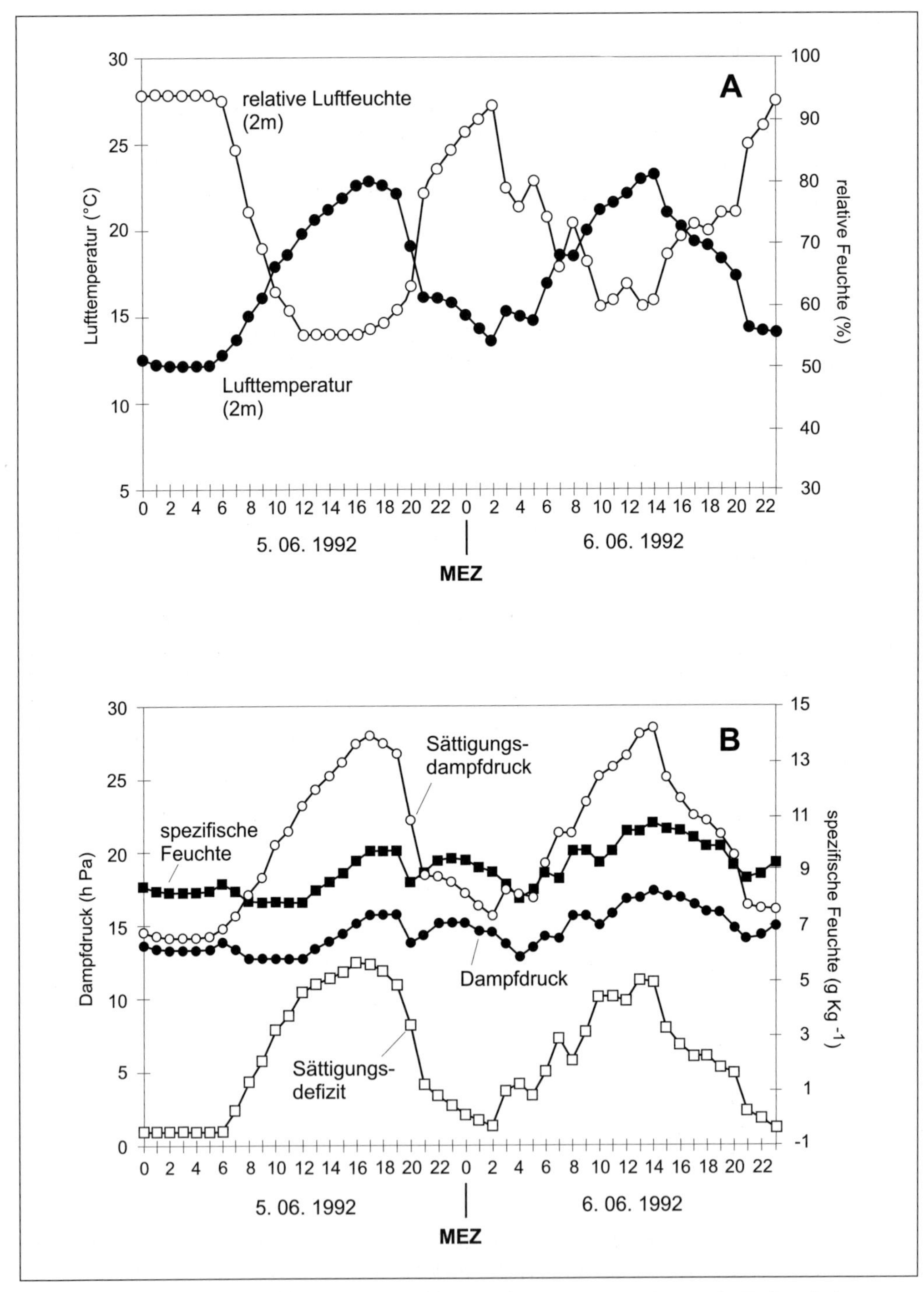

Abb. 9.6: Tagesgänge einiger Wasserdampfparameter bei einer autochthonen (1. Tag) und einer advektiven Wetterlage (2. Tag). Neuenkirchen–St. Arnold, westliches Münsterland

$$\frac{dq}{dt} = \vec{v} \cdot \frac{dq}{dx} \qquad (9.48)$$

ausgedrückt werden. In diesem Fall erfolgt die Veränderung der spezifischen Feuchte am Messort advektiv unter Einbeziehung der Strömungsgeschwindigkeit, was in allen advektiven Wetterlagen der Fall ist, denn nur bei divergenzfreiem Geschwindigkeitsfeld sind advektive Beiträge zum Wasserdampfgehalt am Messort auszuschließen (SCHRÖDTER 1985). In dieser Situation ist der Feuchtefluss nur vertikal und entspricht dem Verdunstungsstrom. Besonders gut lässt sich dieser Fall bei windarmen Hochdrucklagen in Pflanzenbeständen beobachten, wenn die spezifischen Feuchteänderungen primär durch die Transpiration gesteuert werden. An Tagen mit autochthonen Wetterlagen zeigt der Wasserdampf der bodennahen Luftschicht ganz allgemein einen deutlichen Tagesgang immer nur dann, wenn ausreichend Wasser zur Verdunstung zur Verfügung steht, also über Wasserflächen oder Vegetation mit uneingeschränkter Wasserversorgung. Anders sieht es aus, wenn man Tagesgänge der temperaturabhängigen relativen Luftfeuchte betrachtet. Diese erreicht in Analogie zum ebenfalls temperaturgesteuerten Sättigungsdampfdruck zum Temperaturminimum ihr Maximum, zum Temperaturmaximum ihr Minimum, ohne dass notwendigerweise eine Veränderung des tatsächlichen Wasserdampfgehalts der Luft vorliegen muss (Abb. 9.6). In advektiven Situationen wird ein solcher Tagesgang hingegen durch Wasserdampfflüsse und turbulente Durchmischung unterdrückt.

In der globalen Dimension ergibt die Zusammenfassung der vertikalen Wasserdampfverteilung in der Atmosphäre eine Vorstellung von der Wasserdampfmasse, die bei vollständigem Auskondensieren als *precipitable water* („niederschlagsfähiges" Wasser) zum Niederschlag kommen könnte. In einem von PEIXOTO (1973) vorgestellten Ansatz wird zu diesem Zweck das spezifische Feuchtefeld integriert, wobei als Funktion die Höhe durch den Luftdruck ersetzt werden kann:

$$W_p = \frac{1}{g} \int_{p=0}^{p_0} q \, dp \qquad (9.49)$$

bzw.

$$W_p = \int_0^{\infty} q \, \rho \, dz \qquad (9.50)$$

W_p	precipitable water [kg m^{-2} = mm]
g	Gravitationsbeschleunigung [9,81 m s^{-2}]
p_0	Bodenluftdruck [hPa]
q	spezifische Feuchte
z	Höhe [m]

Zur Bestimmung des precipitable water in der Atmosphäre über einem Ort sind demnach aerologische Messungen der spezifischen Feuchte und des Luftdrucks in verschiedenen Höhen bis zur Tropopause erforderlich. PEIXOTO (1973) bestimmte auf diese Weise das globale Mittel des precipitable water für das Referenzjahr 1958 zu 25 mm bzw. $1{,}3 \cdot 10^{16}$ kg.

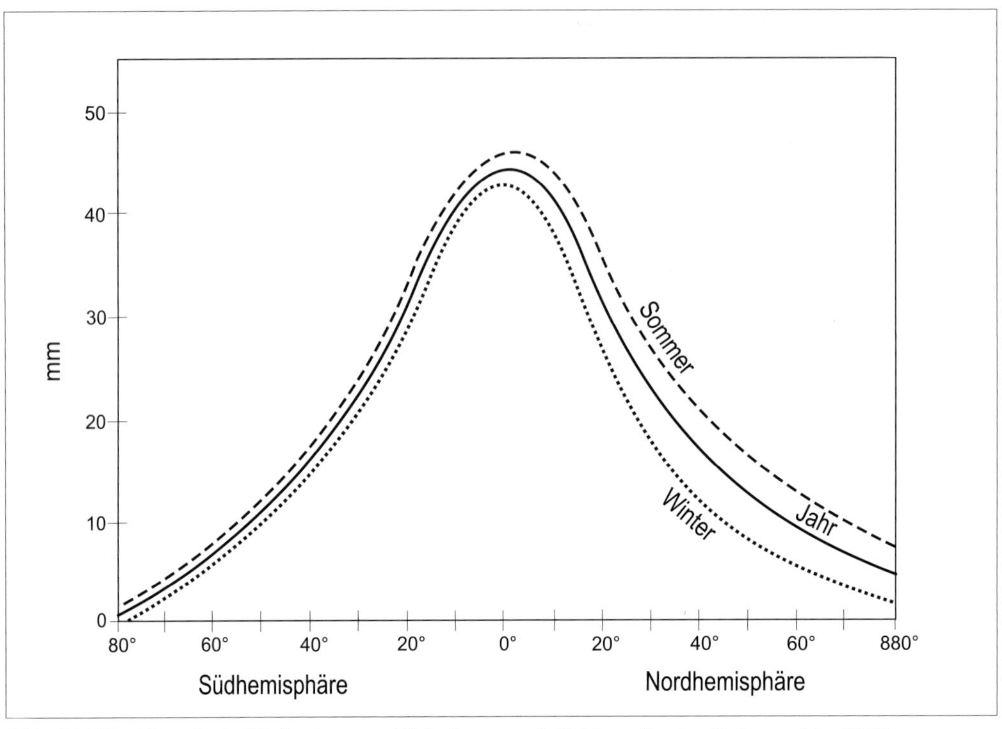

Abb. 9.7: Meridionalschnitt des troposphärischen precipitable water im Referenzjahr 1958
Quelle: verändert nach PEIXOTO 1973, BAUMGARTNER/LIEBSCHER 1996

Bezogen auf die gesamte Masse der Atmosphäre (ca. $514 \cdot 10^{16}$ kg) ergibt sich damit ein globaler Mittelwert der spezifischen Feuchte von $2{,}53 \cdot 10^{-3}$ bzw. 2,53 $g\,kg^{-1}$ (BAUMGARTNER/LIEBSCHER 1996).

In seiner räumlichen Verteilung in der Atmosphäre wird der Wasserdampf zwangsläufig der MAGNUS-Gleichung folgen müssen und in den Gebieten mit den höchsten Temperaturen, die aber auch gleichzeitig eine maximale Quellstärke der Verdunstung zeigen, Maximalwerte annehmen. Dies zeigt eine zonal gemittelte Verteilung des precipitable water in der Tat sehr deutlich (Abb. 9.7). Ganzjährig sehr hohe Werte liegen in den feuchten Innertropen vor, während der Gehalt polwärts nahezu exponentiell abfällt. Auffällig ist der saisonale Unterschied in den Mittelbreiten der Nordhemisphäre, der durch die entsprechend großen Temperaturunterschiede zwischen Sommer und Winter hervorgerufen wird, die auf der Südhalbkugel mit ihren großen Wasserflächen nicht in gleichem Maße auftreten.

9.5 Kondensation

Die Kondensation bzw. die Sublimation des Wasserdampfs stellt die Voraussetzung für alle Niederschlagsprozesse dar. Prinzipiell kann der Phasenübergang nur dann erfolgen, wenn der Sättigungsdampfdruck erreicht oder überschritten wird, was in der Atmosphäre in der

Regel bei Temperaturabnahme durch eine Abnahme des Sättigungsdampfdrucks bis zum aktuellen Dampfdruck erfolgt. In diesem Fall ist der Taupunkt erreicht und die Lufttemperatur entspricht der *Taupunkttemperatur*:

$$t_d = \frac{234{,}67 \cdot \log e - 184{,}2}{8{,}233 - \log e} \qquad (9.51)$$

t_d Taupunkttemperatur [°C]
e Dampfdruck [hPa]

Analog dazu gibt die *Taupunktdifferenz* den Temperaturbetrag an, um den sich die Luft bis zum Erreichen des Taupunktes abkühlen müsste:

$$dt_d = t - t_d \qquad (9.52)$$

Wasserdampfhaltige Luft kann sich durch verschiedene Prozesse bis zum Taupunkt abkühlen.

1. *Diabatische Abkühlung* liegt in den Fällen vor, wo durch Strahlungskühlung in Bodennähe oder oberhalb einer Inversionsschicht einem Luftpaket radiativ Wärme entzogen wird. Dies ist die Ursache für die Taubildung auf Oberflächen, für die in den Mittelbreiten besonders im Herbst auftretenden Abkühlungsnebel, die in Bodennähe als Bodennebel, oberhalb einer Inversion als Hochnebel bezeichnet werden.
2. *Adiabatische Abkühlung* bei Hebungsvorgängen. Luftmassen können auf verschiedene Art und Weise gehoben werden und sich durch adiabatischen Wärmeenergieentzug (vgl. Kap. 6) bis zum Taupunkt abkühlen: durch zyklonale Hebung (Aufgleiten von feuchter Warmluft über schwere Kaltluft entlang einer Warmfront sowie Hebung der Rückseitenwarmluft entlang einer Kaltfront), durch erzwungene Konvektion beim Aufsteigen vor einem orographischen Hindernis sowie durch freie Konvektion, wenn durch eine hinreichend starke Erwärmung und Labilisierung eines Luftpakets von der Unterlage her seine Dichte gegenüber der Umgebung deutlich abnimmt und aufsteigende Bewegungen die Folge sind.
3. *Mischungskühlung* liegt dann vor, wenn zwei unterschiedlich temperierte Luftpakete advektiv in Kontakt kommen und die wärmere, feuchte Luft entlang der Mischungsebene abgekühlt wird. Dieser Fall ist zu beobachten, wenn kalte Luft über wärmeres Wasser strömt (Mischungsnebel in Tälern und feuchten Niederungen im Winterhalbjahr).

In diesem Zusammenhang ist es von Bedeutung, in welcher Höhenlage bei Hebung von Luftpaketen mit adiabatisch induzierter Kondensation zu rechnen ist. Das *Kondensationsniveau* (cloud condensation level, CCL) ergibt sich bei aufsteigenden Luftpaketen durch die trockenadiabatische Temperaturabnahme von der Lufttemperatur in Bodennähe um 1 K/100 m bis zum Erreichen der Taupunkttemperatur (vgl. Gl. 6.15). Wird bei Hebung und trockenadiabatischer Abkühlung bis zum Taupunkt das Kondensationsniveau und somit die Wolkenbasis erreicht, kondensiert pro weiterem Höhenschritt die Masse Wasser aus, die bei der jeweils vorliegenden Temperatur durch das Mischungsverhältnis von Wasserdampf und Luft bei Dampfsättigung gegeben ist. Nun folgt aus dem 1. Hauptsatz der Thermodynamik (vgl. Kap. 6) für die Änderung des Wärmeenergieinhalts des Luftpakets bei adiabatischer Hebung, aber gleichzeitiger Freisetzung von Kondensationswärme der feuchtadiabatische Temperaturgradient (vgl. Gl. 6.16 und Kap. 6.3.2). Die Situation erfährt größere Komplexität, wenn diabatische Durchmischung mit trockener Luft oder aber Niederschlagsbildung auftritt.

Wenn auch das Erreichen bzw. Unterschreiten des Taupunktes mit einer entsprechenden Mindestübersättigung des Dampfs die primäre Randbedingung für die Kondensation darstellt, so gestaltet sich der eigentliche thermodynamische Vorgang recht komplex, weshalb auf eine eingehendere formale Behandlung in diesem Rahmen verzichtet werden soll. Wir verweisen auf die ausführlichen Darstellungen in PRUPPACHER und KLETT (1978) und ROEDEL (1992). Prinzipiell sind zwei Arten der Kondensation zu unterscheiden:

1. Die *homogene Kondensation* (Nukleation), welche die Bildung eines Flüssigwassertröpfchens durch rein stochastisches Zusammentreffen von Dampfmolekülen im extrem übersättigten Dampf bezeichnet, sowie
2. die *heterogene Kondensation* an einem bereits vorhandenen Partikel (Kondensationskeim), einem Tröpfchen oder auf einer Oberfläche bei einer im Vergleich zur homogenen Kondensation erheblich geringeren Übersättigung des Dampfs.

Die homogene Kondensation ist der in der Natur wohl eher unwahrscheinlichere Fall, denn das grundsätzliche Problem ist darin zu sehen, dass für die Existenz eines Flüssigwassertröpfchens ein bestimmter Gleichgewichtsdampfdruck zwischen flüssiger und gasförmiger Phase vorliegen muss. Nun werden sich aber bei einer rein homogenen Kondensation nur sehr kleine Tröpfchen bilden können, die eine sehr große Oberfläche im Verhältnis zu ihrem Krümmungsradius haben. Dies bedeutet, dass die Oberflächenenergie (im Sinne der Oberflächenspannung) sehr viel größer als die Bindungsenergie im Tröpfchen ist. Deswegen sind für die Existenz sehr kleiner Tröpfchen entsprechend hohe Übersättigungen notwendig im Vergleich zu größeren Tröpfchen, wie sie allerdings nur bei der heterogenen Kondensation entstehen. Homogene Kondensation kann demnach nur dann spontan einsetzen, wenn neben der Taupunktunterschreitung auch eine entsprechend große Übersättigung vorliegt. Wichtig ist in diesem Zusammenhang, dass ein Tröpfchen einer bestimmten Größe mit Dampf eines bestimmten Sättigungsgrades im Gleichgewicht steht. Unterhalb einer solchen kritischen Größe würde bei gegebenem Sättigungsverhältnis das Tröpfchen wieder verdampfen, oberhalb würde es spontan weiterwachsen. Der kritische Gleichgewichtsradius r_c eines kugelförmigen Tröpfchens wird durch die KELVIN-Gleichung (THOMPSON-Gleichung) beschrieben:

$$r_c = \frac{2}{n \cdot k \cdot T \cdot \ln \frac{e}{E}} \qquad (9.53)$$

n	Anzahl Wassermoleküle pro Einheitsvolumen
k	BOLTZMANN-Konstante [$1{,}38 \cdot 10^{-23}$ J K^{-1}]
T	Temperatur [K]
e	Dampfdruck [Pa]
E	Sättigungsdampfdruck [Pa]

Aus der KELVIN-Gleichung ergibt sich, dass ein Wassertröpfchen mit einem Radius von nur 1 nm eine Übersättigung von 1,125 (f = 112 %) in der Gleichgewichtsphase benötigt, ein

Tröpfchen mit einem Radius von 1 µm jedoch nur eine Übersättigung von 0,12 %. Größere Tröpfchen sind auch bei geringen Übersättigungen, wie sie typischerweise in Wolken vorkommen, wesentlich stabiler als sehr kleine Tröpfchen.

Nun ist das Wasser in der Atmosphäre in den seltensten Fällen chemisch rein. Meist sind es Salze, die mit Wasser Lösungströpfchen bilden oder als hygroskopische Meersalzkerne (*sea spray*) in den Höhen der Wolkenbildung vorliegen. Noch viel stärker als über Eis wird über einer solchen Lösung der Sättigungsdampfdruck reduziert. Diesen prinzipiellen Zusammenhang beschreibt das RAOULT'sche Gesetz:

$$\frac{\Delta p}{p_0} = x_L \qquad (9.54)$$

Δp	Dampfdruckerniedrigung [Pa]
p_0	Anfangsdruck [Pa]
x_L	Molenbruch gelöster Stoff

Die Dampfdruckerniedrigung über einem Lösungströpfchen ist proportional zum Molenbruch des gelösten Stoffes, d.h. dem Anteil der Mole des gelösten Stoffes an der gesamten Molzahl. Je gesättigter eine solche Lösung ist, desto stärker wird der Sättigungsdampfdruck darüber reduziert. So beträgt über einer gesättigten NaCl-Lösung bei 0°C der Sättigungsdampfdruck nur noch 76,3 % des Wertes über reinem Wasser, für eine gesättigte $MgCl_2$-Lösung sind es sogar nur noch 35 %. Deshalb tendieren dampfgesättigte maritime Luftmassen, die immer viele sea spray-Kerne enthalten, besonders zur raschen Kondensation und Niederschlagsbildung.

Andererseits sind die tatsächlichen Übersättigungen während der Wolkenbildung nicht besonders hoch (etwa 1 %) und die sea spray-Kerne sind zum Zeitpunkt der Kondensation nicht völlig gelöst, sondern liegen als lösliche Partikel vor. Während benetzbare, aber wasserunlösliche Aerosole bei der nur geringen Übersättigung als *Kondensationskerne* (cloud condensation nuclei, *CCN*) nach der KELVIN-Gleichung einen Mindestradius von 0,2 µm haben müssen, reicht bei löslichen Kernen bereits ein Radius von 0,01 µm aus und es sind eben wesentlich geringere Übersättigungen notwendig, um durch die heterogene Kondensation ein Tröpfchen heranwachsen zu lassen, das eine stabile Größe von mindestens 10 µm erreicht. In Erweiterung von Gleichung 9.54 beschreibt die KÖHLER-Gleichung den Zusammenhang zwischen dem Sättigungsdampfdruck eines Lösungströpfchens mit dem Radius *r* und dem über reinem Wasser, d.h. die erforderliche Übersättigung als Funktion der Lösungskonzentration und des CCN-Radius:

$$S = \frac{E'_r}{E_w} = \left(1 - \frac{b}{r^3}\right) \cdot \exp \frac{2 \cdot \sigma'}{n' \cdot k \cdot T \cdot r} \qquad (9.55)$$

E'_r	Sättigungsdampfdruck des Lösungströpfchens
E_w	Sättigungsdampfdruck über Wasser
b	$(2 \cdot m \cdot M_w) / ((4 \cdot \pi / 3) \cdot \rho' \cdot M_k)$
m	Masse des löslichen Salzkerns
M_w	Molekulargewicht des Wassers

M_k	Molekulargewicht der Lösung
ρ'	Dichte der Lösung
σ'	Oberflächenspannung der Lösung
n'	Zahl der Lösungsmoleküle pro Einheitvolumen
k	BOLTZMAN-Konstante
T	Temperatur [K]
r	Tröpfchenradius [µm]

Wegen der Proportionalität des Lösungseffektes, der nach der KÖHLER-Gleichung mehr Moleküle aus der Dampfphase auskondensieren lässt als über reinem Wasser (der Dampfdruck über der Lösung sinkt entsprechend) zu etwa $1/r^3$ sind hier kleine Tröpfchenradien relevant. Wachsen die Tröpfchen durch weitere Diffusion heran, tritt der zu $1/r$ proportionale Krümmungseffekt nach der KELVIN-Gleichung stärker hervor. Erst bei großen Niederschlagstropfen machen sich beide Effekte nicht mehr bemerkbar, so dass sich hier wieder der Zustand wie über einer ebenen Fläche reinen Wassers einstellt.

Prinzipiell sind die wesentlichen Zusammenhänge der Kondensation von Wolkentröpfchen und somit der Wolkenbildung auch auf die Kondensation an festen Oberflächen anwendbar. Auch für die Bildung von *Tau* ist Voraussetzung, dass der Sättigungsdampfdruck bei der Oberflächentemperatur niedriger ist als derjenige bei der Lufttemperatur (BEYSENS 1995). Wenn etwa in den Stunden nach Sonnenuntergang in Bodennähe stabile Schichtung aufgebaut wird und entsprechend Windstille einsetzt, kommt es zunächst zu abnehmendem Wasserdampffluss zur Oberfläche und dort nach den Prinzipien der KELVIN- und KÖHLER-Gleichungen (die meisten natürlichen Bodenoberflächen sind hygroskopisch) zur Tröpfchenkondensation. Mikrophysikalische Untersuchungen (BEYSENS 1995) unterstreichen die Rolle der spezifischen Benetzungseigenschaften von Oberflächen, wobei der Kontaktwinkel des kondensierten Tröpfchens an der Oberfläche ebenso von besonderer Bedeutung ist wie die Dampfdruckdifferenz zwischen der diffusiven Grenzschicht und den darunter liegenden Bodenporen. Abbildung 9.8 gibt ein Beispiel für das spontane Einsetzen der Taubeaufschlagung einer künstlichen Oberfläche, nachdem die Taupunktdifferenz in einer sehr stabilen Schicht auf etwa <2 K abgesunken ist.

Analog zum BREB-Ansatz zur Bestimmung der Verdunstung (Kap. 9.3) definierte MONTEITH (1957) für Nachtstunden mit negativer Strahlungsbilanz die Rate der potentiellen Taubildung als:

$$T_p = R_n \cdot \frac{s}{H_v \cdot (s + \gamma)} \qquad (9.56)$$

T_p	potentieller Tauniederschlag [mm]
R_n	Strahlungsbilanz [W m^{-2}]
s	Steigung der Sättigungsdampfdruckkurve
H_v	Verdampfungswärme des Wassers
γ	Psychrometerkonstante [0,66 hPa K^{-1}]

Wir werden im Kapitel 9.7.2 verdeutlichen, dass die MONTEITH-Gleichung tatsächlich nur die energetisch mögliche, maximale Taubildung beschreibt und somit die Obergrenze des potentiellen Tauniederschlags definiert.

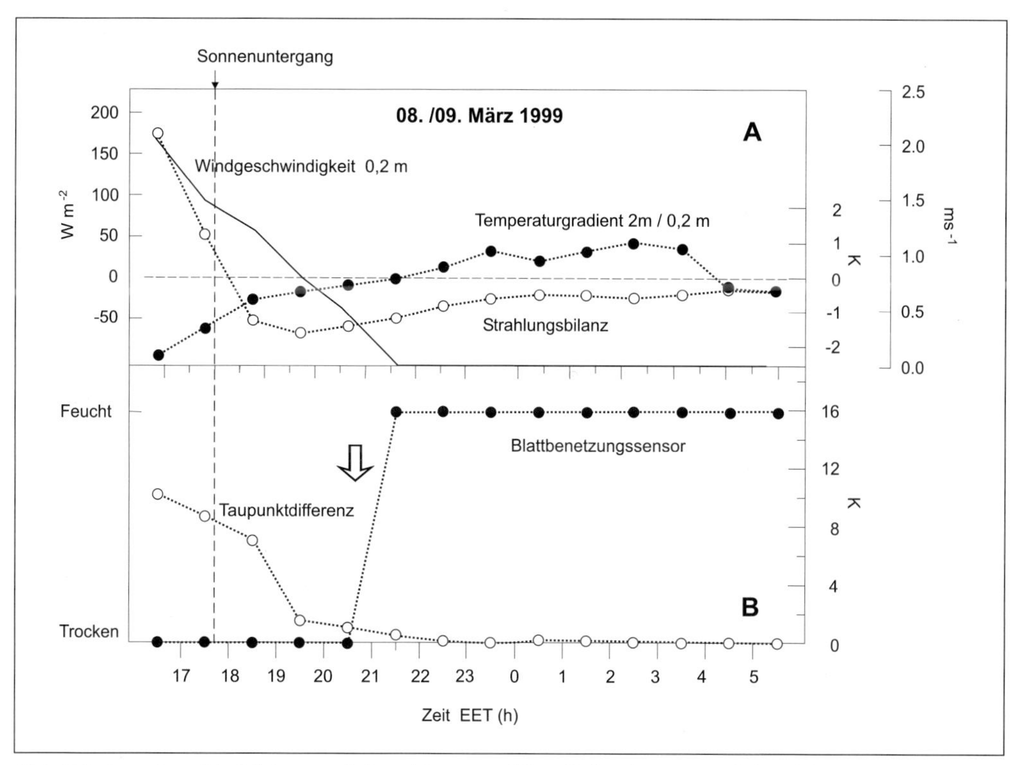

Abb. 9.8: Spontane Taubildung auf einer biogenen Oberflächenkruste nach Erreichen kritischer Randbedingungen
Quelle: verändert nach VESTE/LITTMANN/FRIEDRICH/BRECKLE 2001

9.6 Niederschlag

Die Wolkentröpfchen, die sich oberhalb des Kondensationsniveaus aus der heterogenen Kondensation gebildet haben, sind wegen ihrer geringen Größe noch nicht niederschlagsfähig. Vielmehr müssen Tropfen heranwachsen, deren Fallgeschwindigkeit groß genug ist, um gegen die Aufwinde in einer Wolke zu fallen und die groß genug sind, um auf ihrer Fallstrecke unterhalb der Wolkenbasis in der ungesättigten Luft nicht zu verdunsten. Dieser Fall existiert auch: manchmal sind unterhalb der Wolkenbasis *Fallstreifen* (*Virgae*) zu beobachten, der Niederschlag erreicht aber nicht den Boden. In Bezug auf beide Randbedingungen ist also der Tropfenradius eine kritische Größe. Ein Wolkentröpfchen mit r = 10 µm würde in einer mit f = 90 % untersättigten Luft nur 3 cm fallen können, bis es verdampft, ein kleines Regentröpfchen mit r = 100 µm aber bereits 150 m. Deshalb wird der Radius von 100 µm oft als Grenzradius für niederschlagsfähige Tropfen betrachtet, wobei die tatsächlichen Tropfenradien meist weit darüber liegen (BAUMGARTNER/LIEBSCHER 1996).

Im Allgemeinen liegt nur wenig Zeit zwischen der Wolkenbildung, weiterer Hebung und dem Ausfallen von Niederschlag. Es stellt sich hier die Frage, durch welche Prozesse es zur kurzfristigen Niederschlagsbildung innerhalb von weniger als einer Stunde bzw. innerhalb weniger

Stunden kommen kann. Das Anwachsen eines kugelförmigen Wolkentröpfchens durch reine Wasserdampfdiffusion stellt nach der hier vereinfacht wiedergegebenen *Wachstumsgleichung*

$$r(t) = \sqrt{\left(r_0^2 + 2 \cdot (S-1) \cdot t\right)} \quad (9.57)$$

$r(t)$	Radius des Tröpfchens (µm) nach der Zeit t (s)
r_0	Anfangsradius (µm)
S	relative Übersättigung (%)

eine parabolische Funktion der Zeit dar. Es verläuft bis zur Größenordnung von etwa 3 Stunden recht schnell, dann aber nur noch sehr langsam (Abb. 9.9). Bei S – 1 = 1 % Übersättigung wächst z. B. ein Tröpfchen mit r_0 = 5 µm innerhalb von 30 s auf 9 µm an, nach 30 min jedoch nur noch auf 60 µm. Dies würde bedeuten, dass in einer wachsenden Wolke das Tröpfchenspektrum durch reine Kondensation irgendwann völlig homogen sein müsste. Tatsächlich ist aber das Gegenteil der Fall: gerade in hohen Wolken zeigen die Tröpfchen ein breites Größenspektrum.

Durch die Bewegung auch kleiner Tröpfchen in den Auf- und Abwinden einer Wolke werden rein stochastisch immer wieder Tröpfchen kollidieren und auf diese Weise zusammenfließen. Durch diese *Koaleszenz* entstehen spontan größere Tröpfchen, die bei weiteren Kollisionen nun eine höhere Einfangwahrscheinlichkeit für kleinere Tröpfchen haben und somit durch dieses Einfangen (*Akkreszenz*) schnell weiter wachsen können. Koaleszenz- und Akkreszenzwachstum stellen somit einen Prozess dar, der im Gegensatz zum Diffusionswachstum erst langsam, ab einem Mindestradius von r = 15 µm und der Zeit in der Größenordnung von 12 – 15 Stunden aber exponentiell zunimmt und dann den alleinigen Wachstumsprozess darstellt (Abb 9.9). In einer warmen Wasserwolke, die durch hochreichende Konvektion wie

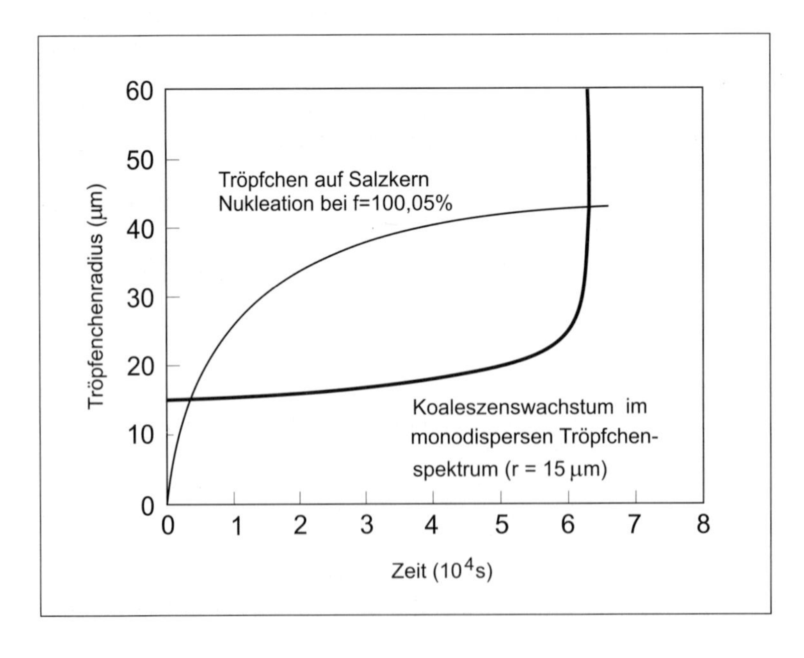

Abb. 9.9: Diffusions- und Koaleszenzwachstum von Wolkentröpfchen
Quelle:
verändert nach
BAUMGARTNER/LIEBSCHER
1996

im Fall tropischer Schauerzellen oder sommerlicher Gewitterwolken gekennzeichnet ist, können durch die extrem turbulenten Bewegungen Tropfen bis zu einer kritischen Maximalgröße von r = 3,5 mm heranwachsen. Solche großen Tropfen werden durch den Luftwiderstand auf ihrer Fallstrecke in der Wolke deformiert und instabil (HUPFER/KUTTLER 1998). Sie zerplatzen in viele kleine Tröpfchen, die wiederum durch Koaleszenz und Akkreszenz neue große Tropfen produzieren, die wieder zerplatzen usw. Dieser als *LANGMUIR-Kettenreaktion* bezeichnete Prozess erklärt durchaus die hohen Intensitäten konvektiver Niederschläge aus warmen Wasserwolken, wie sie für die Tropen oder die Sommermonate in den Mittelbreiten (Gewitterwolken mit möglicher Bildung von *Hagel*) typisch sind.

Grundsätzlich anders stellt sich die Situation in Mischwolken dar, die typischerweise entlang der Fronten einer Zyklone auftreten (Stratus- und Cumuluswolken). Sie entstehen, wenn sich durch das Gefrieren von Wolkentröpfchen oder das Einfallen von Eiskernen aus höheren Eiswolken (*seeding*) feste Eispartikel bilden (HUPFER/KUTTLER 1998). Liegen solche Gefrierkerne nicht vor, so kann unter hydrostabilen Verhältnissen das Wolkenwasser sogar bis –40°C unterkühlt vorkommen, ohne dass es notwendigerweise zum Gefrieren kommen muss (*supercooled water*). Beim Auftreten von Gefrierkernen ist der Sättigungsdampfdruck über den Eispartikeln entsprechend niedriger als über Wassertröpfchen, so dass durch Wasserdampfdiffusion – in diesem Fall ist es das *Sublimationswachstum* – die Anzahl der Eiskristalle zuungunsten der Wassertröpfchen in der kalten Wolke zunimmt und die instabile Mischwolke in eine Eiswolke umgewandelt wird. Dieser Vorgang wird als *BERGERON-FINDEISEN-Prozess* bezeichnet.

Die Niederschläge aus dem BERGERON-FINDEISEN-Prozess haben wegen der zumeist zyklonalen Entstehung von Mischwolken eher advektiven Charakter und zeigen viel geringere Intensitäten als Niederschläge aus dem LANGMUIR-Prozess. Erreichen die Eiskristalle durch Koagulation mit unterkühltem Wasser (Vergraupelung) oder untereinander (Schneeflocken) eine entsprechende Masse, deren Fallgeschwindigkeit größer ist als die Turbulenz in der Wolke, können sie ausfallen. Nun kommt es auf die Temperatur der ungesättigten Luft unterhalb der Wolkenbasis an: ist sie deutlich über dem Gefrierpunkt, schmelzen die Kristalle und der Niederschlag erreicht in flüssiger Form den Boden (*Sprühregen*, *Landregen*, *Schauer* bei Kaltfrontdurchgängen), sonst in fester Form (*Schnee*, *Graupel*). Abbildung 9.10 fasst die Prozesse der Niederschlagsbildung nach den LANGMUIR- und BERGERON-FINDEISEN-Theorien schematisch zusammen.

Die räumliche Verteilung des Niederschlags auf der Erde erreicht eine erhebliche Komplexität, da sie folgenden Prinzipien genügen muss:

1. Das precipitable water muss von den ganzjährig warmen Tropen zu den Außertropen und Polargebieten hin quasiexponentiell abnehmen.
2. Konvektive Niederschlagsregimes folgen dem Zenitstand der Sonne bzw. der Innertropischen Konvergenzzone (ITC).
3. Zyklonale Niederschläge erreichen ihr Maximum in den Zentren der außertropischen Westwindzonen, nehmen aber wegen des gleichfalls abnehmenden Wasserdampfgehalts der Luftmassen von den Ozeanen zu den Kontinenten hin ab.
4. Im Luv von Gebirgen kann durch orographische Niederschläge (Steigungsregen) die Niederschlagstätigkeit in allen Niederschlagsregimes verstärkt, im Lee jedoch vermindert werden.

Dies lässt bereits erkennen, dass die lokalen bzw. regionalen Niederschlagsverhältnisse sehr unterschiedlich ausfallen können. Abbildung 9.11 zeigt im zonalen Mittel folgerichtig die

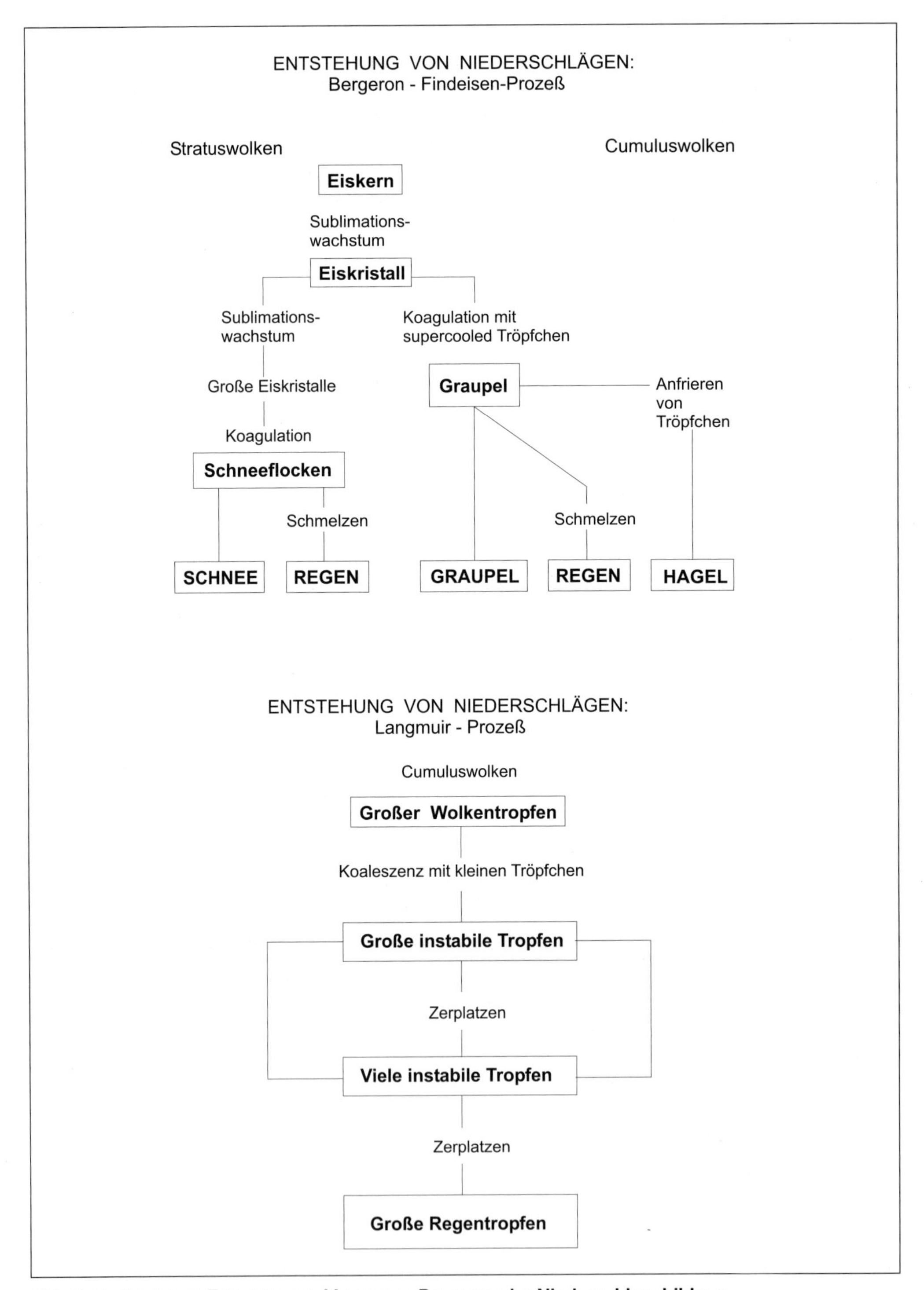

Abb. 9.10: BERGERON-FINDEISEN- und LANGMUIR-Prozesse der Niederschlagsbildung

höchsten Niederschläge im nordäquatorialen Bereich (dies entspricht der mittleren Position der ITC), eine deutliche Depression im Bereich der wolkenarmen subtropischen Hochdruckzellen und sekundäre Maxima in der Zone der maximalen zyklonalen Aktivität in den Mittelbreiten. Abschließend sei auf die wesentlichen zonalen Niederschlagsregimes der Erde hingewiesen. Abbildung 9.12 zeigt typische Niederschlagsregimes der tropischen und randtropischen Gebiete. Die Station Yangambi (0° 49′ N) liegt im immerfeuchten Regenwaldklima des Kongobeckens und zeigt ganzjährig hohe Niederschläge mit erkennbaren Maxima von März bis Mai sowie von September bis November, also mit einer gewissen zeitlichen Verzögerung, nachdem die Sonne über dem Äquator im Zenit stand. Auffällig ist ebenfalls die leichte Abnahme der Niederschläge im Juli und Dezember bis Februar, wenn die Sonne die größte Äquatorferne zeigt. Mit größerem Äquatorabstand tritt in den Randtropen nur noch eine einfache Regenzeit im Sommer im Gefolge der Maximalposition der Sonne bzw. der ITC bis zu den Wendekreisen auf. Die Station Mopti (14° 30′ N) liegt am Niger und zeigt eine Regenzeit von Juli bis September, während die Wintermonate bei vorherrschender Passatströmung niederschlagslos sind. Auch die Station Lusaka (15° 25′ S, Sambia) zeigt bei vergleichbarer Breitenlage das völlig analoge Bild auf der Südhemisphäre. Außertropische Niederschlagsregimes werden im Wesentlichen durch die relative Position zur Westwinddrift bestimmt. Den Gegensatz zwischen ozeanischen und kontinentalen Niederschlagsregimes der Mittelbreiten verdeutlichen die Stationen Plymouth (50° 21′ N, England) und Kraków (50° 05′ N, Polen) in fast gleicher Breitenlage (Abb. 9.13). Im deutlich ozeanisch geprägten Klima Südenglands zeichnet sich bei Niederschlag in allen Monaten ein relatives Wintermaximum ab, da dann die zyklonale Aktivität innerhalb der Westwindzone ihr Maximum erreicht. Osteuropa wird nicht mehr in gleichem Maße von den atlantischen Zyklonen erfasst, so dass die Jahressummen der Niederschläge insge-

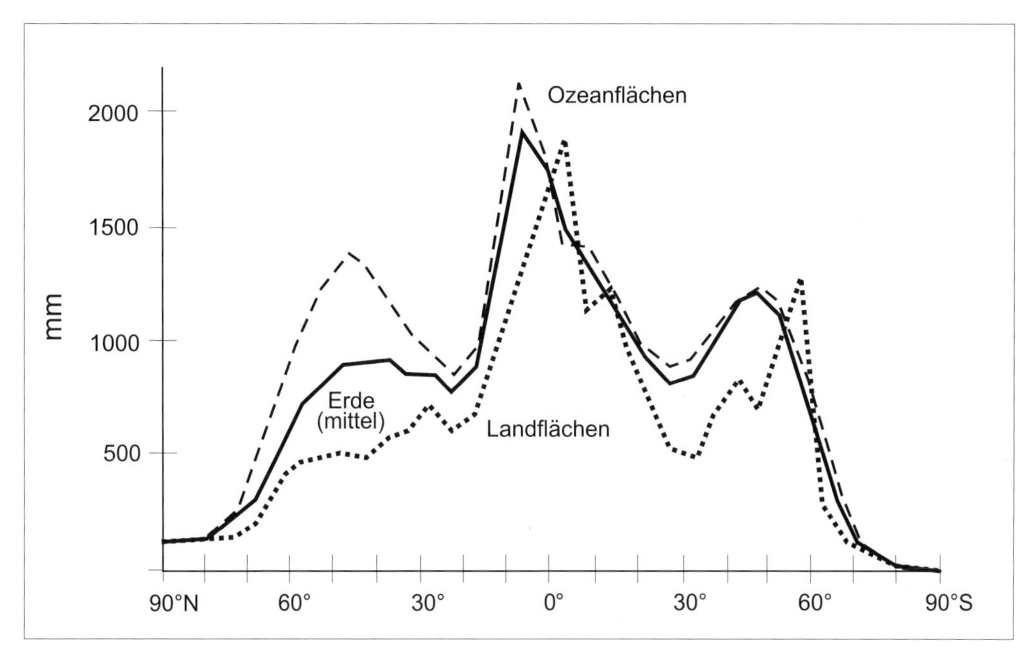

Abb. 9.11: Meridionalschnitt der zonal gemittelten Niederschlagshöhen auf der Erde
Quelle: verändert nach MEINARDUS 1933

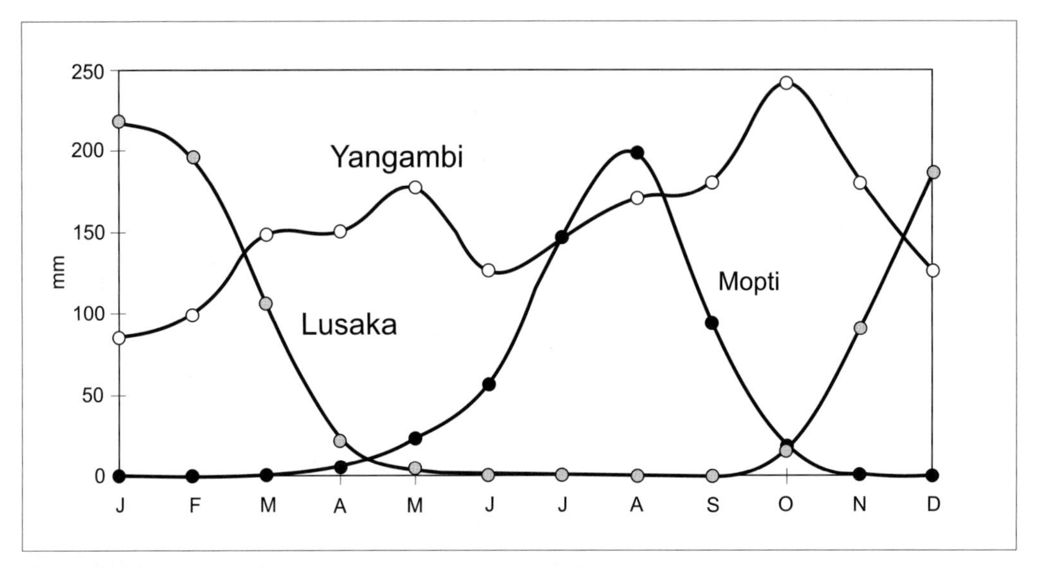

Abb. 9.12: Tropische und subtropische Niederschlagsregimes

samt geringer ausfallen. Jedoch liegt ein deutliches Sommermaximum vor, das durch die zu dieser Zeit konvektiven Niederschläge mit hoher Intensität hervorgerufen wird. Der Südrand der Westwindzone, etwa der Mittelmeerraum, gelangt nur während ihrer winterlichen Expansion unter zyklonalen Einfluss. So zeigt die Station Palermo (38° 07′ N, Sizilien) sommerliche Trockenheit und eine einfache Regenzeit während des Winterhalbjahres.

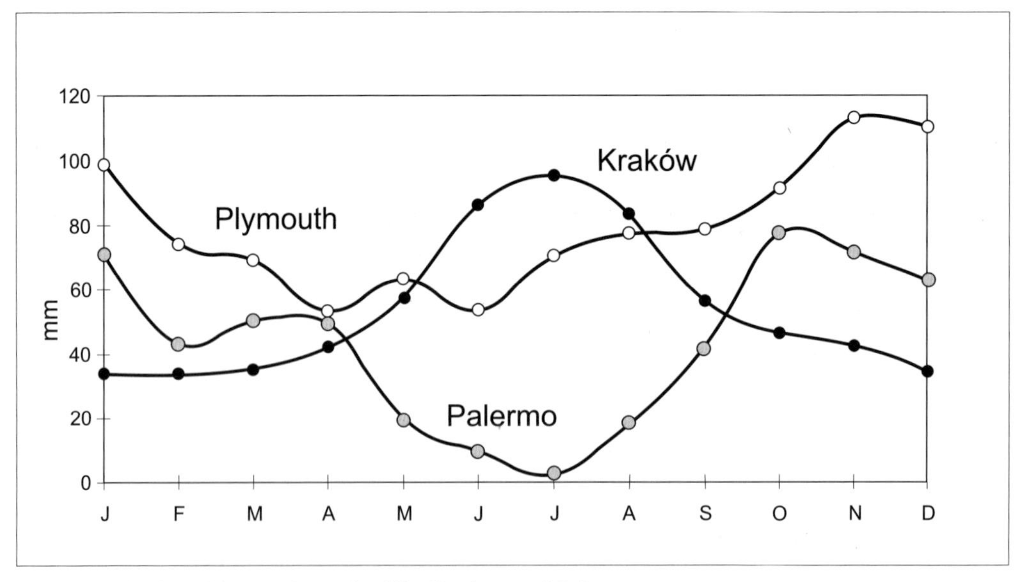

Abb. 9.13: Niederschlagsregimes der Mittelbreiten und Subtropen

9.7 Anwendungen

9.7.1 Feuchtemaße

Die Anwendung der in Kapitel 9.2 diskutierten Feuchtemaße und ihre gegenseitige Beziehung soll in diesem Beispiel vorgestellt werden. Voraussetzung für die Bestimmung aller vorgestellten Größen ist die Messung der Lufttemperatur, der relativen Luftfeuchte sowie des Luftdrucks.

Wir nehmen eine Situation an, in der bei Normaldruck von 1 013 hPa eine Lufttemperatur von 18°C und eine relative Luftfeuchte von 70 % gemessen wird. Zunächst wird nach der MAGNUS-Gleichung der Sättigungsdampfdruck bestimmt zu:

$$\begin{aligned} E &= 6{,}107 \cdot 10^{\left(\frac{7{,}5 \cdot 18\,°C}{237 + 18\,°C}\right)} \\ E &= 20{,}54\ hPa \end{aligned} \qquad (9.58)$$

Der Dampfdruck berechnet sich durch Umstellung der Definition der relativen Feuchte (Gl. 9.6) dann als:

$$\begin{aligned} e &= \frac{f \cdot E}{100} = \frac{70\% \cdot 20{,}54\ hPa}{100} \\ e &= 14{,}38\ hPa \end{aligned} \qquad (9.59)$$

Bei dieser recht hohen relativen Luftfeuchte liegt demnach ein Sättigungsdefizit von 30 % bzw. 6,16 hPa vor. Nun kann auch die absolute Feuchte bestimmt werden:

$$\begin{aligned} a &= \frac{0{,}793\ s^2\ m^{-2} \cdot 14{,}38\ hPa}{1 + \frac{18\,°C}{273\,°C}} \\ a &= 10{,}70\ g\ m^{-3} \end{aligned} \qquad (9.60)$$

Wenn die absolute Feuchte und die Lufttemperatur bekannt sind, so kann nach Umstellung von Gleichung 9.8 wiederum der Dampfdruck berechnet werden:

$$\begin{aligned} e &= \frac{a \cdot \left(1 + \frac{t}{273}\right)}{0{,}793} \\ e &= \frac{10{,}70\ g\ m^{-3} \cdot \left(1 + \frac{18\,°C}{273\,°C}\right)}{0{,}793\ s^2\ m^{-2}} \\ e &= 14{,}38\ hPa \end{aligned} \qquad (9.61)$$

Schließlich können wir nach Gleichung 9.13 auch die spezifische Feuchte bestimmen:

$$q = \frac{622 \cdot 14{,}38\, hPa}{1013\, hPa - 0{,}377 \cdot 14{,}38\, hPa}$$

$$q = 8{,}88\ g\ kg^{-1} \tag{9.62}$$

Andererseits berechnet sich die spezifische Feuchte nach Gleichung 9.12 ebenfalls zu

$$q = 0{,}622 \cdot \frac{14{,}38\, hPa}{1013\, hPa}$$

$$q = 0{,}00883\ kg\ kg^{-1} \tag{9.63}$$

und entspricht somit dem Mischungsverhältnis nach Gleichung 9.11:

$$M = \frac{0{,}00883\ kg\ Wasserdampf}{1{,}0\ kg\ Luft}$$

$$M = q = 0{,}00883 \tag{9.64}$$

Das Mischungsverhältnis erlaubt uns ebenso wie die spezifische Feuchte die Aussage, dass in unserem Beispiel die in 1 kg feuchter Luft enthaltene Masse Wasserdampf nur weniger als 1 % ausmacht.

Nun kann man verschiedene Feuchtemaße aufgrund ihrer wechselseitigen Ableitungen auch dann bestimmen, wenn ein alternatives Maß bekannt ist. So erlaubt die spezifische Feuchte wiederum eine Berechnung der absoluten Feuchte, wenn man die Dichte der feuchten Luft miteinbezieht:

$$a = \rho_f \cdot q \tag{9.65}$$

Die Dichte der feuchten Luft ergibt sich näherungsweise aus gleichnamiger Dichtebeziehung (vgl. Gl. 7.20), die uns im vorliegenden Fall unter der Annahme barotroper Bedingungen (keine Luftdruckänderungen)

$$\rho_f = \frac{\rho_0}{1 + \gamma\, t} \cdot \frac{p_t}{p_0} \cdot \left(1 - 0{,}378 \cdot \frac{e}{p_t}\right)$$

$$\rho_f = \frac{1{,}286\ kg\ m^{-3}}{1 + 0{,}003661\ K^{-1} \cdot 18\ °C} \cdot \frac{1013\ hPa}{1013\ hPa} \cdot \left(1 - 0{,}378 \cdot \frac{14{,}38\ hPa}{1013\ hPa}\right)$$

$$\rho_f = 1{,}200\ kg\ m^{-3} \tag{9.66}$$

sowie bei Einsetzen dieses Ergebnisses in Gleichung 9.65

$$a = 1{,}200\ kg\ m^{-3} \cdot 0{,}00883\ kg\ kg^{-1}$$

$$a = 0{,}01066\ kg\ m^{-3}$$

$$a = 10{,}66\ g\ m^{-3} \cong 10{,}7\ g\ m^{-3} \tag{9.67}$$

einen unter Berücksichtigung von Rundungsfehlern vergleichbaren Wert zum Ergebnis der Berechnung der absoluten Feuchte in Gleichung 9.60 liefert. Andererseits bietet Gleichung 9.65 die Möglichkeit, bei bekannter absoluter und spezifischer Feuchte die Dichte der feuchten Luft unter Umgehung von Gleichung 9.66 anzunähern:

$$\rho_f = \frac{a}{q} = \frac{0{,}01066\ kg\ m^{-3}}{0{,}00883\ kg\ kg^{-1}} = 1{,}200\ kg\ m^{-3} \qquad (9.68)$$

Es war im Kapitel 9.2 bereits darauf hingewiesen worden, dass die Beeinflussung des Wertes der spezifischen Feuchte durch Veränderungen des Luftdrucks relativ gering ist. Nehmen wir unter sonst gleichbleibenden Randbedingungen in unserem Beispiel einen recht geringen Luftdruck von nur 950 hPa an, wie er etwa beim Durchgang einer Zyklone auftreten kann. In diesem Fall berechnet sich die spezifische Feuchte analog zu Gleichung 9.62 zu 9,47 $g\,kg^{-1}$, was wegen der Verringerung der Luftdichte bei Druckabnahme einer relativen Zunahme der spezifischen Feuchte von 6–7 % entspricht. Im Fall eines sehr hohen Luftdrucks von 1 080 hPa ergibt sich ein Wert von 8,32 $g\,kg^{-1}$ (Abnahme um etwa 6 %). Wir können demnach davon ausgehen, dass in dem Intervall, in dem sich der Luftdruck in Bodennähe im Regelfall bewegt, die resultierenden Veränderungen der spezifischen Feuchte so gering sind, dass auch bei fehlenden Messwerten des Luftdrucks und Verwendung des Normaldrucks keine großen Fehler in der Bestimmung der spezifischen Feuchte zu erwarten sind. Dies kann möglicherweise wichtig werden, wenn z. B. die tatsächliche Verdunstung unter Verwendung von berechneten Werten der spezifischen Feuchte bestimmt werden soll.

Wird zur Messung der Lufttemperatur und Luftfeuchte ein Psychrometer benutzt, wendet man zur Bestimmung des Dampfdrucks die SPRUNG'sche Formel, in die ebenfalls der Luftdruck eingeht:

$$e = E' - c \cdot (t - t') \cdot \frac{p}{1006{,}6} \qquad (9.69)$$

E'	Sättigungsdampfdruck bei der Temperatur des feuchten Thermometers [hPa]
c	Psychrometerkonstante [°C^{-1}]: – 0,666 (feucht), 0,573 (vereist)
t	Temperatur des trockenen Thermometers [°C]
t'	Temperatur des feuchten Thermometers [°C]
$t-t'$	„psychrometrische Differenz“ [°C]
p	Luftdruck [hPa]

Alle weiteren Feuchtemaße können dann analog zum vorgestellten Beispiel abgeleitet werden.

9.7.2 Föhn

Unter dem Begriff *Föhn* wird ein lokales bzw. regionales Windsystem verstanden, welches immer dann auftritt, wenn eine Luftmasse ein Hochgebirgssystem überströmt. Im Luv der Anströmungsrichtung wird diese Luftmasse durch das Hindernis zum Aufsteigen bei gleichzeitiger Kompression der Stromlinien gezwungen und sinkt auf der Leeseite des Gebirges als typischerweise trockener Fallwind wieder ab. Wenn auch die Lokalbezeichnung im deutschen Alpenvorland namensgebend geworden ist, kann man das Phänomen in allen vergleichbaren Situationen auf der Erde beobachten. Der Föhn kommt als trockener Fallwind im Grunde jedoch nur wegen der Veränderungen im Wassergehalt der Luftmasse bei den beteiligten Hebungs- und Absinkvorgängen zustande, und diese wollen wir im Folgenden exemplarisch betrachten.

Nehmen wir an, dass eine feuchte Luftmasse mediterranen Ursprungs von Süden auf den Alpenhauptkamm zuströmt. Im südlichen Alpenvorland hat sie in Bozen (262 m ü. NN) eine Temperatur von 15°C und eine relative Luftfeuchte von 80 %. Nach diesen Angaben kann zunächst das Kondensationsniveau bestimmt werden, ab dessen Höhenlage es zur Kondensation und Wolkenbildung kommen wird. Hierzu wird im ersten Schritt der Sättigungsdampfdruck nach Gleichung 9.4 berechnet:

$$\begin{aligned} E &= 6{,}107 \cdot 10^{\frac{(7{,}5 \cdot 15\,°C)}{(237+15\,°C)}} \\ E &= 17{,}07\,hPa \end{aligned} \tag{9.70}$$

Der Dampfdruck ergibt sich nun nach Gleichung 9.59 zu:

$$\begin{aligned} e &= \frac{80\% \cdot 17{,}07\,hPa}{100\%} \\ e &= 13{,}65\,hPa \end{aligned} \tag{9.71}$$

Jetzt kann auch die Taupunkttemperatur in Bozen nach Gleichung 9.51 bestimmt werden:

$$\begin{aligned} t_d &= \frac{234{,}67 \cdot \log 13{,}65\,hPa - 184{,}2}{8{,}233 - \log 13{,}65\,hPa} \\ t_d &= 11{,}58\,°C \end{aligned} \tag{9.72}$$

sowie die Taupunktdifferenz:

$$\begin{aligned} dt_d &= 15\,°C - 11{,}58\,°C \\ dt_d &= 3{,}42\,°C \end{aligned} \tag{9.73}$$

Schließlich ergibt sich das Kondensationsniveau nach folgender Beziehung:

$$\begin{aligned} KN &= H + \frac{dt_d}{\Delta T_t} \\ KN &= 262\,m + \frac{3{,}42\,K}{-0{,}00981\,K\,m^{-1}} \\ KN &\approx 610\,m \end{aligned} \tag{9.74}$$

H Ausgangshöhenlage [m]
ΔT_t trockenadiabatischer Temperaturgradient [$K m^{-1}$]

Dies bedeutet, dass die Kondensation des Wasserdampfs und somit die Wolkenbasis über Bozen in unserem Beispiel in einer Höhe von etwa 610 m zu erwarten ist, also in der Höhe, in der bei trockenadiabatischer Abkühlung während der Hebung die Taupunkttemperatur erreicht wird.

Für die weitere Entwicklung des Wassergehaltes der Luftmasse bei Hebung bis in die Höhenlage des Alpenhauptkammes in ca. 2 800 m sollen einige vereinfachende Annahmen vorausgesetzt werden, so etwa eine konstante Kondensationsrate und keine diabatische Durchmischung. Außerdem wollen wir zunächst einmal davon ausgehen, dass die Wassermasse konstant bleibt, d.h. dass es nicht zum Niederschlag des Wolkenwassers bei weiterer Hebung kommt. Wenn wir eine feuchtadiabatische Abkühlung bei der Hebung der Luftmasse vom Kondensationsniveau bis zum Alpenhauptkamm von −0,65 K/100 m annehmen, dann liegt dort eine Temperatur von

$$\begin{aligned} t &= 11{,}58\,°C - 0{,}0065\,K\,m^{-1} \cdot (2800\,m - 610\,m) \\ t &= -2{,}65\,°C \end{aligned} \tag{9.75}$$

und folgende relative Luftfeuchte vor:

$$\begin{aligned} E &= 6{,}107 \cdot 10^{\frac{(7{,}5 \cdot -2{,}65\,°C)}{(237 + -2{,}65\,°C)}} \\ E &= 5{,}02\,hPa \\ f &= \frac{13{,}65\,hPa}{5{,}02\,hPa} \cdot 100\% \\ f &= 271\% \end{aligned} \tag{9.76}$$

Eine derartige Übersättigung ist natürlich in der Natur völlig unrealistisch, denn der Wasserdampf muss oberhalb des Kondensationsniveaus bei der geringsten Übersättigung zu Tröpfchen kondensieren, so dass die relative Feuchte 100 % nicht unterschritten wird und im Verlauf dieser Tröpfchenbildung auch niederschlagsfähige Tropfen entstehen. In der Höhe des Alpenhauptkammes liegt Dampfsättigung vor, was bedeutet, dass die restliche, in Gleichung 9.76 angedeutete Wasserdampfmasse zuvor auskondensiert sein muss und als Flüssigwasseräquivalent zum allergrößten Teil zum Niederschlag gekommen ist. Dieses Flüssigwasseräquivalent muss wiederum der Verringerung des Dampfdrucks in der Luftmasse von 13,65 hPa auf 5,02 hPa entsprechen. Wir können es näherungsweise berechnen, wenn wir die absolute Feuchte mit der Dichte des Wasserdampfs und der gesamten Höhe der betrachteten Luftsäule oberhalb des Kondensationsniveaus multiplizieren:

$$\begin{aligned} a &= \frac{0{,}793\,s^2\,m^{-2} \cdot 8{,}63\,hPa}{1 + \frac{-2{,}65\,°C}{273\,°C}} \\ a &= 6{,}91\,g\,m^{-3} = 0{,}00691\,kg\,m^{-3} \\ m_{fl} &= 0{,}00691\,kg\,m^{-3} \cdot 0{,}75\,kg\,m^{-3} = 0{,}00518\,kg\,m^{-3} \\ N &= 0{,}00518\,kg\,m^{-3} \cdot 2190\,m = 11{,}34\,kg\,m^{-2} \\ N &\approx 11{,}3\,mm \end{aligned} \tag{9.77}$$

Nach dem Überströmen des Alpenhauptkammes sinkt die Luftmasse zum nördlichen Alpenvorland hin ab. Ihr Wassergehalt verändert sich unter adiabatischen Bedingungen nicht mehr, sie erwärmt sich aber trockenadiabatisch. Betrachten wir dieses Föhnereignis z. B. am Starnberger See (540 m ü. NN), so ist die Luftmasse ausgehend von −2,65 °C um 0,00981 Km^{-1} · (2 800 m – 540 m) auf 19,5 °C trockenadiabatisch erwärmt. Allein durch adiabatische Hebungs- und Absinkvorgänge ist die Luftmasse im nördlichen Alpenvorland um 4,5 °C wärmer als auf der Südseite der Alpen. Allerdings hat die relative Luftfeuchte erheblich abgenommen:

$$f = \frac{5{,}02\ hPa}{22{,}73\ hPa} \cdot 100\%$$
$$f = 22{,}0\% \tag{9.78}$$

Die Föhn-Luftmasse zeichnet sich demnach nicht nur durch die höhere Temperatur, sondern insbesondere durch ihre geringe relative Feuchte, das hohe Sättigungsdefizit und somit durch eine starke empfundene Trockenheit aus.

9.7.3 Berechnungen von Verdunstung und Tau

Abschließend sollen in diesem Kapitel die im Abschnitt 9.3 vorgestellten Ansätze und Verfahren zur quantitativen Bestimmung der potentiellen und tatsächlichen Evapotranspiration

Zeit (EET)	t 0,2 m (°C)	T 2 m (°C)	F 2 m (%)	E 2 m (hPa)	E 0,2 m (hPa)	e 2 m (hPa)	e 0,2 m (hPa)	R_n (Wm^{-2})	H_b (Wm^{-2})	u 2 m (ms^{-1})	U 0,2 m (ms^{-1})	w0,2 m (ms^{-1})
00:00	6,2	7,2	88,2	10,2	9,5	9,0	8,4	−34,3	−14,9	1,2	0,4	−0,01
01:00	5,1	5,6	88,5	9,1	8,8	8,1	7,8	−37,3	−16,0	2,1	0,7	−0,07
02:00	4,7	5,1	87,7	8,8	8,6	7,7	7,5	−39,7	−17,2	2,4	0,8	−0,11
03:00	4,5	5,0	91,5	8,7	8,5	8,0	7,7	−40,6	−18,1	3,3	1,1	−0,10
04:00	3,7	4,2	87,2	8,3	8,0	7,2	7,0	−41,6	−18,8	3,2	1,1	−0,06
05:00	3,7	4,1	88,3	8,2	8,0	7,2	7,1	−43,4	−19,6	3,4	1,2	−0,20
06:00	3,4	3,9	87,1	8,1	7,8	7,1	6,8	−43,4	−20,1	2,4	0,8	−0,16
07:00	3,6	4,1	82,0	8,2	7,9	6,7	6,5	−44,8	−20,4	2,2	0,8	−0,12
08:00	4,6	5,7	75,7	9,1	8,5	6,9	6,4	−33,9	−20,3	2,4	0,8	−0,01
09:00	9,6	9,1	72,7	11,6	12,0	8,4	8,7	6,1	−18,2	2,1	0,7	−0,10
10:00	14,6	13,1	64,3	15,1	16,7	9,7	10,7	61,6	−13,5	1,0	0,4	−0,09
11:00	16,1	14,0	57,1	16,0	18,3	9,2	10,5	111,7	−7,6	2,8	1,0	−0,06
12:00	18,0	15,7	50,1	17,8	20,6	8,9	10,3	144,7	−1,0	5,0	1,7	0,02
13:00	17,7	16,1	46,5	18,3	20,3	8,5	9,4	88,3	6,5	4,9	1,7	0,02
14:00	18,9	16,9	42,7	19,2	21,9	8,2	9,4	82,2	13,7	6,4	2,2	0,09
15:00	18,4	17,0	47,7	19,3	21,2	9,2	10,1	23,3	18,9	4,9	1,7	0,07
16:00	17,4	16,9	52,4	19,3	19,8	10,1	10,4	−14,8	19,0	5,0	1,7	0,12
17:00	15,6	15,5	68,9	17,7	17,7	12,2	12,2	−14,8	15,6	2,8	1,0	0,10
18:00	14,0	14,2	79,9	16,2	15,9	13,0	12,7	−10,0	9,7	1,7	0,6	0,04
19:00	12,6	13,3	84,0	15,3	14,6	12,8	12,3	−13,1	4,5	2,0	0,7	0,00
20:00	10,4	12,5	84,3	14,5	12,6	12,2	10,6	−12,4	−0,3	1,5	0,5	0,00
21:00	9,3	11,0	88,8	13,2	11,7	11,7	10,4	−18,1	−4,6	1,4	0,5	0,00
22:00	9,1	10,4	92,1	12,6	11,6	11,6	10,7	−23,4	−7,5	1,2	0,4	0,00
23:00	9,0	9,6	94,5	12,0	11,5	11,3	10,8	−27,2	−8,3	2,5	0,9	−50,01

Tab. 9.1: Messwerte für die Berechnung der Verdunstung nach verschiedenen Ansätzen

sowie falls aus diesen Verfahren ableitbar – zur rechnerischen Bestimmung des Tauniederschlages an einem Beispiel vergleichend diskutiert werden. Wir betrachten dabei bewusst ein für diese gängigen Verfahren kritisches lokales Beispiel, nämlich einen Wintertag (15. Januar 1996) im Dünengebiet der nordwestlichen Negev-Wüste, d.h. einem Trockengebiet, für das keiner der vorgestellten Ansätze explizit entwickelt wurde.

Tabelle 9.1 zeigt die an diesem Tag gemessenen und als Stundenmittelwerte (bezogen auf osteuropäische Ortszeit EET) zusammengefassten Parameter, die zur weiteren Berechnung vorauszusetzen sind: Lufttemperatur t in 2 m und 0,2 m Höhe, relative Luftfeuchte f in 2 m Höhe, den nach den jeweiligen Lufttemperaturen bei konstanter Luftfeuchte berechneten Sättigungsdampfdruck E sowie den Dampfdruck e in beiden Höhen, die Strahlungsbilanz R_n in 2 m Höhe, den Bodenwärmestrom H_b (gemessen mittels des Wärmeenergiedurchgangs einer heat flux plate in 15 cm Tiefe), die Horizontalwindgeschwindigkeiten u in 2 m und 0,2 m Höhe und die Vertikalwindgeschwindigkeit w in Bodennähe. Der Tag war durch einen für Strahlungstage normalen Tagesgang von Lufttemperatur und relativer Feuchte gekennzeichnet, obwohl nachmittags bereits etwa eine Stunde vor Sonnenuntergang der Standort durch Schattenwurf eine negative Strahlungsbilanz zeigte.

Zunächst interessiert die potentielle Verdunstung, d.h. wieviel Wasserdampf an unserem Messort bei uneingeschränkter Wassernachlieferung aus Boden und Pflanzen überhaupt an

Zeit (EET)	t 2 m (°C)	R_n ($W m^{-2}$)	e 2 m (hPa)	u 2 m ($m s^{-1}$)	u 2 m ($km h^{-1}$)
00:00	7,2	−34,3	9,0	1,2	4,1
01:00	5,6	−37,2	8,1	2,1	7,6
02:00	5,1	−39,6	7,7	2,4	8,7
03:00	5,0	−40,6	8,0	3,3	11,9
04:00	4,2	−41,6	7,2	3,2	11,6
05:00	4,1	−43,3	7,2	3,4	12,2
06:00	3,9	−43,4	7,1	2,4	8,8
07:00	4,1	−44,7	6,7	2,2	7,9
08:00	5,7	−33,9	6,9	2,4	8,6
09:00	9,1	6,13	8,4	2,1	7,5
10:00	13,1	61,5	9,7	1,0	3,6
11:00	14,0	111,7	9,2	2,8	9,9
12:00	15,7	144,7	8,9	5,0	17,9
13:00	16,1	88,3	8,5	4,9	17,5
14:00	16,9	82,1	8,2	6,4	23,0
15:00	17,0	23,2	9,2	4,9	17,6
16:00	16,9	−14,7	10,1	5,0	18,1
17:00	15,5	−14,8	12,2	2,8	10,2
18:00	14,2	−10,0	13,0	1,7	6,2
19:00	13,3	−13,0	12,8	2,0	7,0
20:00	12,5	−12,4	12,2	1,5	5,3
21:00	11,0	−18,1	11,7	1,4	4,9
22:00	10,4	−23,3	11,6	1,2	4,2
23:00	9,6	−27,2	11,3	2,5	9,1
Mittel	*10,4*		*9,4*		
Summe		*517,8*			*97,3*

Tab. 9.2: Berechnung der potentiellen Verdunstung nach der PENMAN-Kombinationsgleichung

die Luft abgegeben werden könnte. Wir greifen in diesem Zusammenhang auf die PENMAN-Kombinationsgleichung (Gl. 9.22) zurück und stellen in Tabelle 9.2 die notwendigen Rechenschritte dar. Es war bereits erwähnt worden, dass dieser Ansatz als höchstmögliche zeitliche Auflösung Tagesmittelwerte der potentiellen Verdunstung liefert, so dass wir auch hier keine weitere Auflösung nach Stunden vornehmen können. Zuerst wird die Tagesmitteltemperatur bestimmt, dann die Summe der positiven Strahlungsbilanzwerte gebildet. In Berechnungen der monatlichen potentiellen Verdunstung würde in dem Fall der Mittelwert solcher täglichen Summen in die Gleichung 9.22 einzusetzen sein. Im nächsten Schritt wird der Mittelwert des Dampfdrucks gebildet und der Sättigungsdampfdruck für die errechnete Tagesmitteltemperatur nach der MAGNUS-Gleichung (Gl. 9.4) bestimmt. Zuletzt wird die Summe der Stundenmittelwerte der Windgeschwindigkeit in $km\,h^{-1}$ im Sinne des mittleren täglichen Windweges gebildet; hier würde bei einer monatlichen Berechnung der entsprechende Mittelwert eingesetzt.

Bevor nun die eigentliche Berechnung der PENMAN-Kombinationsgleichung durchgeführt werden kann, muss der in der Gleichung auftretende Ausdruck $s/(s+\gamma)$ bei der Tagesmitteltemperatur t bestimmt werden, wobei s die Steigung der Sättigungsdampfdruckkurve und γ die Psychrometerkonstante bedeutet. Streng genommen bezieht sich dieser Term auf die Oberflächentemperatur. In Bezug auf die Tagesmitteltemperatur folgt er jedoch hinreichend genau der exponentiellen Beziehung

$$\frac{s}{s+\gamma} = -0{,}0001\,t^2 + 0{,}0175\,t + 0{,}26 \tag{9.79}$$

so dass sich für unsere Tagesmitteltemperatur ein Wert von 0,553 ergibt. Nun wird die potentielle Verdunstung bestimmt zu:

$$E_p = 0{,}553 \cdot \left(\frac{5179\,W\,m^{-2}}{24\,h}\right) + (1-0{,}553) \cdot (12{,}62\,hPa - 9{,}4\,hPa) \cdot 0{,}27 \cdot \left(1 + \frac{\frac{97{,}3\,km}{24\,h}}{100}\right)$$

$$E_p = 12{,}3\text{ mm} \tag{9.80}$$

Dieser Wert ist auch im Vergleich zur mittleren Summe dieses Monats (61 mm) recht hoch. Die Ursache hierfür ist jedoch unschwer in der ungewöhnlich hohen Strahlungsbilanz und an den relativ hohen Windgeschwindigkeiten dieses Tages zu erkennen. Die jeweiligen Divisionen durch 24 h entsprechen der Mittelwertbildung bei einer Berechnung auf Monatsbasis.

Nun soll der potentielle Tauniederschlag nach der MONTEITH-Definition (Gl. 9.56) bestimmt werden. Zunächst werden die Strahlungsbilanzwerte von $W\,m^{-2}$ in $J\,m^{-2}$ umgerechnet ($W\,m^{-2} \cdot 3600$ s bei Stundenmittelwerten), dann die Steigung der Sättigungsdampfdruckkurve bei der jeweiligen Temperatur in 0,2 m Höhe berechnet. Hierzu existieren verschiedene Tabellenangaben (z.B. in SCHRÖDTER 1985). Der Ausdruck kann aber auch analog zu Gleichung 9.79 empirisch recht gut angenähert werden durch die Beziehung

$$s = \left(E_{t+1°C} - E_t\right) \cdot 0{,}755 \tag{9.81}$$

d.h. durch die Differenz der Sättigungsdampfdrücke bei der jeweiligen Lufttemperatur und bei der um 1 °C höheren Temperatur als dieser, multipliziert mit einem empirischen Faktor. Unter Hinzunahme der spezifischen Verdampfungswärme (in den zu erwartenden Temperaturbereichen ist die Verwendung von 2,497 · 106 $J kg^{-1}$ zulässig) ergeben sich nach Gleichung 9.56 die in Tabelle 9.3 dargestellten Stundenwerte. Für diese wird nur aus den negativen Werten, die den Zeitwerten einer negativen Strahlungsbilanz entsprechen, die Summe gebildet. Es ist gut zu erkennen, dass die Taubildung nach der MONTEITH-Definition vor Sonnenaufgang mit den höchsten negativen Strahlungsbilanzen ihr Maximum erreicht und sich nach Sonnenuntergang erst allmählich aufbaut.

Zur Berechnung der tatsächlichen Evapotranspiration nach dem THORNTHWAITE-HOLZMAN-Ansatz (Gl. 9.41) werden die berechneten Werte der spezifischen Feuchte in $g kg^{-1}$ sowie die gemessenen Windgeschwindigkeiten in beiden Messhöhen benötigt. Die Luftfeuchte wird nach der Dichtebeziehung für feuchte Luft (Gl. 6.16) unter Annahme atmosphärischen Normaldrucks berechnet. Es ist in Tabelle 9.4 zu erkennen, dass die THORNTHWAITE-HOLZMAN-Gleichung in den Situationen, wo die spezifische Feuchte in 2 m Höhe höhere Werte als in 0,2 m zeigt, negative Werte liefert und umgekehrt. Erstere Situation entspricht somit einem zur Oberfläche gerichteten Wasserdampfstrom als Grundvoraussetzung für die Kondensation, der zeitlich mit den Nachtstunden negativer Strahlungsbilanz zusammenfällt. Im ande-

Zeit (EET)	R_n (J)	t 0,2 m (°C)	s	$s/(H_v \cdot (s+\gamma))$	Gl. 9.56
00:00	−123 553,08	6,23	0,52	1,78E−07	−0,02
01:00	−134 264,94	5,09	0,48	1,71E−07	−0,02
02:00	−142 871,58	4,75	0,47	1,69E−07	−0,02
03:00	−146 210,49	4,55	0,46	1,68E−07	−0,02
04:00	−149 879,82	3,74	0,44	1,63E−07	−0,02
05:00	−156 114,63	3,74	0,44	1,63E−07	−0,03
06:00	−156 363,32	3,39	0,43	1,61E−07	−0,03
07:00	−161 112,49	3,57	0,44	1,62E−07	−0,03
08:00	−122 043,98	4,64	0,47	1,68E−07	−0,02
09:00	22 095,03	9,63	0,63	1,99E−07	0,00
10:00	221 590,29	14,63	0,84	2,28E−07	0,05
11:00	402 177,23	16,11	0,92	2,36E−07	0,10
12:00	520 984,56	17,97	1,01	2,46E−07	0,13
13:00	317 910,23	17,68	1,00	2,45E−07	0,08
14:00	295 792,80	18,93	1,07	2,52E−07	0,07
15:00	83 740,54	18,42	1,04	2,49E−07	0,02
16:00	−53 206,71	17,35	0,98	2,43E−07	−0,01
17:00	−53 336,61	15,58	0,89	2,33E−07	−0,01
18:00	−36 062,94	13,95	0,81	2,24E−07	−0,01
19:00	−47 081,72	12,59	0,75	2,16E−07	−0,01
20:00	−44 774,32	10,41	0,66	2,03E−07	−0,01
21:00	−65 208,82	9,25	0,62	1,96E−07	−0,01
22:00	−84 212,56	9,11	0,61	1,96E−07	−0,02
23:00	−98 035,38	8,97	0,61	1,95E−07	−0,02
Summe Tau					*−0,32*

Tab 9.3: Berechnung des potentiellen Tauniederschlags nach dem MONTEITH-Ansatz

Zeit (EET)	q 2 m ($g kg^{-1}$)	q 0,2 m ($g kg^{-1}$)	u 2 m ($m s^{-1}$)	u 0,2 m (s^{-1})	ρ_f ($kg m^{-3}$) (Gl. 7.20)	d t_d (°C)	E_t (mm) (Gl. 9.41)	d t_d (°C)
00:00	5,5	5,2	1,2	0,4	1,25	1,80	−0,03	1,80
01:00	5,0	4,8	2,1	0,7	1,26	1,73	−0,03	1,73
02:00	4,8	4,6	2,4	0,8	1,26	1,85	−0,02	1,85
03:00	4,9	4,8	3,3	1,1	1,26	1,25	−0,04	1,25
04:00	4,4	4,3	3,2	1,1	1,26	1,91	−0,04	1,91
05:00	4,4	4,3	3,4	1,2	1,26	1,73	−0,02	1,73
06:00	4,3	4,2	2,4	0,8	1,26	1,92	−0,03	1,92
07:00	4,1	4,0	2,2	0,8	1,26	2,76	−0,02	2,76
08:00	4,3	4,0	2,4	0,8	1,26	3,92	−0,05	3,92
09:00	5,2	5,4	2,1	0,7	1,24	4,61	0,03	4,61
10:00	6,0	6,6	1,0	0,4	1,22	6,57	0,04	6,57
11:00	5,6	6,5	2,8	1,0	1,22	8,32	0,16	8,32
12:00	5,5	6,4	5,0	1,7	1,21	10,33	0,30	10,33
13:00	5,2	5,8	4,9	1,7	1,21	11,43	0,19	11,43
14:00	5,1	5,8	6,4	2,2	1,20	12,71	0,31	12,71
15:00	5,7	6,2	4,9	1,7	1,20	11,15	0,19	11,15
16:00	6,2	6,4	5,0	1,7	1,20	9,78	0,06	9,78
17:00	7,5	7,5	2,8	1,0	1,21	5,66	0,01	5,66
18:00	8,0	7,9	1,7	0,6	1,22	3,41	−0,02	3,41
19:00	7,9	7,6	2,0	0,7	1,22	2,64	−0,05	2,64
20:00	7,5	6,6	1,5	0,5	1,22	2,57	−0,10	2,57
21:00	7,2	6,4	1,4	0,5	1,23	1,77	−0,08	1,77
22:00	7,2	6,6	1,2	0,4	1,23	1,22	−0,05	1,22
23:00	7,0	6,7	2,5	0,9	1,24	0,83	−0,05	0,83
Summe E_t							*1,27*	
Summe Tau							*−0,62*	
Tau korr.							*−0,39*	

Tab. 9.4: Berechnung der tatsächlichen Verdunstung und des Tauniederschlags nach dem THORNTHWAITE-HOLZMAN-Ansatz

ren Fall mit von der Oberfläche weg gerichtetem Wasserdampfgradienten ist Verdunstung im engeren Sinne anzunehmen. Zur Bestimmung der tatsächlichen Verdunstung werden nun diese positiven Werte addiert, wobei nach der Definition dieses Ansatzes die höchsten Stundenwerte immer dann erreicht werden, wenn neben einem ausgeprägten Wasserdampfgradienten auch die Differenz der Windgeschwindigkeiten sehr groß wird. Die Addition der negativen Werte würde grundsätzlich ganz analog der Summe des Tauniederschlags entsprechen. Nun kann aber Kondensation an und in unmittelbarer Nähe der Oberfläche auch bei dorthin gerichtetem Wasserdampfstrom erst dann einsetzen, wenn die entsprechenden Randbedingungen erfüllt sind (vgl. Kap. 9.5), im Wesentlichen ist es die Unterschreitung einer kritischen Taupunktdifferenz. Nach eigenen Untersuchungen (VESTE/LITTMANN/FRIEDRICH/BRECKLE 2001) ergibt sich eine sehr enge Korrelation von Blattbenetzungssensor-Messwerten und Taupunktdifferenzen < 2 K als kritische Obergrenze, wobei bereits bei einer Taupunktdifferenz von etwa 1 K immer Kondensation festgestellt werden konnte. In diesem Sinne schlagen wir vor, nur diejenigen negativen Stundenmittelwerte für eine Tausummenbildung zu verwenden, die dem dt_d < 2 K-Kriterium entsprechen. Im vorliegenden Fall (Tab. 9.4) wären dies also nur die Stunden von 0:00 bis 6:00 und wie-

Zeit (EET)	R_n+H_b	dt/dz	de/dz	Gl. 9.34 (W)	Gl. 9.35	Gl. 9.35 (J)	d t_d (°C)
00:00	-49,2	1,0	0,6	-23,27	-9,32E-06	-0,03	1,80
01:00	-53,3	0,6	0,3	-24,17	-9,68E-06	-0,03	1,73
02:00	-56,9	0,4	0,2	-25,29	-1,01E-05	-0,04	1,85
03:00	-58,8	0,5	0,2	-26,58	-1,06E-05	-0,04	1,25
04:00	-60,5	0,5	0,2	-25,92	-1,04E-05	-0,04	1,91
05:00	-63,0	0,3	0,2	-27,12	-1,09E-05	-0,04	1,73
06:00	-63,5	0,6	0,3	-26,90	-1,08E-05	-0,04	1,92
07:00	-65,2	0,5	0,2	-26,80	-1,07E-05	-0,04	2,76
08:00	-54,2	1,0	0,5	-22,31	-8,93E-06	-0,03	3,92
09:00	-12,1	-0,3	-0,3	-5,60	-2,24E-06	-0,01	4,61
10:00	48,1	-1,5	-1,0	23,97	9,60E-06	0,03	6,57
11:00	104,2	-2,1	-1,3	50,68	2,03E-05	0,07	8,32
12:00	143,8	-2,3	-1,4	68,76	2,75E-05	0,10	10,33
13:00	94,8	-1,6	-0,9	43,66	1,75E-05	0,06	11,43
14:00	95,8	-2,1	-1,1	43,46	1,74E-05	0,06	12,71
15:00	42,2	-1,5	-0,9	20,15	8,07E-06	0,03	11,15
16:00	4,2	-0,4	-0,3	2,08	8,33E-07	0,00	9,78
17:00	0,7	-0,1	0,0	0,40	1,61E-07	0,00	5,66
18:00	-0,3	0,3	0,2	-0,17	-6,85E-08	0,00	3,41
19:00	-8,6	0,7	0,6	-4,75	-1,90E-06	-0,01	2,64
20:00	-12,7	2,1	1,6	-6,76	-2,71E-06	-0,01	2,57
21:00	-22,7	1,8	1,3	-11,96	-4,79E-06	-0,02	1,77
22:00	-30,9	1,3	1,0	-16,34	-6,54E-06	-0,02	1,22
23:00	-35,6	0,6	0,5	-18,80	-7,53E-06	-0,03	0,83
Summe E_t						*0,36*	
Summe Tau						*-0,42*	
Tau, korr.						*-0,32*	

Tab 9.5: Berechnung der tatsächlichen Verdunstung und des Tauniederschlags nach dem SVERDRUP-Ansatz

der von 21:00 bis 23:00. Der entsprechend korrigierte Summenwert für den Tauniederschlag ist ebenfalls in Tabelle 9.4 wiedergegeben.

Betrachten wir nun im Rahmen unseres Beispiels den SVERDRUP-Ansatz. Zunächst wird aus den Messwerten die Summe von Strahlungsbilanz und Bodenwärmestrom sowie die Differenz der Temperatur und des Dampfdrucks in beiden Höhen gebildet. Nach Einsetzen dieser Werte in Gleichung 9.34 und Umrechnung mit der spezifischen Verdampfungswärme erhalten wir Werte, die zur Angleichung noch in J umgerechnet werden müssen. Es ist in Tabelle 9.5 zu sehen, dass bei geringen Energiebilanzen und bei geringer Dampfdruckdifferenz die berechnete tatsächliche Verdunstung gegen Null geht. Auch hier deuten negative Stundenwerte den Tauniederschlag im Tagesgang an, der ebenfalls nach dem Kriterium der kritischen Taupunktdifferenz korrigiert dargestellt ist.

Die Zusammenfassung von Momentanwerten zu Stundenmittelwerten stellt für den Eddy-Correlation-Ansatz (Gl. 9.44) bereits eine erhebliche Verzerrung dar. Trotzdem soll im Vergleich die entsprechende Berechnung der Parameter nach diesem Ansatz gezeigt werden (Tab. 9.6). Man sieht, dass im Mittel am Messstandort nur zwischen 14:00 und 22:00 aufwärts gerichtete Luftbewegung gemessen wurde. Die entsprechenden Produkte aus Luftdichte und Vertikalwindgeschwindigkeit bleiben also auch für diesen Zeitraum positiv, im Mittel wird für den gesamten Zeitraum der vertikale Massentransport aber leicht negativ. Die höchsten negativen Fluktuationen der spezifischen Feuchte liegen wiederum in den Stunden vor Sonnenaufgang, wobei nach Gleichung 9.44 das Gesamtprodukt der Fluktuationsmittelwerte für diese Stunden positiv wird. Die recht hohen positiven Fluktuationen in der Zeit um den Sonnenuntergang können eine advektive Störung andeuten. Die tatsächliche Evapotranspiration ergibt sich nun aus der Addition der positiven Stundenmittelwerte, wobei im Gegensatz zu den anderen Verfahren hier auch in den Nachtstunden Verdunstung angedeutet wird. Tauniederschlag wäre nach dieser Berechnung nicht aufgetreten.

Vergleichen wir nun die Ergebnisse der drei Ansätze für die tatsächliche Verdunstung, so ergeben sich aus verschiedenen Gründen erhebliche Unterschiede. Vergleichsweise hohe Werte erreichen die THORNTHWAITE-HOLZMAN- und Eddy-Correlation-Ansätze, die jeweils gleichgewichtig Unterschiede der spezifischen Feuchte und der Windgeschwindigkeit betrachten. Der THORNTHWAITE-HOLZMAN-Ansatz mag in diesem Zusammenhang durch die

Zeit (EET)	ρ_f (Gl. 7.20) ($kg\,m^{-3}$)	w ($m\,s^{-1}$)	q 0,2 m ($g\,kg^{-1}$)	$\rho \cdot w$	$\rho \cdot w'$	q' (Mittel)	$\rho \cdot w' \cdot q'$ (°C)	dt_d
00:00	1,25	−0,08	5,16	−0,10	−0,06	−0,60	0,03	1,80
01:00	1,26	−0,07	4,78	−0,09	−0,05	−0,98	0,04	1,73
02:00	1,26	−0,11	4,63	−0,13	−0,09	−1,13	0,10	1,85
03:00	1,26	−0,10	4,76	−0,13	−0,08	−1,00	0,08	1,25
04:00	1,26	−0,06	4,29	−0,08	−0,04	−1,47	0,06	1,91
05:00	1,26	−0,20	4,34	−0,25	−0,21	−1,42	0,30	1,73
06:00	1,26	−0,16	4,18	−0,21	−0,16	−1,58	0,26	1,92
07:00	1,26	−0,12	3,98	−0,15	−0,10	−1,78	0,19	2,76
08:00	1,26	−0,01	3,96	−0,01	0,04	−1,80	−0,06	3,92
09:00	1,24	−0,10	5,37	−0,12	−0,08	−0,39	0,03	4,61
10:00	1,22	−0,09	6,60	−0,11	−0,06	0,84	−0,05	6,57
11:00	1,22	−0,06	6,46	−0,08	−0,04	0,70	−0,02	8,32
12:00	1,21	−0,02	6,37	−0,03	0,01	0,61	0,01	10,33
13:00	1,21	−0,02	5,80	−0,03	0,01	0,04	0,00	11,43
14:00	1,20	0,09	5,76	0,11	0,15	0,00	0,00	12,71
15:00	1,20	0,07	6,23	0,08	0,13	0,47	0,06	11,15
16:00	1,20	0,12	6,41	0,14	0,18	0,65	0,12	9,78
17:00	1,21	0,10	7,53	0,12	0,16	1,77	0,29	5,66
18:00	1,22	0,04	7,86	0,04	0,09	2,10	0,18	3,41
19:00	1,22	0,00	7,56	0,00	0,04	1,80	0,08	2,64
20:00	1,22	0,00	6,56	0,00	0,04	0,80	0,03	2,57
21:00	1,23	0,00	6,39	0,00	0,04	0,63	0,03	1,77
22:00	1,23	0,00	6,57	0,00	0,04	0,81	0,03	1,22
23:00	1,24	−0,01	6,68	−0,01	0,03	0,92	0,03	0,83
Mittel			*5,76*	*−0,04*				
Summe E_t							*1,94*	
Summe Tau							*0,14*	
Tau korr.							*0,00*	

Tab. 9.6: Berechnung der tatsächlichen Evapotranspiration nach der Eddy-Correlation-Technik

gleichgewichtige Berücksichtigung des Ventilationsterms immer dann zu einer deutlichen Überschätzung der Verdunstung führen, wenn das Windprofil in Bodennähe neutralen oder wenig labilen Charakter mit hohen Geschwindigkeitdifferenzen aufweist, wie sie aber auch in advektiven Situationen auftreten können. Das Ergebnis des SVERDRUP-Ansatzes mit Substitution des Ventilationsterms durch die Energiebilanz fällt in unserem Beispiel erheblich niedriger aus. Dies trifft im Jahresverlauf jedoch nicht immer zu, denn während der Sommermonate liefert dieser Ansatz bei hohen positiven Strahlungsbilanzen tagsüber Werte, die nahezu der potentiellen Verdunstung entsprechen (LITTMANN/KALEK 1998).

Auch hinsichtlich der Ableitung des Tauniederschlags zeigen die Ansätze systematische Abweichungen. Die SVERDRUP-Gleichung liefert aufgrund ihrer prinzipiellen Ähnlichkeit mit der MONTEITH-Definition mehr oder weniger analoge Werte und gibt somit lediglich den potentiellen Tauniederschlag wieder. Der THORNTHWAITE-HOLMAN-Ansatz zeigt im vorliegenden Beispiel ebenfalls eine erhebliche Überschätzung, die sich aus dem Vorliegen stabiler Schichtung während der Nachtstunden mit zeitweilig größeren Differenzen der Windgeschwindigkeiten am Boden und in 2 m Höhe ergibt. Nach parallelen Messungen mit wägbaren Tauplatten kam es in dieser Nacht zu Tauniederschlag in der Größenordnung von 0,1 mm, womit bestenfalls das unkorrigierte Ergebnis des Eddy-Correlation-Ansatzes eine zufriedenstellende Annäherung darstellt.

Literatur

BAUMGARTNER, A. und LIEBSCHER, H.-J. (1996): Allgemeine Hydrologie. Quantitative Hydrologie, Bd. 1, Berlin/Stuttgart

BERNHARDT, K. (1991): Zum Wesen von Klimaschwankungen. In: HUPFER, P. [Hrsg.]: Das Klimasystem der Erde, Berlin

BEYSENS, D. (1995): The formation of dew. In: Atmospheric Research, 39, S. 215 – 237

DAVENPORT, A. (1960): Rationale for determining design wind velocities. Journ. Amer. Soc. Civ. Eng, 86, S. 39 – 68

DIEKMANN, B. und SCHÖNWIESE, C.-D. (1988): Der Treibhauseffekt. Der Mensch ändert das Klima, Stuttgart

DWD (1993): Ergebnisse von Strahlungsmessungen in der Bundesrepublik Deutschland, Bd. F, Hamburg

FOKEN, T. (1990): Turbulenter Energieaustausch zwischen Atmosphäre und Unterlage. Methoden, meßtechnische Realisierung sowie ihre Grenzen und Anwendungsmöglichkeiten, Berichte des Deutschen Wetterdienst, 180, Offenbach

FRANKENBERGER, E. (1955): Über Strahlung und Verdunstung. In: Ann. d. Meteorol., 6, S. 5 – 13

GEIGER, R. (1961): Das Klima der bodennahen Luftschicht, Braunschweig

HÄCKEL, H. (1990): Meteorologie, Stuttgart

HEINO, R. (1996): Data Homogeneity and Metadata. In: OBREBSKA-STARKEL, B. und NIEDZEWIDZ, T. [Hrsg.]: Proceedings of the international conference on climate dynamics and the global change perspective, S. 13 – 21

HENNING, I. und HENNING, D. (1980): Kontinent-Karten der potentiellen Landesverdunstung. Mittlere Jahressummen, berechnet mit dem Penman-Ansatz. In: Meteorologische Rundschau, 33, S. 18 – 30

HUPFER, P. (1996): Unsere Umwelt: Das Klima, Stuttgart/Leipzig

HUPFER, P. und KUTTLER, W. [Hrsg.] (1998): Witterung und Klima, Stuttgart/Leipzig

KALEK, J. (1997): Geländeklimatische Strukturen im Dünenökosystem des nordwestlichen Negev, Israel. Unveröff. Dipl.-Arbeit, Ruhr-Universität Bochum

KUNZ, S. (1983): Anwendungsorientierte Kartierung der Besonnung im regionalen Maßstab. Geographica Bernensia G19, Bern

LILJEQUIST, G. und CEHAK, K. (1984): Allgemeine Meteorologie, Braunschweig/Wiesbaden

LINKE, F. und BAUR, F. (1970): Meteorologisches Taschenbuch, Bd. 2, Leipzig

LITTMANN, T. (1994): Immissionsbelastung durch Schwebstaub und Spurenstoffe im ländlichen Raum Nordwestdeutschlands. Bochumer Geographische Arbeiten, 59, Bochum

LITTMANN, T. (1997 a): Atmospheric input of dust and nitrogen into the Nizzana sand dune ecosystem, north-western Negev, Israel. Journal of Arid Environments, 36, S. 433 – 457

LITTMANN, T. (1997 b): Probleme der Grundwasseranreicherung durch Oberflächenwasser im Bereich der Intensivlandwirtschaft – das Beispiel des Frischhofsbach-Einzugsgebietes im westlichen Münsterland. In: Hallesches Jahrbuch f. Geowissenschaften, A 19, S. 1 – 13

LITTMANN, T. und KALEK, J. (1998):
Mikroklimatische Strukturen als Steuergröße für Ökosystemprozesse in einem ariden Dünengebiet (nordwestlicher Negev, Israel). In: Hallesches Jahrbuch für Geowissenschaften, A 20, S. 77–92

MEINARDUS, W. (1933):
Allgemeine Klimatologie. In: KLUTE, F. [Hrsg.]: Handbuch der geographischen Wissenschaft, Bd. 1, Potsdam

MONTEITH, J. (1957):
Dew. Quart. Journ. Royal Met. Soc., 83, S. 322–341

OKE, T. (1990):
Boundary layer climates. London/New York

PASQUILL, F. and SMITH, F. (1983):
Atmospheric diffusion, London/New York

PEIXOTO, J. (1973):
Atmospheric vapour flux computations for hydrological purposes. WMO contribution to the Internat. Hydrol. Dec. (IHD) 20, Genf

PRUPPACHER, H. and KLETT, J. (1978):
Microphysics of atmospheric clouds and precipitation, Dordrecht

ROEDEL, W. (1992):
Physik unserer Umwelt. Die Atmosphäre, Berlin/Heidelberg

SCHEFFER, F. und SCHACHTSCHABEL, P. (1992):
Lehrbuch der Bodenkunde, Stuttgart

SCHNEIDER-CARIUS, K. (1955):
Wetterkunde – Wetterforschung, Freiburg/München

SCHÖNWIESE, C.-D. (1992):
Praktische Statistik für Meteorologen und Geowissenschaftler, Berlin/Stuttgart

SCHÖNWIESE, C.-D. (1994):
Klimatologie, Berlin/Stuttgart

SCHRÖDTER, H. (1985):
Verdunstung: Anwendungsorientierte Meßverfahren mit Bestimmungsmethoden, Berlin/Heidelberg

SCHROEDER, M. (1986):
Lysimeter. Dt. Gewässerkundliches Jahrbuch, Rheingebiet Teil III, S. 36–38

STEINRÜCKE, J. (1999):
Changes in the Northern-Hermispheric Zonal Circulation in the Atlantic-European Sector since 1881 and their Relationship to Precipitation Frequencies in the Mediterranean and Central Europe, Bochum

STORCH, H. v. and HASSELMANN, K (1995):
Climate Variability and Change. MPI Meteorology Report No. 152, Hamburg

SWINBANK, W. (1951):
The measurement of vertical transfer of heat and water vapour by eddies in the lower atmosphere. In: Journal of Meteorologic, 8, S. 135–145

THORNTHWAITE, C. and HOLZMAN, B. (1942):
Measurement of evaporation from land and water surfaces. US Department of Agric. Techn. Bull., 817, Washington

TROEN, I. and PETERSEN, E. (1990):
Europäischer Windatlas. Risø National Laboratory, Roskilde/Denmark

VESTE, M. and BRECKLE, S.-W. (1996):
Root growth and water uptake in a desert sand dune ecosystem. Acta Phytogeogr. Suec., 81, S. 59–64

VESTE, M./LITTMANN, T./FRIEDRICH, H. and BRECKLE, S.-W. (2001):
Microclimatic boundary conditions for activity of soil lichen crusts in sand dune of the north-western Negev desert, Israel. In: Flora, 196

Index